普通高等教育一流本科专业建设成果教材

高分子材料与工程系列
Polymer materials and Engineering

# 高分子材料成型工艺

## Forming Technology of Polymer Material

郭立颖　王立岩　邹雪梅　主　编

U0296699

化学工业出版社

·北京·

## 内容简介

本教材针对石油化工行业应用型人才培养目标的要求，结合相关企业用人需求，以"任务引领，做学结合"的设计思路为原则，培养高分子材料与工程专业的应用型人才。编写内容紧密联系高分子材料成型加工的生产实际，突出"实际、实用、实践"的"三实"特点，体系完整，思路创新，视角独到，引导学生学以致用。具体内容有：常规塑料成型的物料介绍及其配制，挤出、注射、吹塑、发泡、压延、模压六种常规成型方法及工艺过程，四大合成纤维的纺丝与后加工过程，以及塑料与纤维成型过程主要工艺参数及其选择与制订，影响生产过程及产品质量控制的各种因素与调控方法等。

该教材适合高分子材料与工程专业及材料类、化工类相关专业的师生、相关企业的工程技术人员阅读，也可作为社会人士自学的参考资料。

**图书在版编目(CIP)数据**

高分子材料成型工艺 / 郭立颖，王立岩，邹雪梅主编. —北京：化学工业出版社，2023.9（2025.1重印）
ISBN 978-7-122-43718-1

Ⅰ. ①高… Ⅱ. ①郭… ②王… ③邹… Ⅲ. ①高分子材料-成型-生产工艺-教材 Ⅳ. ①TB324

中国国家版本馆 CIP 数据核字(2023)第 116714 号

---

责任编辑：王　婧　杨　菁　石　磊
责任校对：李雨晴
装帧设计：张　辉

---

出版发行：化学工业出版社
　　　　　(北京市东城区青年湖南街 13 号　邮政编码 100011)
印　　装：北京天宇星印刷厂
787mm×1092mm　1/16　印张 11½　字数 263 千字
2025 年 1 月北京第 1 版第 2 次印刷

---

购书咨询：010-64518888
售后服务：010-64518899
网　　址：http://www.cip.com.cn
凡购买本书，如有缺损质量问题，本社销售中心负责调换。

---

定　　价：39.00 元　　　　　　　　　版权所有　违者必究

# 前言

　　高分子材料成型工艺是高分子材料与工程专业的一门必修专业课程。本课程的任务是在学生已经了解和掌握高分子材料的结构和性能、成型加工原理的基础上，进一步学习以掌握高分子材料成型的基本方法。课程的主要目的是使学生能够掌握塑料、合成纤维成型的生产工艺过程，主要工艺参数、参数的选择与制订，影响生产过程的各种条件及对质量的控制，并能够用所学基础理论解决实际问题，对塑料、纤维成型加工领域的国内外发展概况、发展趋势和发展动态有所了解。

　　本教材以典型的高分子材料成型工艺为主要内容，具体介绍塑料和纤维的生产方法与加工工艺，及其设备的工作原理、结构，及操作中常见的问题与解决方法。本教材编写过程中，内容紧密联系高分子材料成型加工的生产实际，体系完整、思路创新、视角独到，引导学生理论联系实际，突出了"实际、实用、实践"的"三实"原则，在讲述基本内容的基础上，介绍了高分子材料成型加工的新成果和新技术。

　　本书由沈阳工业大学石油化工学院高分子材料教研室郭立颖、王立岩、邹雪梅组织编写，郭立颖和邹雪梅负责第一部分塑料成型工艺的编写，郭立颖和王立岩负责第二部分纤维成型工艺的编写。全书由郭立颖统稿。感谢企业技术人员陈书武为本书提供的工程实践素材，以及承担了全书的校稿工作，也感谢周俏、史亚飞、刘冰、方兵、姚怡邦、李小龙等同学对本书的编写所做的工作。

　　本书编写指导思想是在遵循教学大纲的前提下，针对高分子材料与工程专业的具体教学情况，以应用最广泛的生产品种和工艺过程为主要内容，力求做到工艺过程典型先进。本书内容讲授 48～56 学时，并有一定的内容供学生学习参考。本书可供高分子材料与工程专业教学使用，也可做相关课程的参考资料。

　　由于笔者水平有限，书中难免有疏漏之处，敬请批评指正。

编　者

2023 年 8 月

# 目录

## 第一部分　塑料成型工艺

### 第1章　塑料概述　002

1.1　塑料成型工业的过去和未来　002
1.2　塑料制品的生产　003

### 第2章　成型物料及其配制　005

2.1　粉料及粒料的组成　005
2.1.1　增塑剂　005
2.1.2　稳定剂　008
2.1.3　填充剂（填料）　011
2.1.4　增强剂　012
2.1.5　着色剂（色料）　012
2.1.6　润滑剂　012
2.1.7　防静电剂　013
2.1.8　阻燃剂　014
2.1.9　驱避剂　014
2.1.10　其他助剂　014
2.2　粉料的配制　015
2.2.1　混合过程　015
2.2.2　粉料的制备　016
2.3　粒料的配制　019

### 第3章　挤出成型　021

3.1　管材的挤出　021
3.2　异型材的挤出　023
3.3　吹塑薄膜的挤出　025
3.4　双向拉伸薄膜的平挤　027
3.5　其他挤出制品　029

### 第4章　注射成型　036

4.1　注射成型设备　037
4.1.1　注射系统　037
4.1.2　锁模系统　040
4.1.3　注塑模具　041
4.2　注射成型工艺过程　043
4.2.1　成型前的准备　043
4.2.2　注射过程　045
4.2.3　制件的后处理　046
4.3　注射成型工艺控制因素　047
4.3.1　温度　047

4.3.2　压力　050

4.3.3　时间　051

4.4　几种常用塑料的注射成型特点　051

# 第5章　吹塑成型　053

5.1　吹塑成型设备　054

5.1.1　型坯成型装置　054

5.1.2　吹胀装置　055

5.1.3　辅助装置　057

5.2　挤出吹塑　059

5.2.1　挤出吹塑工艺过程　059

5.2.2　挤出吹塑工艺控制因素　059

5.3　注射吹塑　061

5.3.1　注射吹塑设备特点　061

5.3.2　注射吹塑工艺过程　062

5.3.3　注射吹塑工艺控制因素　063

5.4　拉伸吹塑　063

5.4.1　拉伸吹塑工艺过程　063

5.4.2　拉伸吹塑工艺控制因素　064

# 第6章　发泡成型　066

6.1　发泡方法　066

6.2　发泡成型工艺过程　067

6.3　发泡成型工艺控制因素　069

# 第7章　压延成型　070

7.1　压延设备　070

7.2　压延成型工艺过程　072

7.3　压延成型工艺控制因素　072

# 第8章　模压成型　075

8.1　模压成型设备　075

8.2　预压　077

8.3　预热　079

8.4　模压成型工艺过程　080

8.5　模压成型工艺控制因素　081

# 第二部分　纤维成型工艺

# 第9章　合成纤维概述　084

9.1　合成纤维的分类　084

9.2　合成纤维生产和发展简史　085

9.3　合成纤维的主要性能指标　087

9.4　合成纤维生产的基本过程　090

## 第 10 章　聚酯纤维　094

10.1　聚酯短纤维生产　096
10.1.1　直接纺丝熔体输送　096
10.1.2　聚酯切片的干燥　097
10.1.3　聚酯切片的熔融　101
10.1.4　聚酯纤维纺丝成型　104
10.1.5　后加工设备和工艺流程　110

10.2　聚酯长丝生产　120
10.2.1　聚酯切片的干燥　122
10.2.2　聚酯切片的纺丝与卷绕　122
10.2.3　聚酯长丝的牵伸　129
10.2.4　聚酯长丝的变形加工　132

## 第 11 章　聚酰胺纤维　140

11.1　聚酰胺纤维高速纺丝　140
11.2　聚酰胺纤维后加工　145

11.2.1　聚酰胺长丝后加工　145
11.2.2　聚酰胺弹力丝后加工　147

## 第 12 章　聚丙烯纤维　148

12.1　聚丙烯纤维的熔体纺丝　148
12.2　聚丙烯纤维的膜裂纺丝　150
12.2.1　割裂纤维　151
12.2.2　撕裂纤维　152

12.3　聚丙烯纤维短程纺　153
12.4　聚丙烯膨体长丝的生产工艺　154
12.5　聚丙烯非织造布熔喷成型　156
12.6　聚丙烯纺黏成布法　157

## 第 13 章　聚丙烯腈纤维　159

13.1　聚丙烯腈纺丝原液的制备　159
13.2　聚丙烯腈纤维的湿法成型及
　　　后加工　161
13.2.1　聚丙烯腈纤维的湿法纺丝成型　161
13.2.2　聚丙烯腈纤维的湿法纺丝后加工　163

13.3　聚丙烯腈纤维的干法纺丝及
　　　后加工　166
13.3.1　聚丙烯腈纤维的干法纺丝成型　166
13.3.2　聚丙烯腈纤维的干法纺丝后加工　170

## 第 14 章　合成纤维生产工艺计算　172

14.1　纺丝卷绕工序的工艺计算　172

14.2　后加工工序的工艺计算　174

## 参考文献　177

# 第一部分　塑料成型工艺

# 第1章 塑料概述

人类社会的进步是与材料的使用密切相关的。人类要生存、要发展就离不开材料的使用。从石器、铜器和铁器时代发展到今天，人类使用的材料主要有四大类，即木材、水泥、钢铁、塑料。其中塑料是 20 世纪才发展起来的一大类新材料。塑料是高分子材料中品种最多的一类材料，目前世界高分子材料的年产量中，塑料产能最大，全球塑料产能从 1950 年的 170 万吨/年已增长至 2019 年的 3.68 亿吨/年。由于塑料的品种多，性能各具特色，适应性广，生产塑料所消耗的能量较金属低，因此塑料工业仍保持着继续发展的势头。到 20 世纪 90 年代塑料的体积年产量已赶上钢铁，塑料在国民经济中已成为不可缺的部分。

塑料是指以天然或合成的高分子化合物为基本成分，可在一定条件下塑化成型，而产品最终形状能保持不变的固体材料。合成树脂是塑料的最主要成分，其在塑料中的含量一般在 40%～100%。由于含量大，而且树脂的性质常常决定了塑料的性质，所以人们常把树脂看成是塑料的同义词。例如把聚氯乙烯树脂与聚氯乙烯塑料、酚醛树脂与酚醛塑料混为一谈。其实树脂与塑料是两个不同的概念。树脂是一种未加工的原始聚合物，它不仅用于制造塑料，而且还是涂料、胶黏剂以及合成纤维的原料。而塑料除了极少一部分含 100% 的树脂外，绝大多数的塑料，除了主要组分树脂外，还需要加入其他物质。

塑料按热性能分为两类，一是热塑性塑料，线型或带支链的高分子化合物，在特定温度范围内能反复加热软化和冷却硬化的塑料。热塑性塑料占塑料总产量的 70% 以上，主要品种有聚乙烯、聚丙烯、聚氯乙烯、聚酰胺、聚苯乙烯等。二是热固性塑料，是指特定温度下将原料加热使之流动，并交联生成不溶不熔的制品的一类塑料材料。主要品种有酚醛塑料、不饱和聚酯塑料、氨基塑料等。

按使用性能分为：通用塑料、工程塑料和功能塑料。塑料工业包含塑料生产（包括树脂和半制品的生产）和塑料制品生产（也称为塑料成型工业）两个部分。没有塑料的生产，就没有塑料制品的生产。没有塑料制品的生产，塑料就不能成为生产或生活资料。所以两者是一个体系的两个连续部分，是相互依存的。

## 1.1 塑料成型工业的过去和未来

世界范围来说，塑料成型工业自 1872 年开始到现在已度过仿制和扩展阶段，并已转到了变革的时期。塑料最初问世时，由于品种不多、对其本质理解不足，在塑料制品生产技术上，只能从塑料与某些材料有若干相似之处而进行仿制。作为借鉴的主要是橡胶、木材、金属和陶瓷等制品的生产。21 世纪 20 年代开始，塑料品种渐多，在其制品生产的不断实践和实验的基础上，对塑料及其各类制品的特征有了比较深入地认识，因此，不论在生产技术和方法上，都有显著的改进和扩展。20 世纪 50 年代以来，由于各项尖端科学技术以及工业、农业等发展的需要，要求具有某些特种性能或性能特别优良的塑料制品，而且在制品数量、结构、尺寸和准确程度上也提出了更高的要求。因此，为了不使塑料固有性能在制品生产过程中下降，对许多原有的生产方法进行了更深入地研究和革新，对适合客观需要设计的新型塑料和制品又根据具体的特点在生产上进行创新。至今，不仅塑料制品的数量和应用种类都有了显著的增长，而且绝大多数的新旧生产方法也都逐渐形成合理的系统，使塑料制品的生产日益专业且规模较大。

塑料制品生产和塑料生产的增长几乎是同步的。20 世纪 70 年代以前，世界塑料生产的年平均增长率为 12%～15%，进入 20 世纪 70 年代以后，为 4%～5%，20 世纪 80 年代虽然基数已经较大，但仍然保持一定的增长，特别是在发展中国家增长较快。塑料在四大工业材料（钢铁、木材、水泥和塑料）中的年增长率总是居于首位。从我国的具体情况来看，塑料年产量的增长也较高。例如，1983 年我国生产合成树脂 1100kt，到 1993 年已增至 5200kt，到 2021 年已增至 80040kt。从全球塑料发展的情况看，其快速增长不完全是原有制品数量的单纯增加，而主要是应用范围的日益增大。这说明从事塑料产业者的任务比较繁重和与其他生产部门联系的重要性。塑料制品应用的主要领域包括农牧渔业、包装行业、交通运输业、电气工业、化学工业、仪表工业、建筑工业、航空工业、国防与尖端工业、家具行业、体育用具和日用百货等领域。可以说塑料的使用几乎进入了国民经济的所有领域，与工农业和人们生活密切相关，塑料已成为一种不可缺少的材料。

从目前情况看，塑料制品生产今后发展的方向是：简化生产流程、缩短生产周期，加深对塑料在成型过程中所发生的物理和化学变化的认识，以改进生产技术、方法和设备，实现全面机械化和自动化，设计更大更新的设备以适应对大型、微型、精密或新型塑料制品生产的要求。

## 1.2　塑料制品的生产

塑料制品的生产是一个复杂而又繁重的过程，其目的是根据各种塑料的固有性能，利用一切可以实施的方法，使其成为具有一定形状、有使用价值的制件或型材。当然，除加工技术外，生产成本和制品质量也应重点考虑。

塑料制品生产主要由原料准备、成型、机械加工、修饰和装配等连续过程组成（图 1-1）。成型是将各种形态的塑料（粉料、粒料、溶液或分散体）制成所需形状的制品或坯件的过程，在整个塑料制品生产过程中成型最为重要，是一切塑料制品或型材生产的必经过程。成型的方法很多，如挤出成型、注射成型、模压成型、树脂传递模塑、中空吹塑、铸塑聚合、热成型等。其他过程通常都是根据制品的要求来取舍的。也就是说，不是每种制品都须完整地经过这些过程。机械加工是指在成型后的工件上钻眼、切螺纹、车削或铣削等，用来完成成型过程所不能完成或完成得不够准确的一些工作。修饰是为美化塑料制品的表面或外观，也有其他目的，在任何制品的生产过程中，通常都应依上列次序进行，不容颠倒，否则在一定程度上会影响制品的质量或浪费劳动力和时间。如某些制品的生产不需完整地通过这五个工序，则在剔除某些工序后仍可按上列次序进行。

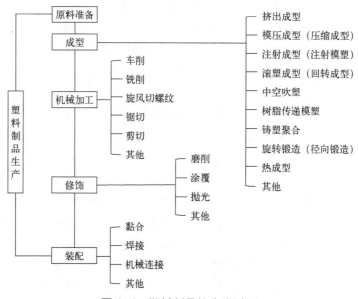

**图1-1** 塑料制品的生产过程

通常在生产一种新制品前，应先熟悉该种制品在物理、机械、热、电及化学性能等方面所应具备的指标，根据这些要求选定合适的塑料从而决定成型加工方法，同时还应对成本进行估算以断定其是否合理。最后，再通过试制并确定生产工艺规程。在工艺规程中，对每个工序规定的步骤并非一个，必须先后分明。对每个工序的操作条件也须有明确的指标，并应规定所能允许的差值。有关防忌的事项也应列出，以保证生产的安全。当然，在实践的基础上工艺规程还须不断地完善。因此生产一个制品的程序如下：①根据制品使用条件及用途，确定所用塑料品种及型号；②根据材料加工性能、制品要求及成型特点确定成型方法；③选择成型设备、成型模；④实际加工调试，确定加工成型参数；⑤大批量生产。

成型工厂对生产设备的布置通常有两种体制：一种是过程集中制，就是将前列五种工序所用的各种生产设备分别集中起来进行生产。它的优点是适于品种多、产量小而又变换快的制品生产，其缺点则是在衔接生产工序时所需的运输设备多、费时费工和不易连续化。另一种是产品集中制，也就是按照一种产品所需生产过程实行配套成龙的生产。它适于生产单一、量大和永久性强的制品。由于连续性很强，物料运输较方便，容易实现机械化和自动化，成本也因而得以降低。不管用哪一种体制进行生产，均应在合理的阶段进行技术检验，以保证正常生产和制品质量。

# 第 2 章　成型物料及其配制

工业上用作成型的塑料有粉料、粒料、溶液和分散体等，不管是哪一种料，一般都不是单纯的聚合物（合成树脂），或多或少都加有各种助剂（添加剂）。加入助剂的目的是改善成型工艺性能，改善制品的使用性能或降低成本。为了满足成型过程的需要，有将聚合物与助剂配制成粉料或粒料的，也有将其配制成溶液或分散体的，完成配制的方法大都是混合，以使它们形成一种均匀的复合物，为此，本章将对塑料中各种组分的作用原理、配制方法和成型工艺性能进行介绍。

## 2.1　粉料及粒料的组成

生产上使用粉料和粒料比较多，它们的区别不在组成而在混合、塑化和细分的程度不同。将加入各种助剂的树脂复合物制成粉料或粒料的目的主要是为装卸、计量和成型等操作提供方便。配制粉料时一般只是使各组分混合分散均匀。因此，通常仅需经过简单混合作业即可。这种粉料也称作干混料。将粉料通过塑炼（混炼）或挤出等作业使之进一步塑化再制成粒料，可以减少成型过程中的塑化要求，并使成型操作较容易完成，但需增加生产过程及设备。以往一般成型工艺（如挤出、注射等）都采用粒料，但随着生产技术的提高和成型设备的改进，现在已有不少工艺改用粉料。

不管是粉料还是粒料，都是聚合物和助剂两类物质组成的。其中聚合物是主要成分，助剂则是为使复合物或其制品具有某种特性而加入的一些物质。常用的塑料助剂种类很多，主要有增塑剂、稳定剂、填充剂、增强剂、着色剂、润滑剂、防静电剂、阻燃剂、驱避剂等 20 余种。加至塑料中的助剂是随制品的不同要求而定的，并不是各类都需要，加入的各类助剂必须以相互发挥作用为要则，切忌彼此抑制。

### 2.1.1　增塑剂

为降低塑料的软化温度范围和改善其加工性、柔韧性或延展性，加入的低挥发性或挥发性可忽略的物质称为增塑剂，而其发挥的作用则称为增塑作用。增塑剂通常是一类对热和化学试剂都很稳定的有机物，大多是挥发性低的液体，少数是熔点较低的固体，而且至少在一定范围内能与聚合物相容（混合后不会离析）。经过增塑的聚合物软化点（或流动温度)、玻璃化转变温度、脆性、硬度、拉伸强度、弹性模量等均将下降,而耐寒性、柔顺性、断裂伸长率等会提高。目前工业上大量应用增塑剂的聚合物只有聚氯乙烯、醋酸纤维、硝酸纤维等少数几种。其中主要是聚氯乙烯,所耗增塑剂占其总产量的 80%以上。因此,下文将着重讨论聚氯乙烯的增塑剂。但所述的原理部分对其他塑料也同样适用。

实际采用的增塑剂,除要求它们对聚合物的相容性好、增塑效率高、挥发度低、化学稳定性高,对光、热稳定性好等,还要求无色、无臭、无毒、不燃、吸水量低,在水、油、溶剂等中的溶解度和迁移性小、介电性能好,在室温和低温下制品外观和手感好,耐霉菌及污染以及价廉等。要求一种增塑剂同时兼具这些性能是困难的,但相容性好和挥发度低是最基本要求,使用时应在满足这两项要求后再按具体情况作适当选择,多数情况下常将几种增塑剂混用来达到要求。

要求增塑剂的挥发度低是为减少甚至杜绝增塑剂从制品中外溢的可能性,否则,就会失去增塑的意义。有人认为合格的增塑剂在 533.2Pa 的沸点应不低于 200℃。这种提法仅供参考,因为增塑剂向外挥发的速率不仅与其沸点有关,而且还依赖于被增塑聚合物的性质和制品的厚度。具体情况下最好根据实测的数据选用。

除挥发外,增塑剂还会因游移、萃出和渗出而损失。游移是指增塑剂从已增塑的聚合物中向着与它接触的另一种聚合物(包括与已增塑的但增塑的程度较低或所用增塑剂不同的同一种聚合物)中迁移的现象。决定增塑剂游移速率的因素有:①增塑剂对接触聚合物的亲合力。如果没有亲合力,则游移速率为零。②增塑剂在已增塑聚合物和与之接触的聚合物中的扩散速率,两种扩散速率越大时,游移速率也越大。③温度和压力两者的升高均会增大游移速率。

萃出是指制品中的增塑剂因与溶剂接触而被洗去的现象。它主要取决于增塑剂对所接触溶剂的溶解度。

渗出是指聚合物中所加增塑剂的量超过一定值后,会像"发汗"一样从制品中游离出来的现象。渗出一般并不在配料或制品成型后立即出现,而需要一定甚至很长的时间。提高温度和阳光曝晒均能促进渗出。

(1)增塑剂的分类

增塑剂的分类从不同的角度可以有不同的方法。目前分类方法虽多,但都存在一定的缺点。工业上的使用也比较混乱,现简述常用的几种。

① 按化学组成分。将所用增塑剂按其化学属性可分为邻苯二甲酸酯、脂肪族二元酸酯、石油磺酸苯酯、磷酸酯、聚酯、环氧化合物、含氯化合物等,这种分类法对制造增塑剂有一定意义,但在应用上则不够方便,因为同类增塑剂的增塑效果可能相差很远,而不同类的有时又可能很相近。

② 按对聚合物的相容性分。可分为主增塑剂和次增塑剂。主增塑剂对聚合物具有足够的相容性,因而与聚合物可在合理的范围内完全相容(通常以增塑剂与聚合物的比例能达到1:1,而不发生析出的为准),故能单独使用。次(辅助)增塑剂对聚合物的亲合力较差,致使其相容性难以符合工艺或使用上的要求,不能单独使用,只能与主增塑剂共用,相容的限量最多是 1:3,使用目的主要是代替部分主增塑剂以降低成本。主与次须以被增塑的聚合物为前提,如蓖麻醇酸乙酰-正丁酯是硝酸纤维素的主增塑剂,但只能作聚氯乙烯的次增塑剂,当然相容能力还与温度和聚合物相对分子质量有关,但这却无严格的规

定，故这种分法只有相对的意义，不过这种分类法能将增塑作用的主要矛盾，即相容性反映出来，所以具有一定实用价值。此外，也有将相容限量低至 1∶20 的称作增充剂。

③ 按结构分。可以分为单体型和聚合体型。两者的主要不同点是黏度，单体型黏度常在 0.03Pa·s 左右，聚合体型黏度则为 20～100Pa·s。黏度大的分子活动受到较大的抑制，作增塑剂时不易从制品中逸失。这种分法没有其他突出优点，且聚合体型的数目不多。

④ 按应用性能分。可分为耐热型增塑剂（如双季戊四醇酯、偏苯酸三酯），耐寒型增塑剂（如癸二酸二辛醋、己二酸二辛酯），耐光热增塑剂（如环氧大豆油、环氧十八酸辛酯），耐燃型增塑剂（如磷酸酯、含氯增塑剂），耐霉菌增塑剂（如磷酸酯类）及无毒、低毒增塑剂等。

（2）增塑机理

聚合物大分子链常会以次价力使它们彼此之间形成许多聚合物-聚合物的联结点，从而使聚合物具有刚性。这些联结点在分子热运动中是会解开而复结的，而且十分频繁。但在一定温度下，联结点的数目却相对稳定，所以是一种动平衡。加入增塑剂后，增塑剂的分子因溶剂化及偶极力等作用而插入聚合物分子之间，并与聚合物分子的活性中心发生时解时结的联结点。这种联结点的数目在一定温度和浓度的情况下也不会有大的变化，所以也是一种动平衡。但是由于有了增塑剂-聚合物的联结点，聚合物之间原有的联结点就会减少，从而使其分子间的力减弱，并导致聚合物材料系列性能的改变。

（3）增塑剂性能的评价

增塑剂对塑料的加工性能和制品性能都有很大影响，如果要作比较，应该是全面的。不过这种比较既难于进行而且也没有必要，因为加工或使用塑料时都不会是全面要求的。工业上对增塑剂的评定主要有两个方面。

① 聚合物与增塑剂的相容性。由于增塑剂对聚合物的作用是发生在它们分子之间的，因此，最重要的要求是它们之间应该有相容性，即彼此之间有互溶性。评定相容性的最好根据是实验数据，不过实验颇为复杂。首先应按不同比例的聚合物和增塑剂分别配料并模塑成一系列的样条，而后再在一定压力下测出样条开始渗出增塑剂所需的时间。时间越长的相容性越好。采用压力的大小以及用多长时间作为合格标准，可按具体情况规定。

聚合物与增塑剂的相容性也可根据溶度参数来估计。两者的溶度参数差值如不大于 1，在大多数情况下它们之间具有良好的相容性。

② 增塑剂的效率。比较不同增塑剂的增塑作用效果，可用增塑剂的效率来表示。它是从改变聚合物一定量的物理性能所需加入增塑剂的量作为标记的。选择的物理性能指标可以不同，如用弹性模量、玻璃化转变温度、脆化温度、回弹量以及其一切变形（伸长、弯曲、扭曲、压缩等）等均可。物理性能不同，效率比值也不同，但根据测出的数据所作的排列次序却不变。

通常将邻苯二甲酸二辛酯的效率比值作为 100，其理由是这种增塑剂用得较多，有较好的全面性能，故特将它定为增塑剂的标准。评定增塑剂的优劣，除了增塑效率外，还应考虑相容性、挥发性、抽取性、迁移性等因素。

（4）聚氯乙烯常用的增塑剂

① 邻苯二甲酸酯类。这类增塑剂产量最多，约占增塑剂总产量的 80%，原因是成本较低，各种性能均较平衡。我国该类增塑剂主要以邻苯二甲酸二辛酯和邻苯二甲酸二丁酯

为主。

邻苯二甲酸二辛酯简称 DOP，无色油状液体，有特殊气味。邻苯二甲酸二丁酯简称 DBP，无色透明液体，具有芳香族气味，溶于大多数有机溶剂和烃类。

② 脂肪族二元酸酯类。脂肪族二元酸酯类的低温性能很好但与聚氯乙烯的相容性较差，故只能用作耐寒的辅增塑剂，与邻苯二甲酸酯类并用。最常用的是己二酸二辛酯和癸二酸二辛酯等。

己二酸二辛酯简称 DOA，无色、无臭液体，无毒，溶于大多数有机溶剂，微溶于乙二醇类，不溶于水。癸二酸二辛酯简称 DOS，几乎是无色的油状液体，不溶于水，溶于醇、苯、醚等有机溶剂。

③ 磷酸酯类。磷酸酯与聚氯乙烯等树脂有良好的相容性，透明性也好，但有毒性。它们既是增塑剂又是阻燃剂。其主要品种有磷酸三甲苯酯和磷酸二苯一辛酯等。

磷酸三甲苯酯简称 TCP。磷酸二苯一辛酯简称 DPOP，浅黄色透明油状液体。

④ 环氧化合物类。环氧增塑剂是近年来应用很广的助剂。它既能吸收聚氯乙烯树脂在分解时放出的氯化氢，又能与聚氯乙烯树脂相容，所以它既是增塑剂又是稳定剂。主要用作耐候性高的聚氯乙烯制品的辅增塑剂。其主要品种有环氧大豆油、环氧硬脂酸辛酯等。

环氧大豆油简称 ESO，黄色油状液体，无毒，溶于大多数有机溶剂和烃类。环氧硬脂酸辛酯简称 ED3。环氧四氢邻苯二甲酸二辛酯简称 EPS，无色至浅黄色油状液体。

⑤ 聚酯类。聚酯类增塑剂一般塑化效率都很低、黏度大、加工性和低温性都不好，但挥发性低、迁移性小、耐油和耐肥皂水抽出，因此是很好的耐久性增塑剂。通常需要与邻苯二甲酸酯类主增塑剂并用。聚酯类多用于汽车、电线电缆、电冰箱等长期使用的制品中。主要品种有聚己二酸丙二醇酯（简称 PPA）等。

⑥ 含氯化合物类。目前使用最广泛的含氯增塑剂是氯化石蜡。氯化石蜡价格低、电性能优良、具有难燃性，但相容性较差，热稳定性也差，仅用作辅助增塑剂。

⑦ 石油磺酸苯酯类。这类增塑剂相容性较好可用作主增塑剂。若与邻苯二甲酸酯类主增塑剂并用则效果更好。它的力学性能、电性能、耐候性良好但耐寒性较差。主要品种有烷基磺酸苯酯等。

烷基磺酸苯酯简称 M-50，淡黄色透明油状液体。

目前还发展了一些固体的增塑剂，主要是二甲苯磺酸酰胺类、二甲苯甲醛缩合物和丙烯系聚合物。用于加工硬聚氯乙烯时可使其流动性提高数倍而不降低其刚性，还可减少粉尘从而改善工人劳动条件，但热变形温度及冲击强度却有一定下降。

选择增塑剂应考虑以下几方面：能符合制品的性能要求，加工方便，与塑料中其他助剂的协调性好、价廉、毒性及污染小等。

## 2.1.2 稳定剂

塑料在成型加工、贮存和使用过程中，由于内外因素的综合作用，塑料的力学性能逐渐变差，以致最后丧失使用价值。内因是聚合物本身的化学和物理结构。外因指外界环境因素，光、热、氧、霉菌等。在塑料中加入稳定剂是制止或抑制聚合物因受外界因素所引起的破坏作用。适用于各种聚合物的稳定剂并不完全相同，按所发挥的作用，稳定剂可分为热稳定剂、光稳定剂（紫外线吸收剂，紫外线猝灭剂，光屏蔽剂等）及抗氧剂等。

（1）热稳定剂

为防止塑料在加工和使用过程中由于受热而引起降解所加入的助剂称为热稳定剂。主要使用热稳定剂的树脂是聚氯乙烯。而聚烯烃、聚苯乙烯、聚甲醛、苯乙烯-丁二烯-丙烯腈共聚物等也需用一些热稳定剂来改进其性能。

聚氯乙烯因其加工温度高于树脂开始分解的温度，如不加入热稳定剂，当加工温度达到 100℃以上，树脂就开始发生降解，释放出氯化氢，颜色渐渐变成黄、棕至黑色，逐渐变脆，失去使用价值。加入稳定剂后，可以防止聚氯乙烯发生降解和变黑，保证其顺利进行加工和延长制品的使用寿命。

聚氯乙烯的降解主要是由于分子中的活泼氯原子在加热及氧的作用下，分解产生氯化氢导致的。因此聚氯乙烯的热稳定剂主要是那些能使聚氯乙烯分子中的氯原子稳定、能阻止或接收释放出的氯化氢的化合物。这些化合物按其化学组成可分为六大类：铅盐类、金属皂类、有机锡类、环氧化合物类、亚磷酸酯类和复合稳定剂类。

① 铅盐类。铅盐是最老的稳定剂品种。稳定效率高、不吸水、电绝缘性好、价廉，是目前大量使用的稳定剂品种。但有毒，遇硫会着色，制品透明度差。多用于电线电缆及不透明制品中。代表品种有三盐基硫酸铅、二盐基亚磷酸铅等。

② 金属皂类。金属皂一般是钙、镁、锌、钡、镉等的硬脂酸盐。这类稳定剂既有热稳定性，同时又有一定润滑性。其中有些是无毒的（如钙、锌皂类），大多能用于半透明制品，应用广泛。但最好同环氧化合物类、螯合剂等并用，效果更佳。镉盐光稳定性好，可制透明制品。锡、钡盐有毒，现在国外倾向于用锌、钙的皂盐来代替。代表品种有硬脂酸钡、硬脂酸镉等。

③ 有机锡稳定剂。有机锡稳定剂主要是各种有机酸及硫醇盐的含锡衍生物。其热稳定性及加工初期着色性能优良，制品透明性好。缺点是价贵，加工时有气味放出。适于食品包装材料及透明管、板、片等制品加工中采用。它与 Ca-Zn 稳定剂合用效果更佳。这类稳定剂国内产量不大，主要依靠进口。代表品种有马来酸二丁基锡、月桂酸二丁基锡、硫醇二丁基锡等。

④ 环氧化合物类。环氧化合物常与各种主稳定剂并用，能增进最终产品的热稳定性。它同时也是重要的增塑剂品种。代表品种有环氧硬脂酸辛酯（ED3）、环氧大豆油等。

⑤ 亚磷酸酯类（螯合剂）。亚磷酸酯类主要是亚磷酸的烷基或芳基酯类。它本身不是稳定剂，但能与金属盐形成络合物，从而更有效地发挥主稳定剂（特别是钡、镉、皂）的作用。因此亚磷酸酯类稳定剂又被称为螯合剂。代表品种有亚磷酸三苯酯。

⑥ 复合稳定剂类。稀土复合稳定剂，主要成分是镧（La）、铈（Ce）的有机或无机盐类。具有优异的热稳定性、耐候性、电绝缘性、透明性，无毒，价格适中。

（2）光稳定剂

太阳辐射的电磁波在通过空间和臭氧层时，290nm 以下和 3000nm 以上的射线几乎都被滤除，实际到达地面的为 290～3000nm 的电磁波，其中波长范围为 400～800nm（约占 40%）的是可见光，波长约为 800～3000nm（约占 55%）的是红外线，而波长约为 290～

400nm（仅占 5%）的是紫外线。其强度随地理位置、季节、气候等有一定变化。由于波长与光量子能量成反比，波长愈短，辐射能量越强，因此太阳光中的紫外线是塑料老化的主要原因。紫外线虽然仅占阳光的 5%左右，但是能量却很大，足以破坏聚合物的化学键，使其分子链断裂、交联，致使其力学性能恶化。所以户外或照明用的塑料制品，常会因光照而发生聚合物分子的降解。反映在外观上是发生开裂、起霜、变色、退光、起泡以致完全粉化。各种聚合物对紫外线的抵抗能力有所不同。如聚甲基丙烯酸甲酯和聚氟乙烯抵抗紫外线的能力就很强，聚丙烯则会很快地变质，加入光稳定剂可防止这种光降解。

光稳定剂是一种能够抑制或减弱光对塑料的降解作用，提高塑料耐光性的物质。其作用机理因自身结构和品种的不同而有所不同。有的可以屏蔽、反射紫外线；有的可以吸收紫外线并将其转化为无害的热能；有的可猝灭被紫外线激发的分子或基团的激发态，使其回到基态，排除或减缓了发生光氧化还原反应的可能性；有的因捕获光氧化还原产生的自由基，从而阻止了导致制品老化的自由基反应，使制品免遭紫外线破坏。

光稳定剂按作用机理可分为光屏蔽剂、紫外线吸收剂、猝灭剂和自由基捕获剂四大类。

① 光屏蔽剂。它的作用就像在聚合物和光辐射之间设置了一道屏障，使光不能直接辐射到聚合物的内部，令聚合物内部不受紫外线的伤害，从而有效地抑制光氧化降解。这是一类能够遮蔽或反射紫外线的物质，使光不能透入高分子内部，从而起到保护高分子的作用。光屏蔽剂有炭黑、氧化锌、二氧化钛等无机颜料，其中炭黑屏蔽效果最好。

② 紫外线吸收剂（UVA）。它的作用机理在于能强烈地吸收聚合物敏感的紫外光，并能将能量转变为无害的热能形式放出。紫外线吸收剂能有效地吸收波长为 290～400nm 的紫外线，而很少吸收可见光，它本身具有良好的热稳定性和光稳定性。UVA 按化学结构可分为：二苯甲酮类、苯并三唑类、水杨酸酯类、三嗪类等。UVA 常作为辅助光稳定剂和受阻类光稳定剂共同使用，尤其在聚烯烃或涂料中更是如此。

③ 猝灭剂。可接受塑料所吸收的能量，并将这些能量以热量、荧光或磷光的形式散发出去，从而保护聚合物免受紫外线的破坏。猝灭剂是通过分子间能量的转移来消散能量的，故又称为能量转移剂。它对聚合物的稳定效果很好，多用于薄膜和纤维制品，主要是一些二价的有机镍螯合物。近年来，有机镍络合物因重金属离子的毒性问题，逐渐被其他无毒或低毒猝灭剂取代。

④ 自由基捕获剂。这类光稳定剂能捕获高分子中生成的活性自由基，从而抑制光氧化过程，达到光稳定目的。受阻胺光稳定剂（HALS）是发展最快、最有前途的一类新型高效光稳定剂，在国际上年平均需求增长率为 20%～30%，占自由基捕获剂的主要位置。

（3）抗氧剂

许多聚合物在制造、贮存、加工和使用过程中都会因氧化而加速降解，从而使其物理力学性能和化学性能下降。将抗氧剂加至塑料中，就可以抑制或延缓聚合物在正常或较高温度下的氧化。易于氧化而采用抗氧剂的塑料有：聚烯烃类、聚苯乙烯、聚甲醛、聚酰胺、聚氯乙烯、苯乙烯-丁二烯-丙烯腈共聚物等。

抗氧剂根据不同的作用机理分为两类：①主抗氧剂。塑料的氧化反应是一种链式连锁反应，如果能使这种链式反应中断，氧化反应就不会往下继续进行，塑料制品也不会受到氧化的破坏了。主抗氧剂的作用是捕获氧化降解中产生的活泼自由基，从而中断链式降解反应，达到抗氧化目的。属于这类的抗氧剂主要有仲芳胺类抗氧剂、阻碍酚类抗氧剂等。②辅抗氧剂。在塑料的氧化降解过程中，过氧化物在其中起自动催化作用，而辅抗氧剂能够与过氧化物结合成不活泼产物，抑制其自动催化作用。属于这类的抗氧剂有亚磷酸酯类，有机硫化物类抗氧剂。

通常，主、辅抗氧剂并用，通过相互的协同效应达到最佳的抗氧化效果。抗氧剂研究的主要方向是提高抗氧效率、持久性和相容性。

## 2.1.3　填充剂（填料）

填充剂一般都是粉末状的物质，而且对聚合物都呈惰性。配制塑料时加入填充剂的目的是改善塑料的成型加工性能，提高制品的某些性能，赋予塑料新的性能和（或）降低成本。

填充剂的加入并不是单纯地混合，而是彼此之间存有次价力。这种次价力虽然很弱，但具有加合性，因此当聚合物相对分子质量较大时，其总力则显得可观，从而改变了聚合物分子的构象平衡和松弛时间，还可使聚合物的结晶倾向和溶解度降低以及提高玻璃化转变温度和硬度等。目前对聚合物-填充剂体系的力学性能、电性能、两者间次价力的性质等问题研究得还不够。为了改善聚合物与填充剂之间的结合性能，最好先用偶联剂（桥合剂）对填充剂进行处理，然后再加入聚合物中。偶联剂是一种增加无机填料与有机聚合物之间亲和力，而且具有两性结构的物质。常用的有硅烷类、钛酸酯类、铝酸酯类等。

近年来也有在填料表面进行化学接枝、改性，降低其表面能、增加亲油性、提高与聚合物的亲和性、提高填充塑料的物理力学性能。此外也开展了在适当的粒径等条件下刚性填料对聚合物增韧的研究，取得了很好的效果。在使用粒径很小的填料时，为不使微细的粒子间相互凝聚，降低制品性能，通常都用偶联剂或表面活性剂处理，以改善填料在塑料中的分散程度。填充剂的加入量一般为塑料组成的 40% 以下。近年来生产的一些高填充塑料制品等，填充剂的加入量则可能远超过此范围。

填充剂的大小和表面状况对塑料性能有一定影响，球状、立方体状的通常可提高成型加工性能，但机械强度差，而鳞片状的则相反。粒子愈细时对塑料制品的刚性、冲击性、拉伸强度、因次稳定性和外观等改进作用愈大。

加入填充剂后也有缺点，如粉状填料常使塑料的拉伸和撕裂强度、耐低温性等下降。大量加入时成型加工性能和表面光泽下降，故应合理地选用品种、规格和加入量。一般要求是：分散性好，吸油量小（吸油量对增塑塑料来说就是吸收增塑剂的量。其标准是在聚合物和填充剂各 100 份所配制的塑料中加入增塑剂的份数，加入量系以塑料硬度达到纯聚合物的硬度为度），对聚合物及其他助剂呈惰性，对加工性能无严重损害，不严重磨损设备，不因分解或吸湿使制品产生气泡等。填充剂中含有微量的铁、锰、铜及少量铝时均使稳定剂的效率下降。硫的存在会污染铅类稳定剂，金属杂质还会对钡镉稳定剂起反作用。为了改善填料在塑料中的分散状况，使成型加工过程更方便、清洁等，除了在生产的配料或成型加工现场直接添加填料外，也有将填料中加入少量树脂及其他助剂，做成粒状的填料含量极高的"填充母料"出售。在成型加工现场，只需在使用的树脂粒料中均匀混入一定量的填充母料即可。

常用的填充剂有碳酸钙、炭黑和滑石粉等。

## 2.1.4 增强剂

加入聚合物中使其力学性能得到提高的纤维类材料，称作增强剂。它实际上也是聚合物的填料，只是由于性能上的差别和目前有很大的发展，所以特将其单独列作一类。增强剂以往多用于热固性塑料，21世纪60年代以来在热塑性塑料中也有了广泛的应用。其用量越高，增强效果也越大，但却使塑料流动性下降，不利于成型加工，对设备的磨蚀也较严重。

常用的增强剂有玻璃纤维、合成纤维、麻纤维和晶须等。

## 2.1.5 着色剂（色料）

给予塑料以色彩或特殊光学性能或使之具有易于识别等功能的材料称为着色剂。塑料着色有整体着色（内着包）和表面着色（外着色），后者常视为塑料制品的修饰加工内容。因此，这里所讨论的主要是整体着色，但一些基本原则对表面着色也是适用的。加入色料不仅能使制品鲜艳、美观，有时也能改善制品的耐候性。

成型加工中对色料的一般要求是性能稳定、不分解、易扩散、耐光和耐候性优良、不发生从制品内部移向表面的泅色现象（如渗霜、渗出或渗移）以至移向与其接触的其他物品的迁移现象。选用色料时，除应熟悉具体品种的性能外，还应考虑塑料在配制和成型过程中的具体情况。各种塑料在配制和成型过程中外界条件是各不相同的，因此，必须根据具体情况进行选择。例如：聚氯乙烯在成型中会放出 HCl，故不宜用对酸敏感的镉红、群青等。又如聚乙烯中一般不能加入含铜、锌、钴、锰等元素的色料以免其促进降解反应。此外，所用色料对聚合物及其他助剂有无不良影响，是否增加成型加工的困难等也应注意。

## 2.1.6 润滑剂

为改进塑料熔体的流动性能，减少或避免对设备的摩擦和黏附以及改进制品表面光亮度等而加入的一类助剂称为润滑剂。常用热塑性塑料中需要加润滑剂的有聚烯烃、聚苯乙烯、醋酸纤维素、聚酰胺、ABS、聚氯乙烯等，其中又以硬聚氯乙烯更为突出。常用的润滑剂有脂肪酸及其皂类、脂肪酸酯类、脂肪醇类、酰胺类、石蜡、低相对分子质量聚乙烯、合成蜡等。

习惯上常将润滑剂分为内、外两类。内润滑剂在聚合物中具有限量的相容性，主要作用是减少聚合物分子的内摩擦。外润滑剂与聚合物仅有很低的相容性，故能保留在塑料熔体的表层，降低塑料与加工设备间的摩擦。所以将润滑剂分为内外两类的关键就在于它与聚合物之间的相容性。一种润滑剂是内还是外润滑要结合具体的聚合物来判断。所谓"内"与"外"也不是绝对的。实际上有不少润滑剂是兼具内、外两种作用的，如金属皂类作聚氯乙烯的润滑剂就是如此。由于金属皂（如硬脂酸钙，$C_{17}H_{35}COOCaOCOC_{17}H_{35}$）分子是由两个较长碳链通过一个极性基团联结而成的，虽然在聚氯乙烯中溶解较差，但却能靠其中的极性基因在聚氯乙烯中得到较多的分散而呈现内润滑作用。另外，由于两侧的碳链很长，不溶于聚氯乙烯中，故又显出外润滑作用。

温度和压力均能影响给定系统的润滑作用，某些润滑剂（如十八烷醇和硬脂酸用作聚氯乙烯的润滑剂时），当温度高时会挥发损失，影响润滑效果。提高温度能促进润滑剂与聚合物间的相容性，使原来是外润滑剂也兼有一些内润滑作用，如用作润滑聚乙烯的石蜡或低相对分子质量聚乙烯就是这种情况。与提高温度一样，增大压力也能使一部分外润滑作用转为内润滑作用。

润滑剂的用量常低于 1%。选用时应注意的是：①聚合物的流动性能已满足成型加工的需要，则主要考虑外润滑作用，否则就应求得内外平衡，且外润滑作用应在成型温度和压力下得到足够保证。为此，所用润滑剂常不止一种。因此，为了在某种塑料产品的加工中取得满意的润滑效果，常将几种润滑剂搭配使用。相应地也有多种复合型润滑剂作为产品供应，具有使用方便、用量省、润滑效果良好及前后期效果较平衡等优点。外润滑剂过量时易使制品表面渗霜。②润滑剂应对其他助剂无不良作用。③外润滑剂是否有效，应以能否在成型温度时，在塑料面层结成完整的液体薄膜为准。因此，外润滑剂的熔点既不能十分接近成型温度，又不能低得太多（除非它的黏度随温度变化很小，挥发度很低）。过分接近时，润滑剂（在成型温度下应是液体）的黏度太大，有碍薄膜的形成；太低时，又由于黏度太小，不易构成完整的薄膜。近年来，随着硬聚氯乙烯制品的发展，对润滑剂的要求更高，也有许多新的、性能良好的品种问世。

## 2.1.7　防静电剂

聚烯烃、聚苯乙烯、聚酰胺、聚氯乙烯等塑料制品的表面，常因在成型过程中与模具或设备表面分开而积有静电，这种积电还会在制品后加工或运转中增加。带有静电的制品表面容易积灰，对生产与使用不利。静电过大时常会震击人身，如果静电压大到 3000V 时还会产生静电火花，甚至引起火灾。为使制品具有适量的导电能力以消除带静电的现象，可在塑料中加入少量防静电剂。防静电剂主要有胺的衍生物、季铵盐类、磷酸酯类和聚乙二醇酯类。这类物质既有微弱的电离性，又有适当的吸水性，可使塑料制品表面具有导电的分子层。如果这种导电层被擦脱，则制品内防静电剂将继续移至表面重新形成导电层，以保证制品在较长时间内不会出现带电现象。导电层须在吸水后才能形成，故新生产的制品一时还可能带电。在天气十分干燥时，防静电剂也可能暂时失效。防静电剂的加入量一般小于 1%。在某些特定的场合，需要塑料制品具有长期稳定的抗静电、电磁波屏蔽等性能，除了近年来正在开发的大分子本身具有一定程度导电性从而生产的结构型导电塑料外，在多数情况下，可在塑料中添加一些导电填料（如炭黑、石墨、金属粉或纤维，表面镀金属的纤维等）生产在一定程度上具有导电性的复合型导电塑料。

## 2.1.8  阻燃剂

不少塑料是可燃的，这给应用带来许多限制。如在塑料中加入一些含磷、卤素的有机物或三氧化二锑等物质常能阻止或减缓其燃烧，这类物质即称为阻燃剂。此外在某些聚合物（如环氧、聚酯、聚氨酯、ABS 等）合成时，引入一些难燃结构（基团），也可起到降低其燃烧性能的作用，这些称为反应型阻燃剂。

常用阻燃剂大多为元素周期表中ⅢA、VA、ⅦA 族元素（如铝、氮、磷、氯、溴等）的化合物，如磷酸酯类（如磷酸三甲酯、磷酸三苯酯、磷酸甲苯二苯酯等）、含卤磷酸酯类，有机卤化物（如含氯量 70% 的氯化石蜡、六溴苯、十溴联苯醚、氯化联苯等）、无机阻燃剂（如三氧化二锑、氢氧化铝、氢氧化镁、赤磷等）。

添加型阻燃剂的使用量一般较大，从百分之几到 30%，因此，添加型阻燃剂常会使制品的性能，特别是力学性能下降。反应型阻燃剂则有可能克服这一缺点。

## 2.1.9  驱避剂

塑料制品在贮存、使用过程中，可能遭受老鼠、昆虫、细菌、霉菌等的危害，用于抵御、避免和消灭这类情况发生的物质统称驱避剂。

为防止老鼠对塑料制品的损害，除可在设计制品时选取无老鼠搭牙咬齿的外形外，常可采用老鼠所厌恶的药物混入或涂抹在塑料制品上。这一类药物目前尚处研制试用阶段，具有一定实用价值的有：有机锡类（丁基系有机锡等）、抗生素类等。

白蚁对塑料也有相当大的危害，常用的塑料防蚁剂有：狄氏剂、艾氏剂、氯丹、林丹等，使用时多与塑料直接混合，用量一般为 0.5%～5%。

常用的杀菌驱避剂有正汞盐和四元碱式盐等，但作用有限，前者对霉菌的活性小而对人有害，后者对细菌的活性差，且使制品变色。不同的聚合物可以采用一些专用的杀菌剂，例如聚氯乙烯可用活性高的羧亚胺三氯硫基衍生物。应指出的是，聚氯乙烯本身不会被细菌侵蚀，被侵蚀的只是与其配合的一些助剂。使用驱避剂时应注意使用安全。

## 2.1.10  其他助剂

以上几类助剂都是较为重要的，但在某些场合，为使塑料制品能够满足特殊的要求或便于成型，也有加入一些特用助剂的，其种类甚多，很难给以完备地描述，这里仅举少数例子，以了解其大概情况。

① 为生产泡沫塑料用的发泡剂。

② 为防止聚烯烃和聚氯乙烯薄膜自身之间的黏着所加入的改性脂肪酸类（在吹塑薄膜中使用时常称作开口剂）。

③ 为免除农用薄膜因水气凝结出现的雾层而加入的非离子型表面活化剂，加入这种物质的薄膜也有利于包装一般含有少量水分的食品。

④ 为增进聚氯乙烯制品在受荷下的热稳定性所加入的氯化聚氯乙烯。

⑤ 为降低聚氯乙烯熔体黏度而有利于成型和后加工（指板材）所加入的丙烯酸类树脂、氯化聚乙烯和 ABS 树脂等。

⑥ 为提高聚氯乙烯的冲击强度、耐热性、耐寒性而加入的增韧剂，如氯化聚乙烯、丙烯腈-苯乙烯共聚物、甲基丙烯酸甲酯、丁二烯等的合成物。应该指出的是，上列的后几类添加剂都是不同品种的聚合物，因此，可看作是高分子共混合物，而不属于助剂的范畴。

塑料制品目前已广泛用于日常生活（如食品、包装、衣物、儿童玩具）、医疗器材等许多行业，它们和人体接触较多，故应注意毒性问题。

## 2.2　粉料的配制

多数塑料品种，如聚烯烃等，均由树脂厂直接提供已加有助剂的粒料。塑料制品厂需要自己进行配制的主要是聚氯乙烯塑料。其中加入相当数量液态助剂（如增塑剂）的原料（如软聚氯乙烯用料），在配制时常称作润性物料，反之则称为非润性物料。

粉料的制备过程主要包括原料（聚合物及各种助剂）的准备和原料的混合两个方面。原料的准备首先是根据制品已选定的塑料配方进行必要的原料预处理、计量及输送等过程，然后再进行混合。混合的目的是将原料各组分相互分散以获得成分均匀物料的过程。

### 2.2.1　混合过程

混合作业虽然在工业上大量使用，但对过程分析和混合物的鉴定等问题却因其过于复杂而尚有不少问题有待研究。一个混合物通常由两种或更多可鉴别组分组成。按照一般概念，凡是只使各组分作空间无规分布的称为简单混合，如果还要求组分聚集体尺寸减小的则称为分散混合。在塑料配制过程中，属于简单混合的情况极少，因为组分中常采用液态物质，所以，其中还包含有各组分间的相互渗透、互溶等作用。严格地说，也不是简单的混合。

（1）混合作用的机理

混合作用一般是靠扩散、对流、剪切三种作用来完成的。扩散作用靠各组分之间的浓度差推动，构成各组分的微粒由浓度较大的区域迁移到浓度较小的区域，从而达到组成的均一。对于气体与气体间的混合，扩散过程能较快地自发进行。在液体与液体或液体与固体间，扩散作用也较显著，但在固体与固体之间，扩散作用则很小。升高温度、增加接触面、减少料层厚度等均有利于扩散过程的进行。

对流作用是使两种或多种物料在相互占有的空间内发生流动，以期达到组分的均一。对流需借助外力的作用，通常用机械搅拌力进行。不论何种聚集态的物料，要使其组成均一，对流作用是必不可少的。

剪切作用是利用剪切力促使物料组分均一的混合过程，这种方法在混合过程中，物料块本身体积没有变化，只是截面变小，向倾斜方向伸长，并使表面积增大和扩大了物料分布区域。因而剪切作用可以促进混合。

剪切的混合效果与剪切速率的大小和剪切力的方向是否连续改变有关。剪切速率愈大，对混合作用愈有利。剪切力对物料的作用方向，最好是能不断作 90°角的改变，即希望能使物料连续承受互为 90°的两剪切力的交替作用，如此则混合作用的效果最好。通常的混合（塑炼）设备，不是改变剪切力的方向，而是改变物料的受力位置来达到这一目的。例如用双辊筒机塑炼塑料时，只有固定的一个方向的剪切力，因此，必须通过翻料不断改变物料的受力位置，以便能够更快更好地完成混合塑化作业。

（2）混合程度的评定

混合作业完成得好坏，混合质量是否达到了预定的要求和生产中混合过程终点的判断，都是需要明确的问题，即怎样判断混合的效果。下面将进行简要的讨论。

对液体物料混合效果的衡量，可以分析混合物不同部分的组成而看其各分组成和平均组成相差的情况。但对固体或塑性物料混合效果的衡量，则应从两个方面来考虑，即组成的均匀程度和物料的分散程度。

组成的均匀程度是指混入物占物料的比例与理论或总体比例的差异。但就是相同比例的混合情况也是十分复杂的。

混合均匀度的问题将直接影响制品的性能，特别是物理力学性能。例如，加入增强填料能大幅提高制品强度，但如分散不均匀，则会在制品中出现薄弱点，某些情况下将会带来严重的问题，许多时候常常需要预计制品的强度，则混合的均匀性将是一个重要的因素。

生产中应视配制物料的种类和使用要求来掌握混合的程度并尽量做到以下三方面：①在混合过程中要尽量增大不同组分间的接触面，减少物料的平均厚度；②各组分的交界面（接触面）应相当均匀地分布在被混合的物料中；③使在混合物的任何部分，各组分的比例和整体的比例相同。

## 2.2.2 粉料的制备

共分原料的准备和原料的混合两个过程。

（1）原料的准备

主要有原料的预处理、称量及输送。由于聚合物的装运或其他原因，有可能混入一些机械杂质。为了生产安全、提高产品质量，最好进行过筛吸磁处理和除去杂质。在润性物料的混合前，应对增塑剂进行预热，以加快其扩散速率，强化传热过程，使聚合物加速溶胀，提高混合效率。目前采用的某些稳定剂、填充剂以及一些色料等固体粒子多在 0.5μm 左右，常易发生团聚现象，为了有利于这些小剂量物料的均匀分散，可将它们制成浆料或母料后再投入到混合物体中。

母料指事先配制成的含有高百分比助剂（如色料、填料等）的塑料混合物。在塑料配制时，用适当的母料与聚合物（或聚合物与其他助剂的混合物）掺合，可得到准确的最终浓度且均匀分散。制备浆料的方法是先按比例称取助剂和增塑剂，而后搅匀，有的须再经三辊研磨机研细。而制备母料的方法大都是先将各成分均匀混合、塑化、造粒之后得到。

称量是保证粉料或粒料中各种原料组成比例精确的步骤。袋装或桶装的原料，通常虽有规定的质量，但为保证准确性，有必要进行复称。配制时，所用称量设备的大小、形式、自动化程度及精度等常随操作性质的不同，会有很多变化，应予注意。

原料的输送，对液态原料（如各种增塑剂）常用泵通过管道输送到高位槽贮存，使用时再定量放出。对固体粉状原料（如树脂）则常用气流输送到高位的料仓，使用时再向下放出，进行称量。这对于生产的密闭化、连续化都是有利的。

（2）原料的混合

混合是依靠设备的搅拌、振动、空气流态化、翻滚、研磨等作用完成的。以往混合多是间歇操作的，因为连续化生产不易达到控制要求的准确度。目前有些已采用连续化生产，具有分散均匀、效率高等优点。

如前所述，混合终点的测定理论上可通过取样进行分析，要求是任意各组分的差异降低到最低程度。显然分析时取样应恰当，即要比混合物微粒大得多，但又远小于混合物的整体。但是工厂中的混合过程，一般都以时间或混合终了时物料的温度来控制，而终点大多靠经验断定，所以在混合的均匀度要求上不免粗糙些。事实上也不可能十分精确，因为混合的均匀性属于偶然性变化范畴内的事物。需要指出的是，为达到期望的效果，采用各种原料的密度和细度应该相近。

对于加入液体组分（主要是增塑剂）的润性物料，除要取样分析结果符合要求外，还要求增塑剂既不完全渗入聚合物的内部，又不太多地露在表面。因为前一种情况会使物料在塑炼时不易包住辊筒，从而降低塑炼的效率；而后一种情况又常会使混合料停放时发生分离，以致失去初混合的意义。

混合工艺随工厂的具体情况有所变化，但大体上是一致的。对非润性物料的初混合，工艺程序一般是先按聚合物、稳定剂、加工助剂、冲击改性剂、色料、填料、润滑剂等的顺序将称量的原料加入混合设备中，随即开始混合。如采用高速混合设备，则由于物料的摩擦、剪切等所做的机械功，使料温迅速上升；如用低速混合设备，则在一定时间后，通过设备夹套中的油或蒸汽使物料升至规定的温度，以期润滑剂等熔化和某些组分间的相互渗透而得到均匀的混合。热混合达到质量要求时即停止加热及混合过程，进行出料。为防止加料或出料时粉尘飞扬，应用密闭装置及合适的抽风系统。混合好的物料应有相应的设备（如带有冷却夹套的螺带式混合机）一边混合，一边冷却，当温度降至可贮存温度以下时，即可出料备用。对润性物料的初混合采用较低速的设备（如捏合机）时可采用的一种工艺步骤是：

① 将聚合物加入设备内，同时开始混合加热，物料的温度应不超过 100℃。这种热混合进行约十分钟，其意是驱出聚合物中的水分以使它更快地吸收增塑剂。如果因为聚合物吸收增塑剂过快或聚合物中水分不多，用热混合反会造成混合不均或不当，则可结合具体情况改用低温混合或冷混合。当所用增塑剂数量较多时，则最好将填料的一部分随同聚合物加入设备中。

② 用喷射器将预先混合并热至预定温度的增塑剂混合物喷到翻动的聚合物中。

③ 加入由稳定剂、染料和增塑剂（所用的数量应计入规定的用量中）调制的浆料。

④ 加入颜料、填料及其他助剂（其中润滑剂最好也用少量的增塑剂进行调制，所用

数量也应并入规定用量内计算）。

⑤ 混合料达到质量要求时，即停车出料。

所出的料即可作为成型用的粉料。对聚氯乙烯塑料来说，由于其直接用于成型，因此，尽管其中加有增塑剂，仍然要求它在混合后能成为自由流动、互不黏结的粉状物。因此应注意：a.选用的聚氯乙烯应是易于吸收增塑剂的。b.聚氯乙烯粒子间吸收的增塑剂应尽量均匀，否则会出现质量不均一，尤其不允许存在没有吸收的增塑剂粒子，因为它将给制品带来"鱼眼"斑。在选定原料的情况下，控制聚氯乙烯吸收增塑剂的因素是料温和混合设备的搅拌速率。c.最好选用剪切速率较大且能变速的混合设备。d.混合后的物料应冷至 40～60℃存放。粉料的主要优点是：原料在配制中受热历程短、对所用设备的要求较低、生产周期短。它的主要缺点是：对原料的要求较高、均匀度较差、不能用高含量的增塑剂和成型工艺性能较差。

对干性物料的混合，其过程大体与上述润性物料相同，但目前一般都采用高速混合机进行。操作中主要应注意混合机的电流变化及料温的升高，出料温度可达 110～130℃，通常以此作为出料时间节点。原因是混合开始时，混合机的起始温度并不一致，新启动开车时，混合机的温度常为室温。因此混合料要达到出料温度的时间较长，而运行一段时间后，混合机的温度逐渐升高，因此混合料要求达到出料温度的时间较短。规定必须达到出料温度的目的在于：在这一混合过程中，不仅能使各组分分散均匀，且能使某些添加剂（如润滑剂、冲击改性剂等）熔化而均匀包覆或渗入到已成高弹态的聚氯乙烯粒子中。经过高速混合的混合料，应进入冷混合器中迅速搅动冷却（有时在冷混合器的夹套中通入冷却水），通常到 40℃以下后出料备用。这种物料既可直接供挤出或注塑用，也可通过塑化造粒成为粒料供制品生产用。

用于初混合的设备类型较多，现举常用的几种如下。

① 螺带式混合机。这种混合机混合室（筒身）是固定的。混合室内有结构坚固、方向相反的螺带两根。当螺带转动时，两根螺带就各以一定方向将物料推动，使物料各部分的位移不一，从而达到混合的目的。混合室的外部装有夹套，可通入蒸汽或冷水进行加热或冷却。混合室的上下都有口，用以装卸物料。口的位置不一定在中间。

为加强混合作用，螺带的根数也可以增加，但须分为正反方向的两套，此时同一方向螺带的直径常是不相同的。螺带式混合机的容量在几十升至几千升不等。

这类设备以往用于润性或非润性物料的混合，目前已很少使用，而多用在高速混合后物料的冷却过程，也称作冷混合机。也有一些冷混合机的结构与下述的高速混合机相同，只是使用时在夹套通冷却水并以较慢的速度转动使混合料冷却。

② 捏合机。可兼用于润性与非润性物料的混合，其结构主要部分是一个带有鞍形底的混合室和一对搅拌器。搅拌器的形状变化很多，最普通的是 S 型和 Z 形。混合时，物料借搅拌器的转动（两个搅拌器的转动方向相反，速度也可以不同）沿混合室的侧壁上翻而在混合室的中间下落。这样物料受到重复折叠和撕捏作用从而得到均匀的混合。捏合机除可用外附夹套进行加热和冷却外，还可在搅拌器的中心开设通道以便冷、热载体的流通。这样就可使温度的控制比较准确、及时。必要时，捏合机还可在真空或惰性气氛下工作。捏合机的卸料一般是靠混合室的倾斜来完成的，但也可在底部开设卸料孔来完成。捏合机的混合效率较螺带混合机虽有提高，但仍存在混合时间长、均匀性差等缺点，目前已较多

地被高速混合设备所代替。

③ 高速混合机。这种混合机不仅兼用于润性与非润性物料，而且更适宜于配制粉料。该机主要是由一个圆筒形的混合室和一个设在混合室内的搅拌装置组成。

搅拌装置包括位于混合室下部的快转叶轮和可以垂直调整高度的挡板。叶轮根据需要不同可有一到三组，分别装在同一转轴的不同高度上。每组叶轮的数目通常为两个。叶轮的转速一般有快慢两档，两者之速比为 2∶1。转速约为 860r/min，但视具体情况不同也可变化。

混合时物料受到高速搅拌。在离心力的作用下，由混合室底部沿侧壁上升，至一定高度时落下，然后再上升和落下，从而使物料颗粒之间产生较高的剪切作用和热量。因此，除具有混合均匀的效果外，还可使塑料温度上升而部分塑化。挡板的作用是使物料运动呈流化状，更有利于分散均匀。高速混合机是否外加热，视具体情况而定。用外加热时，加热介质可采用油或蒸汽。油浴升温较慢，但温度较稳定，蒸汽则相反，如通冷却水，还可用作冷却混合料。冷却时，叶轮转速应减至 150r/min 左右。混合机的加料口在混合室顶部，进出料均有由压缩空气操纵的启闭装置。加料应在开动搅拌后进行，以保证安全。

高速混合机的混合效率较高，所用时间远比捏合机为短，在一般情况下只需 8～10min。实际生产中常以料温升至某一点（例如硬聚氯乙烯管材的混合料可为 120～130℃）时，作为混合过程的终点。因此，近年来有逐步取代捏合机的趋势，使用量增长很大。高速混合机的每次加料量为几十至上百千克。目前有的高速混合机已可全自动操作，加料时不需将盖打开，树脂和大量的添加剂，由配料室风送入混合机，其余添加剂由顶部加料口加入。混合时，先在低速下进行少顷时间（如 0.5～1.0min），然后自动进入高速混料。

近年来国内塑料行业还从其他工业部门引入管道式的连续混合机，可以提高生产率，同时更能保证混合料质量的均一，有利于实现生产的自动控制。

除上述几类机械式的初混合设备外，近年来还有关于静电混合法的研究。即使所需混合的两种粉料粒子带上相反的等量电荷，然后将两种粉料进行混合。由于不同粒子带有相反的电荷而互相吸引并中和掉所带电荷，使这两种粉粒的粒子能够间隔排列成为理想的"完全"混合物。显然这样的混合物可视为十分均匀，而不是上述各种方法所作的无规分散。同时这种混合也保持了粒子原来的尺寸而不使其改变。因此，这种方法今后可能会有一定的发展。

## 2.3　粒料的配制

如前所述粒料与粉料在组成上是一致的，不同的只是混合的程度和形状。粒料的制备，实际上首先是制成粉料，再经过塑炼和造粒而成。因此，在粒料制备的工艺上，常将用简单混合制成粉料的过程称为初混合，而将由此取得的粉料称为初混物，以便与以后的塑炼（事实上也是一种混合）区别。塑炼前所以要经过初混的理由是：①塑炼要求的条件比较苛刻，所用设备的承料量不可能很大，所以塑炼前常用简单混合的方法使原料组分有一定的均匀性。②目前使用的塑炼设备对一种很不均匀的物料，即使其质量不超过塑炼设备的承料量，如果要求不进行初混合而只进行塑炼，要取得合格的均匀度，则塑炼时间必须很长，这样聚合物会产生较多的降解，塑炼设备也得不到充分有效地利用。

聚合物在合成时可能由于局部的聚合条件或先后条件的差别，因此，不管是球状、粉状或其他形状的聚合物中，或多或少存在着胶凝粒子。此外，聚合物还可能含有杂质，如单体、催化剂残留体和水分等。塑炼的目的即在借助加热和剪切力使聚合物获得熔化、剪切、混合等作用而驱出其中的挥发物，并进一步分散其中的不均匀组分。这样，使用塑炼后的物料就更有利于制得性能一致的制品。

初混物的塑炼是在聚合物流动温度以上和较大的剪切速率下进行的，这就可能造成聚合物分子的热降解、力降解、氧化降解（如果塑炼是在空气中进行的）以及分子定向等。显然，这些化学和物理作用都与聚合物分子结构和化学行为有关。其次，塑料中的助剂对上述化学和物理作用也有影响，而且如果塑炼条件不当，助剂本身也会发生一定的变化，因此，不同种类的塑料应各有其适宜的塑炼条件。塑炼条件虽可根据塑料配方大体拟定，但塑炼的温度和时间仍需靠实验来决定。此外，在用双辊筒机塑炼时，翻料的次数也应作为塑炼的一种条件。

塑炼的终点虽可用撕力机测定塑炼料的撕力来判断，但在生产中一般靠经验。因为上述检定方法需要较长的时间，不能及时作出判断。

塑炼所用的设备目前主要有双辊机、密炼机和挤出机等。

# 第 3 章　挤出成型

挤出成型是挤出机通过加热、塑化、加压使物料以流动状态连续通过口模成型的方法。挤出成型在热塑性塑料加工领域中，是一种变化多、用途广，在塑料加工中占比很大的加工方法。由挤出制成的产品都是横截面一定的连续材料，如管、板、薄膜、丝、电线电缆的涂覆等。挤出在热固性塑料加工中是很有限的。

挤出成型过程可分为两个阶段：第一阶段是使固态塑料塑化并在加压下使其通过特殊形状的口模而成为截面与口模形状相仿的连续体；第二阶段是用适当的方法使挤出的连续体失去塑性状态而变为固体，即得所需制品。

按照塑料塑化的方式不同，挤出工艺可分干法和湿法两种。干法的塑化是靠加热将塑料变成熔体，塑化和加压可在同一设备内进行。其定型处理仅为简单的冷却。湿法的塑化是用溶剂将塑料充分软化，因此塑化和加压须分为两个独立的过程，而且定型处理必须采用较麻烦的溶剂脱除，同时还得考虑溶剂的回收。湿法挤出虽在塑化均匀和避免塑料过度受热方面存有优点，但基于上述缺点，它的适用范围仅限于硝酸纤维素和少数醋酸纤维素塑料的挤出。

挤出过程中，随着对塑料加压方式的不同，可将挤出工艺分为连续和间歇两种。前一种所用设备为螺杆挤出机，后一种为柱塞式挤出机。用螺杆挤出机进行挤出时，装入料斗的塑料，借转动的螺杆进入加料筒中，由于料筒的外热及塑料本身和塑料与设备之间的剪切摩擦热，使塑料熔化而呈流动状态。与此同时，塑料还受螺杆的搅拌而均匀分散，并不断前进。最后，塑料在口模处被螺杆挤到机外而形成连续体，经冷却凝固，即成产品。

柱塞式挤出机的主要部件是一个料筒和一个由液压操纵的柱塞。操作时，先将一批已经塑化好的塑料放在料筒内，而后借柱塞的压力将塑料挤出口模外，料筒内塑料挤完后，即应退出柱塞以便进行下一次操作。柱塞式挤出机最大优点是能给予塑料以较大的压力，而它的明显缺点则是操作的不连续性，而且物料还要预先塑化，因而应用也很少，只有在挤压聚四氟乙烯塑料等方面有应用。

由上所述，塑料的挤出，绝大多数是热塑性塑料，而且是采用连续操作和干法塑化的。

## 3.1　管材的挤出

管材是塑料挤出成型的主要产品之一。塑料管材是塑料制品的大宗产品，也是化学建材中的重要产品。20 世纪 30 年代，工业发达的国家就开始使用塑料管材，目前更广泛应用于住宅建设、市政工程、农业和工矿业等国民经济各个领域。发达的工业国家塑料管材发展十分迅速，正在不断替代金属等其他传统材料的管材。

可供生产管材的塑料原料有：聚氯乙烯、聚乙烯、聚丙烯、ABS、聚酰胺、聚碳酸酯等。目前国内生产的管材以聚氯乙烯、聚乙烯、聚丙烯等材料为主。

塑料管具有相对密度小（仅为金属的 1/5～1/8）、质量轻、耐化学腐蚀性好、电器绝缘性优良、管壁光滑、流体流动阻力小、内壁不易结垢、施工安装和维修方便等优点。广泛用作各种液体、气体输送管，尤其是某些腐蚀性液体和气体，如自来水管、排行管、农业排灌用管、化工管道、石油管、煤气管等。

图 3-1 为生产硬聚氯乙烯（UPVC）管材的一种装置示意图。挤管的过程是将粉状或粒状塑料从料斗加入挤出机，经加热成熔融的料流，螺杆旋转的推力使熔融料通过机头的环形通道形成管状物，经冷却定型成为管材。

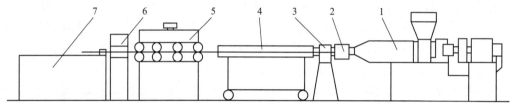

**图 3-1　硬管机组**
1—主机；2—机头；3—定型装置；4—冷却装置；5—牵引装置；6—切割装置；7—堆放装置

挤出管材的主要装置有挤出机、机头、定型装置、冷却装置、牵引装置、切断装置等。

（1）挤出

聚氯乙烯（PVC）加入挤出机后，经加热熔融塑化后定量、定压、定温地挤出进入口模，完成了挤出过程。所要控制的主要工艺条件是挤出机的各区温度、压力、螺杆的转速及口模的温度。

① 挤出机的温度。聚氯乙烯是一种热敏性塑料，所以在加热的过程中要严格控制在分解温度以内进行。机身温度由加料段到计量段逐渐升温，物料由玻璃态逐渐转成黏流态。物料在加料段应处于未熔化的固体状态以利于达到固体输送的能力，否则过早熔化抱在螺杆上，阻料，降低输送效率，时间长造成 PVC 分解。加料段后应升高温度使物料尽快塑化。机头温度一般都控制在流动温度和分解温度（160℃～180℃）之间，口模处略比机头温度低，以免物料流动波动大，但应保证熔体有良好的流动性。

② 压力。挤出机内熔体的挤出是在一定的压力下进行的，是机头与口模产生的阻力。压力对产品的质量有明显的影响。压力增加，可提高熔体的混合均匀性及产品的致密性，但也不能过高；压力不足，制品中有空心现象，制品的表面光洁度较差。

③ 螺杆转速。转速提高，可以提高产量，但物料在料筒内停留时间短，塑化不好，产品质量差；转速降低，物料在料筒内停留时间长，塑化好，产品质量好，产量低，设备利用率低，产品成本高。转速一般控制在 15～30r/min。在保证产品质量的前提下，取高值。

（2）定径

塑料刚从口模中挤出时，基本仍处于熔融状态，具有较高的温度，因此，必须进行定型和冷却。否则，管子将由于牵引、自身质量等作用而变形。定径有两个方面，外定径及内定径。外定径是在管状物外壁和定径套内壁紧密接触的情况下进行冷却实现的。内定径的方法是将定径套的冷却水管从芯棒处伸进，所以必须使用偏移式机头。外定径结构简单，操作方便，我国普遍采用。外定径又可分为管内充气加压定径（内压定径）和在管外壁与定径套内壁间抽真空定径（真空定径）两种。前者用于直径大于 400cm 的厚壁管材和软管，后者用于小于 400cm 的薄壁管。

（3）冷却

从定型装置出来的管子并没有完全冷却到室温，需继续在冷却装置中进行冷却。冷却装置一般有冷却水槽和喷淋式水箱两种。冷却水槽一般长 2～3m，水槽中连续不断地通入冷却水，冷却水流动方向与管子运动方向相反，不致产生急冷，缺点是由于浮力作用易造成管子弯曲变形，特别对于大型制品，所以常用于直径小于 160cm 的管子的冷却。喷淋式水箱靠有喷水孔喷出的水对管子进行冷却，用于大型管子。冷却后管子的温度为 30℃左右。温度过高，管子不能迅速地冷却固化，易变形；过低，产品骤冷，弹性恢复小，制品内存在内应力，影响产品性能。

（4）牵引

牵引的作用是克服管材离模膨胀，保证管材正常挤出及形状尺寸均匀稳定，同时赋予管材一定的拉伸取向和机械强度。

常见的牵引装置有滚轮式和履带式牵引机。对这类装置均要求具有较大的夹持力，并能均匀地分布于管子圆周上。且牵引速度必须十分均匀，能无级调速，这是为了保证管子的尺寸均匀和提高力学性能。牵引速度一般在 2～6m/min，也有达 10m/min 的，它依赖挤出速度。前者与管子间只有点或线接触，因而牵引力小，用于直径小于 100cm 的管子，后者管子与履带接触面大，牵引力大，且减少管子小面积受压时被压坏的可能，用于大型及薄壁管。

（5）切割

切割装置的作用是将挤出的连续管子截断至规定长度，有圆盘锯切割装置和行星锯切割装置。圆盘锯切割装置用于切割小型管子，行星锯切割装置用于切割直径大于 125cm 的管子。

## 3.2　异型材的挤出

塑料异型材是指除圆管、板、片、膜以外的其他具有较复杂截面形状的塑料制品。广泛使用于建筑装修等行业。

可供生产异型材的塑料原料有：聚氯乙烯、聚乙烯、聚丙烯、ABS 等。目前国内生产的异型材以聚氯乙烯为主，占总产量 85%以上。

异型材有两种：一种是全塑料异型材，另一种是塑料材料和非塑料材料复合而得的复合异型材。按异型材的截面特征，可分成异型管材、中空异型材、带空腔异型材、敞口异型材、复合异型材（拼合异型材和镶嵌异型材）、实心异型材。

异型材的截面形状比较复杂。在塑料异型材设计中，要特别注意以下方面，稍有疏漏，就会给制品带来难以弥补的缺陷。

① 制品的截面形状要尽量简单。复杂的截面形状给机头设计和冷却定型带来较大的困难。对于复杂截面，难于消除机头口模出口处的熔融物料受重力作用所引起的变形，故在满足使用要求的情况下，制品的截面形状要尽量简单。

② 制品的壁厚要均匀和对称。异型材壁厚不均匀，挤出物料的流速不均匀。冷却时各部分不能得到均匀的冷却，且最终收缩也不相同，会造成难于成型及异型材变形，制品内应力较大及外表面凹陷等问题。

③ 中空制品的中空部分不能过小。异型材截面的中空部分由模芯成型。若截面太小，模芯截面尺寸相应也小，造成强度不足以承受料流的作用力，产生变形，使成型异型材的形状和尺寸难以准确。

④ 制品的截面最好能对称。异型材截面形状呈对称的制品，其收缩变形应力可以平衡，并且能减少翘曲现象。

⑤ 中空制品内外部的筋应尽可能少而短。加强筋容易造成料流不均匀，一定要设置加强筋时，也以小尺寸为好，因为这些部分容易造成收缩变形。

⑥ 弯曲部分的半径不能太小。异型材截面尖角处的料易产生滞流，容易造成制品应力集中，使其开裂。

⑦ 尽可能避免制品有交叉重叠。生产聚氯乙烯异型材的工艺过程如下：聚氯乙烯树脂+加工助剂→混合机→粉料（塑炼造粒）→挤出（单、双螺杆挤出机）→冷却定型→喷印或压印标识→覆膜→牵引→切断→成品。

（1）混合

混合是使用有效的手段将多组分原料加工成更均匀、更实用的物料的过程，是一种在整个系统的全部体积内，各组分在其基本单元没有本质变化的情况下的细化和分布的过程。

按物料状态不同，混合可分为液-液、固-固和液-固混合。在聚合物加工中，液-液混合、液-固混合是最主要的混合形式。按混合的形式，可将混合分为非分散混合和分散混合。非分散混合是通过少组分的重复排列，以增加少组分在混合物中空间分布的均匀性而不减小粒子初始尺寸的过程。分散混合是减小分散相粒子尺寸，同时提高组分均匀性的过程，即粒子既有粒度的变化又有位置的变化。

混合过程发生的主要作用有剪切、分流、合并和置换、挤压(压缩)、拉伸和聚集，各种作用的出现及占有的地位会因混合的最终目的、物料的状态、温度、压力、速度等不同而不同。

（2）挤出

一般的挤出机都可以用于异型材生产，对于异型材的生产，还要考虑线重（例：线重0.95kg/m，牵引速度1.6m/min，则每小时的生产能力0.95×1.6×60=91.2kg/h。SJSZ-65型，生产能力为80～250kg/h）。

（3）冷却定型

冷却定型由定型台面及冷却系统、真空系统、供水系统、电器控制系统组成。

真空定型台采用水循环式密封节能真空系统，配置集中供水及快换接头，可实现更换不同形式的定型模具。型坯在牵引力的作用下从定型模的空腔中通过而进行真空定型。定型台可选用 4m、6m、8m 等规格。

真空度一般为-0.06~-0.08MPa。真空度太低，对型材表面吸附力不足，型材易变形；真空度太高，阻力加大，增加牵引机负荷，易引起积料堵塞。原则上对于厚壁、形状不对称、结构复杂的，应选用较高真空度，反之亦然。

冷却宜采用较缓慢的冷却速度，否则易造成内应力，制品产生翘曲、弯曲、收缩等现象。

（4）贴膜机

将塑料保护膜黏贴在塑料异型材表面，应实现不同方向贴膜的要求自动贴膜，保证挤出成品的表面光洁度。

（5）牵引

采用履带式牵引机，可以保证型材挤出过程的稳定和不变形，牵引速度比挤出速度快1%~10%。牵引速度太大，冷却定型条件要加强；牵引速度太小，易导致口模与定型模间积料，破坏正常挤出生产。

（6）切割

常用行走式圆锯切割机，切割装置为同步跟踪结构，可保证制品断面平整，无崩口现象。

（7）翻转装置

翻转装置的作用是支撑样品，使制品定向前移。

## 3.3　吹塑薄膜的挤出

塑料薄膜是指厚度小于 0.25mm、长而成卷的软质状聚合物材料。塑料薄膜是我国现今产量最大、品种最多的塑料制品之一，广泛应用于包装、电子电器、农业、建筑装饰及日用品等领域，其产量约占塑料制品总产量的 20%。

生产塑料薄膜的方法主要有挤出吹塑、T 型机头挤出法、压延法、拉伸法及流延法，其中挤出吹塑用得最多且产量最大。吹塑法广泛用于生产聚乙烯和聚氯乙烯等塑料薄膜，这是因为它比其他方法具有如下的优点：①设备紧凑，投资少。②容易调整薄膜的宽度、厚度。③免去整边装置，减少废料损失。④薄膜在吹塑过程中得到了双轴定向，因此强度较高。缺点是：①由于冷却速度小，薄膜透明度较差。②薄膜的厚度偏差较大。

常用生产吹塑薄膜的原料有 PE、PP、PVC、PS、PA 等。

生产吹塑薄膜的工艺过程如下：树脂原料→单螺杆挤出机→环形口模→一端封闭的薄壁管环→通入压缩空气→吹胀与冷却→人字板→牵引→测厚→卷曲。这种方法可以简单叙述为：将聚合物挤成薄壁管，然后在较好的流动状态下用压缩空气将它吹塑成所要求的厚度，经冷却定型后成为薄膜。

吹塑薄膜广泛用于食品、轻工、纺织等产品的包装，可以制成各种类型的包装袋和方便提兜。选择恰当的树脂品种，采用相应的加工工艺，可以达到所要求的强度、柔软度、透明度、印刷性能、阻隔性能、收缩性能等。根据用途可分为重包装膜、一般包装膜和农业多用膜等。

重包装膜一般工业上用来包装质量大、运输过程周转较多的物品，这就要求薄膜有较高的强度和断裂伸长度，薄膜厚度也应厚一些，故应选择熔体指数较小的；一般包装膜则选择熔体指数较大的。

农业用膜主要用于地面覆盖（地膜）、温室（大棚膜）等，要求薄膜应有一定的强度，应选择熔体指数偏小的。另外，农用膜要求耐老化性较高，一般需要添加抗氧剂和紫外线吸收剂等助剂。采用以上助剂可以大大延长农业薄膜的使用寿命，提高耐老化性，通过优选配方，可制造长寿薄膜，加入其他助剂可制造多种功能性农膜，如防雾滴膜、除草膜、烟膜等。根据不同应用，一般选择熔体指数（MI）为 0.3～7g/10min。

吹塑薄膜的生产按挤出机和膜管牵引方向不同分为平挤上吹法、平挤平吹法和平挤下吹法（如图 3-2～图 3-4）。

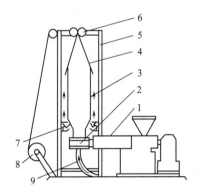

图 3-2　平挤上吹法

1—挤出机；2—机头；3—膜管；4—人字板；5—牵引架；
6—牵引辊　7—风环；8—卷取辊；9—进气管

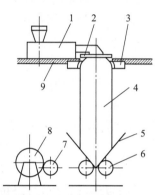

图 3-3　平挤下吹法

1—挤出机；2—机头；3—风环；4—膜管；5—人字板；
6—牵引辊；7—导向辊；8—卷取辊；9—平台

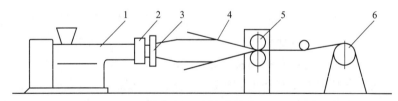

图 3-4　平挤平吹法

1—挤出机；2—机头；3—风环；4—人字板；5—牵引辊；6—卷取辊

（1）机头

用于吹塑薄膜的机头类型主要有转向式直角型和水平方向的直通型两大类。直角型又分为芯棒式、螺旋式、莲花瓣式等几种，由于直角型机头易于保证口模唇部各点的均匀流动而使薄膜厚度波动减小，所以工业上用这类机头居多。直通型特别适用于熔体黏度较大的和热敏性塑料。

吹胀比一般控制在 2～3。吹胀比为吹胀后的泡管直径与口模直径之比，是薄膜横向牵伸倍数，主要控制泡管直径。吹胀比大，薄膜透明度和光泽度好；但吹胀比太大，泡状物不稳定，而且薄膜容易发皱，造成薄膜厚度不均匀。

（2）冷却装置

常采用冷却风环，将来自风机的冷风沿薄膜周围均匀、定量、定压、定速地按一定的方向吹向薄膜，使之得到冷却。风环一般在距离机头 30～100mm 的位置，薄膜直径增加时选大值。风环的内径比口模的内径大 150~300mm，小口径时选小值，大口径时选大值。风环由上下两个环组成，有 2~4 个进风口，压缩空气沿风环的切线（或直径）方向由进风口进入。在风环中设置了几层挡板，使进入的气流经过缓冲、稳压，以均匀送往速度吹向管泡。出风量应当均匀，否则管泡的冷却快慢不一，会造成薄膜厚度不均匀。风环出风口的间隙一般为 1~4mm，可调节。实践证明，风从风环吹出的方向与水平面的夹角（一般称为吹出角）最好选择为 40°~60°，如果该角度太小，大量的风以近似垂直的方向吹向管泡，会引起管泡周围空气的扰动。扰动的空气引起泡管飘动，使薄膜产生横向条纹，影响薄膜的厚度的均匀性，有时甚至会将管泡吹断。角度太大，会影响薄膜的冷却效果。

（3）人字板

人字板能稳定管泡形状，使其逐渐压扁导入牵引装置。它由两块板状结构物组成，因成"人"字形，俗称人字板。人字板的夹角可用调节螺钉调节，一般为 10°~40°，有时也可以到 50°，通常控制在 10°~30°。夹角太大，牵引阻力大，易出现皱纹；夹角太小，则辅机高度增加。如果是用金属辊排列所组成的人字板，则辊筒内还可以通冷却水，进一步对薄膜进行冷却。

当薄膜直径大于 2m 时，可不用人字板而用导向辊。将一系列导向辊排列成人字形。导向辊是直径约 50mm 的金属，表面镀铬。

（4）牵引辊

由一条钢辊和一条胶辊组成，两辊缝隙对准机头中心。牵引辊是将人字板压扁的薄膜压紧并送至卷取装置，以防止管泡内空气泄漏，保证管泡的形状及尺寸稳定。同时以一定的速度比对管泡进行纵向拉伸。牵引比一般控制在 4~6。牵引比为牵引速度与挤出速度之比，是薄膜纵向牵伸倍数。牵引比小，薄膜强度不够；牵引比太大，薄膜弹性下降，而且难以控制薄膜厚度的均匀，膜还容易被拉断。

（5）卷取装置

薄膜从牵引辊出来后，经过导向辊而进入卷取装置。薄膜卷取质量的好坏对以后的裁切、印刷等影响很大。卷取时，薄膜应平整无皱纹，卷边应在一条直线上，薄膜在卷取轴上的松紧程度应该一致。

① 表面卷取　表面卷取能在很低张力的情况下将软质薄膜直接卷绕在转动的卷辊上。为了薄膜收卷时有恒定的线速度，保证薄膜在收卷时受到恒定的张力，过去，最简单的办法是利用摩擦离合器调节卷取辊的速度。现在大多数厂家都用力矩电机。

② 接触式/中心式卷取　当生产滑爽性薄膜（如 EVA）时，可采用接触式/中心式卷取装置，这是两组合式卷取机。

# 3.4　双向拉伸薄膜的平挤

双向拉伸是近年来颇受关注的塑料薄膜成型方法之一，高分子薄膜的双向拉伸技术，就是在玻璃化转变温度和熔点之间，把未拉伸的无定形厚片向纵横两向拉伸（取向），然后在加压的条件下进行热定型处理。

采用双向拉伸技术可以显著提高薄膜的力学性能、阻隔性能、光学性能、热性能及厚度均匀性等,可满足多种应用领域的生产要求。除传统的 PE、PVC、PS 外,双向拉伸聚酯(BOPET)、双向拉伸聚丙烯(BOPP)、双向拉伸尼龙(BOPA)是近几年迅速发展起来的新型薄膜材料。采用双向拉伸技术生产的塑料薄膜具有以下特点:①与未拉伸薄膜相比,力学性能显著提高,拉伸强度是未拉伸薄膜的 3~5 倍;②阻隔性能提高,对气体和水汽的渗透性降低;③光学性能、透明度、表面光泽度提高;④耐热性、耐寒性能得到改善,尺寸稳定性好;⑤厚度均匀性好,厚度偏差小;⑥可实现高自动化程度和高速生产。

BOPET 薄膜是双向拉伸聚酯薄膜。BOPET 薄膜具有强度高、刚性好、透明、光泽度高等优点,且无臭、无味、无色、无毒、具有突出的强韧性。其拉伸强度是 PC 膜、尼龙膜的 3 倍,冲击强度是 BOPP 膜的 3~5 倍,有极好的耐磨性、耐折叠性、耐针孔性和抗撕裂性等。BOPET 热收缩性极小,处于 120℃下,15min 后仅收缩 1.25%。此外,还具有良好的抗静电性,易进行真空镀铝,可以涂布 PVDC,从而提高其热封性、阻隔性和印刷的附着力。BOPET 还具有良好的耐热性、优异的耐蒸煮性、耐低温冷冻性,良好的耐油性和耐化学品性等。

生产双向拉伸聚酯薄膜的工艺过程如下:聚酯切片→干燥→挤出厚片→冷却→纵向拉伸→横向拉伸→热定型→冷却→切边→卷取。其生产装置见图 3-5。

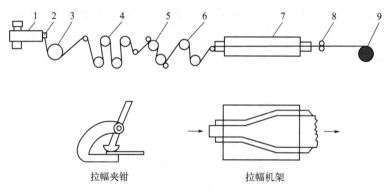

**图 3-5　二步拉伸法**

1—挤出机;2—口模;3—冷却辊;4—预热辊;5—纵向拉伸辊;6—冷却辊;
7—横向拉伸辊;8—切边装置;9—卷取装置

(1)切片的干燥

PET 树脂含亲水基团,容易吸水,在熔融挤出加工中,会引起其水解,更易造成厚片发黄、发雾、变脆,产生气泡、微孔,使其质量差,不易成膜,使最终产品力学性能急剧下降,影响使用。所以要进行干燥来降低切片的含水率,满足加工过程要求。干燥后切片含水率<0.02%。

操作控制条件为干燥温度、干燥时间和干燥气体的含湿率。干燥设备常采用真空转鼓干燥机和塔式沸腾干燥机。

(2)挤出铸片

挤出系统包括挤出机、过滤器、静态混合器和机头。

铸片系统包括铸片辊、导辊、调节机构、静电吸附机构、冷却水循环机构。

（3）厚片的冷却

用于双向拉伸的厚片应该是无定形的。工艺上为达到这一目的对结晶性聚合物所采取的措施是在厚片挤出后立即实行急冷。急冷是用冷却转鼓进行的。冷却转鼓通常用钢制镀铬的，表面应十分光洁，其中有通道通入定温的水来控制温度，聚酯为 $60 \sim 70\,℃$。挤出的厚片在离开口模一短段距离（<15mm）后，转上稳速旋转和冷却的转鼓，并在一定的方位撤离转鼓。

口模与冷却转鼓最好是顺向排列。冷却转鼓的线速度与机头的出料速度大致同步而略有拉伸。若挤离口模的厚片贴于冷却转鼓出现发皱现象，应仔细调整冷却转鼓与口模间的位置和挤出速率。

厚片厚度大致为拉伸薄膜的 $12 \sim 16$ 倍。将结晶性聚合物制成完全不结晶的厚片是困难的。因此在工艺上允许有少量的结晶，但结晶度应控制在 5% 以下。厚片横向厚度必须严格保持一致。

（4）纵向拉伸

厚片经预热辊预热后，温度达到 $80\,℃$ 左右，接着在两辊之间被拉伸。拉伸倍数等于两拉伸辊的线速度。拉伸辊温度为 $80 \sim 100\,℃$。温度过高会出现黏辊痕迹，影响制品表面质量，严重时还会引起包辊；温度过低则会出现冷拉现象，厚度公差增大，横向收缩不稳定，在纵横拉伸的接头处易发生脱夹和破膜现象。纵拉后薄膜结晶度增至 10%~14%。

纵拉后的薄膜进入冷却辊冷却。冷却的作用一是使结晶迅速停止，并固定分子的取向结构；二是张紧厚片，避免发生回缩。由于冷却后须立即进入横向拉伸的预热段，所以冷却辊的温度不宜过低，一般控制在塑料的玻璃化转变温度左右。

（5）横向拉伸

纵拉后，厚片即送至拉幅机进行横向拉伸。拉幅机分预热段和拉伸段两个部分。

预热段的作用是将纵拉后的厚片重新加热到玻璃化转变温度以上。进入拉伸段后，导轨有 $10°$ 左右的张角，使厚片在前进中得到横向拉伸。横拉倍数为拉幅机出口处宽度与纵拉后薄膜宽度之比。拉伸倍数一般较纵拉时小，约在 $2.5 \sim 4$ 之间。拉伸倍数超过一定限度后，对薄膜性能的提高即不显著，反而易引起破损。横向拉伸后，聚合物的结晶度增至 20%~25%。

（6）热定型和冷却

横向拉伸后必须在规定限度内使拉伸薄膜在张紧状态下进行高温处理，即热定型。热定型的目的是消除薄膜内应力，减少收缩率，进一步提高薄膜的尺寸稳定性和表面平整度。

热定型后的薄膜温度较高，必须冷却至室温。冷却目的是防止收卷时变形，提高平整度，稳定产品质量。

（7）切边和卷取

冷却后的薄膜经过测厚和切边可由卷取装置进行收卷。

## 3.5 其他挤出制品

其他挤出制品包括塑料单丝、塑料扁丝、塑料打包带等。

生产塑料单丝、扁丝、打包带的共同特点是采用热拉伸的方法，通过分子取向，提高制品的强度。这里重点介绍扁丝的生产，单丝和打包带仅作简要介绍。

（1）塑料扁丝

塑料扁丝是织造塑料织物的基础材料。

塑料扁丝是由聚烯烃类（聚丙烯、高密度聚乙烯、线性低密度聚乙烯）塑料薄膜，经纵向分切后，再经单轴拉伸所制成的较大宽厚比（通常宽厚比为 20～1500）的扁平形窄条。工厂中习称扁丝。

① 塑料扁丝用树脂。塑料扁丝制造常用的原料树脂为聚丙烯、高密度聚乙烯、线型低密度聚乙烯以及符合塑料扁丝制造技术要求的上述三种树脂的共混物。然而，聚丙烯仍占扁丝用树脂总量的绝大部分。国产扁丝级聚丙烯的牌号及其特性见表 3-1。国产高密度聚乙烯中可选用的品牌及其物性见表 3-2。线型低密度聚乙烯是乙烯与高级烯烃的共聚物。由于所采用的共聚单体的种类与含量不同，所以国外各公司生产的线型低密度聚乙烯的性能也各有差异，目前国外各公司生产的线型低密度聚乙烯的基本情况见表 3-3。

**表 3-1　国产扁丝级聚丙烯**

| 牌号 | 熔体指数/（g/10min） | 生产厂 |
| --- | --- | --- |
| 2301<br>2302（室外用）<br>2401<br>2402（室外用） | 1.5<br>1.5<br>1.5<br>2.5 | 燕山石化公司 |
| F301<br>F401<br>F601 | 1.4<br>2.4<br>6.5 | 大连石化公司、盘锦天然气公司、扬子石化公司、洛阳炼油厂 |
| T30S<br>T30G/S | 2.5～3.5<br>2～4 | 上海石化公司、中原石化公司、新疆石化公司、抚顺石化公司 |
| C30S<br>C30G | 5～7<br>4～8 | 上海石化公司、中原石化公司、新疆石化公司 |
| 5004<br>5006<br>50404 | 3.3<br>5.3<br>3.5 | 辽阳化纤公司 |
| D4 | 4～8 | 兰州化工公司 |

**表 3-2　国产扁丝用高密度聚乙烯**

| 牌号 | 熔体指数 | 相对密度 | 生产厂 | 备注 |
| --- | --- | --- | --- | --- |
| DGD6094 | 1.0 | 0.950 | 齐鲁石化公司 | 1-丁烯共聚 |
| DGD7023 | 2.0 | 0.941 | 齐鲁石化公司 | 1-己烯共聚 |
| GF7750J | 1.3～1.9 | 0.944～0.950 | 辽阳石化公司 | 丙烯共聚 |
| GF7740 | 1.3～2.0 | 0.940～0.946 | 辽阳石化公司 | 丁烯共聚 |
| 5000 S | 0.9 | 0.954 | 大庆石化公司 | 分子量分布窄 |
| 5200 S | 0.35 | 0.954 | 扬子石化公司 | 分子量分布中等 |

**表 3-3　国外各公司产线型低密度聚乙烯的基本情况**

| 生产公司 | 商品名称 | 聚合方法 | 共聚单体 |
|---|---|---|---|
| Dow 化学公司 | Dowlex | 低压，溶液法 | 辛烯 |
| UCC 公司 | G-Resin | 低压，气相法 | 丁烯，己烯 |
| Exxon 公司 | Escorene | 低压，溶液法 | 丁烯 |
| Philip 公司 | — | 低压，淤浆法 | 丁烯，辛烯 |
| BP 公司 | BPLLDPE | 低压，气相法 | 丁烯 4-甲基-1-戊烯 |
| CdF 公司 | Lotrex | 高压法 | 丁烯 |
| Dupont 公司 | Sclair | 低压，溶液法 | 丁烯，辛烯 |
| DSM 公司 | Stamylex | 低压，溶液法 | 辛烯 |
| MontEdison 公司 | Fertene | 低压，淤浆法 | 丁烯 |
| 三井油化公司 | Ultzex | 低压，溶液法 | 丁烯 4-甲基-1-戊烯 |

② 塑料扁丝用助剂。塑料扁丝中使用的添加剂品种与用量取决于塑料织物的应用要求。

扁丝制造中常用的添加剂有抗氧剂、抗紫外线剂（或称紫外线吸收剂）、阻燃剂、抗静电剂、填充剂、成核剂和着色剂。

有时也使用分子量调节剂，以调节聚丙烯的分子量及分布，降低熔体的黏度和弹性，改善聚丙烯的加工性能和产品质量，但多制成母料供应。

③ 塑料扁丝用加工设备。扁丝制造的基本方法虽然有不同类别，但其生产线构成都包括下列系统：成膜系统、薄膜切割系统、扁丝单轴向拉伸系统、扁丝热定型系统、扁丝卷绕系统、废丝回收系统。

a. 成膜系统。扁丝生产线无论管膜法或平膜法，其成膜系统都包括供料装置、挤出机及模头，过滤装置和冷却装置 4 个部分。

供料装置，供料装置的基本要求是极大程度地保证挤出机的准确供料。现代化的供料装置，通常包括真空输料器与计量-混合料斗两个部分：在这种情况下，料斗应加盖子，以防止灰尘、湿气和外来杂质进入，影响产品质量。真空输料器是利用真空原理，将树脂粒料由料仓或料槽中吸入计量-混合加料器内，以便计量-混合后送入挤出机。

挤出机及模头，挤出机的功能是高效而平稳顺利地运行，为模头提供塑化均匀，无气泡、无脉动的适合于扁丝生产工艺要求的熔融树脂（亦即树脂熔体）。扁丝生产中常用的挤出机规格，通常有 $\phi$65mm、$\phi$90mm、$\phi$105mm、$\phi$120mm 等，可根据扁丝生产能力要求加以选择。其螺杆长径比常为 1：28～1：33，螺杆压缩比普通螺杆为 1：2.5～1：4，高效螺杆则为 1：1.5。挤出模头的作用是将聚合物熔体分布在流道中，并使其以均匀的速度挤出成膜。

过滤装置，为了防止熔体中可能存在的杂质导致扁丝拉伸时的断头以及模头间隙堵塞，熔融树脂在进入模头之前必须过滤。通常，熔体过滤多通过挤出机的多孔板前所安装的滤网组。最粗的滤网一般紧贴在多孔板上，再依次安放较细的滤网。滤网多用铜丝网或不锈钢丝网或铁丝网。典型的滤网组合为 100 目/60 目/30 目各一片的网叠，30 目滤网紧贴多孔板。由于滤网需要经常更换，换网时又必须停机，造成生产中断，所以，现在都采用不停机的换网装置。不停机换网装置的常用型式有滑板式换网器和带式自动换网器。

冷却装置，平膜法薄膜的冷却，采用水浴冷却和冷辊冷却两种形式。水浴冷却法中所用的水浴槽，多由玻璃纤维增强聚酯塑料制成，安置在型钢构架上。水浴槽通常分隔成两部分。冷却水进入其中一部分，通过循环系统和附有缝隙的两个管式喷嘴，均匀由两侧向进入水中的熔膜喷水。水面上的杂质或析出物，从两个溢流槽流入另一部分。溢流槽和水面的高低均可调节。另一部分的隔板也是一溢流槽。水浴槽的另一部分底部有三个管接头，其中两个用于排水，另一个则用于排放漂浮于水面的杂质。水浴槽配有水浴调节器，并安装在可滚动的基座上，能左右滑动，以便开启挤膜装置、清理模头和拆卸螺杆。冷却后的薄膜利用配有驱动装置的双辊，经三个水下导辊从水中提升，并将所带水分挤去，剩余水分通过进入切膜工序之前的吸水嘴吸干。

　　b. 薄膜切割系统。薄膜切割系统的功能是将经过冷却并除去水分的薄膜切割成规定宽度的坯丝，以便继续进入拉伸工序。该系统由展幅辊和切割装置组成，安装在收取器的第一拉伸机之间。切割装置根据坯丝的规定宽度配置刀片，刀片之间用垫片分隔。刀片垫片的宽度由坯丝宽度和刀片厚度决定。刀片可采用单面刀片或双面刀片，以工业刀片为最佳。刀架的设计形式多样化，都以装卸便利、操作简单为原则。

　　c. 扁丝单轴向拉伸系统。扁丝单轴向拉伸是扁丝制造工艺中的关键性工序，其作用在于使由薄膜切割的坯丝，在热和外力作用下，经单轴向拉伸进行分子取向，以提高其机械强度。单轴向拉伸工艺可分为单点拉伸和多点拉伸。单点拉伸通常在两对拉伸辊中一次拉伸至所需的拉伸倍数，而多点拉伸则需通过多对拉伸辊经多次拉伸而达到所需的拉伸倍数。多点拉伸工艺设备多，操作较复杂。扁丝制造中多采用单点拉伸。

　　扁丝生产线中的拉伸系统，通常由一组加热装置和两组拉伸装置组成，拉伸装置按扁丝夹持方式和辊的配置状态，可分为双辊式、三辊式和多辊式 3 种类型。双辊式拉伸辊的辊直径通常为 200～250mm，上辊为包有橡胶层的金属辊、以增大牵引力；下辊则为表面镀铬的金属辊。拉伸辊应具有最佳的动平衡性，以保证其平稳旋转。上辊的压力可通过弹簧装置进行调节。

　　加热装置有加热板和热风烘道两种形式。加热板为表面呈弧形的钢板制成的箱体。箱体内安装电热元件用以加热，也可采用过热蒸汽或热油循环加热。板的表面覆有聚四氟乙烯涂层，以防止扁丝黏附。坯丝从加热板表面通过时，必须保证其与板面完全接触，以保证坯丝能完全受热。加热板结构简单，不需传动装置，故使用较多，板面要求十分平滑。热风烘道是利用热空气为传热介质的加热装置，简单可靠。但如果烘道绝缘不良，则导致加热温度不均，尤其是烘道两侧温度较低，影响扁丝的质量。为了保证充分加热，多设计成较大的组合式烘道，每组长度可达 4～5m，两组之间留有 0.5～0.7m 的工作间隙，每组烘道中的热空气均应使其对流循环。

　　d. 扁丝热定型系统。热定型的作用是减小拉伸过程中扁丝内的残余内应力。因此，将扁丝再次加热使其收缩，然后进行冷却以便卷绕成扁丝筒或轴，生产中此工序也称为回缩工序。热定型系统由加热装置和冷却装置两部分组成。加热与冷却的组合方式也有多种：弧形加热板与冷却辊组合，弧形加热板的结构与拉伸系统中所用的相同，仅长度略短一些；加热辊与冷却辊组合；热风烘道与冷却辊组合。上述组合方式中，以加热辊与冷却辊组合的工艺比较紧凑，使加热、冷却和回缩三项工序融为一体。

　　e. 扁丝卷绕系统。经热定型后的扁丝，最终应卷绕在无法兰的空心筒管上，供织造之用。扁丝卷绕通常采用精密交叉式卷绕。每个卷绕头配有单独的调节电机。该电机通过一对齿轮驱动卷心轴和横动轴。这种能量传递，在往复运动过程与芯轴之间，保证恒定的转速比（交叉比）。因此，筒管直径增大时，扁丝在筒管上的卷绕角变小。根据扁丝尺寸和原料品种相应地选定交叉比，才能达到紧密而稳定的卷绕，以无干扰地进行切向或管顶退绕。卷绕机的排列，分为背靠背和面对面两种形式。背靠背排列占地紧凑，但缺少维修时所需的空间；面对面排列便于操作，但占地较多。如果车间面积条件许可，则仍以面对面排列为佳。

f. 废丝回收系统。扁丝制造过程中，产生废丝的来源有两个方面：薄膜切割过程中的切边废丝；拉伸或卷绕过程中的断头丝和开车时的头丝。这两部分废丝均能直接回收利用。在现代化的扁丝生产线中，多安装有真空吸丝管。薄膜切割时产生的边丝和未拉伸的断头丝，都直接吸入切断机，再由风送入磨碎机，最后由供料系统的吸料器吸入挤出机加料斗中回收利用。拉伸及卷绕过程中的断头丝以及开车时未能绕入卷绕机的部分扁丝，通常风送至收集器中，集中回收后再加以利用。

国产扁丝生产机组目前也能配置这种废丝回收装置。平膜法生产扁丝的装置示意如图 3-6 所示。

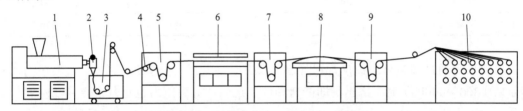

**图 3-6** 平膜法生产 PP 扁丝工艺流程

1—挤出机；2—机头；3—冷却水槽；4—切条装置；5—第一牵伸机；6—热烘道加热箱；
7—第二牵伸机；8—热烘板加热器；9—第三牵伸机；10—分丝机

④ 扁丝制造工艺条件及影响因素。扁丝制造工艺工序复杂，影响因素较多，可归纳于表 3-4 中。在实际生产中，应当密切注意这些影响因素的产生和消除，确保生产的顺利进行。

**表 3-4** 扁丝制造过程中的影响因素

| 过程及工序 | | 影响因素 |
|---|---|---|
| 成膜 | 原料准备 | 环境条件、干燥温度、预热温度、粒料质量 |
| | 供料 | 真空度、环境清洁条件 |
| | 压缩 | 螺杆几何形状 |
| | 熔融 | 机筒温度、粒料预热温度 |
| | 均化 | 螺杆几何形状 |
| | 计量 | 螺杆转速 |
| | 过滤 | 滤网结构（目数）、粒料质量 |
| | 成膜 | 模头几何形状、粒料质量、模头温度 |
| | 冷却 | 冷却温度梯度、停留时间 |
| 切割 | 切割 | 刀架结构（刀片数）、刀片锋利程度、粒料质量 |
| 拉伸 | 牵引 | 缠绕角、导辊表面积 |
| | 加热 | 加热介质温度、加热介质循环速率 |
| | 拉伸 | 导辊转速比、粒料质量 |
| 定型 | 牵引 | 缠绕角 |
| | 定型（冷却） | 导辊表面积 |
| 卷绕 | 牵引 | 扁丝张力、牵引速度 |
| | 卷绕 | 变速比 |

a. 成膜。扁丝制造中，薄膜挤出温度通常根据树脂的黏流温度范围来选定。扁丝用薄膜挤出的最高塑化温度范围见表3-5，而模头温度则均高于塑化温度，见表3-6。

表3-5 扁丝用薄膜挤出最高塑化温度　　　　　　　　　　　　　　　　单位：℃

| 成膜工艺 | PP | HDPE | LLDPE |
|---|---|---|---|
| 平膜法 | 230~260 | 230~270 | 230~260 |
| 管膜法 | 190~220 | 180~210 | 180~210 |

表3-6 扁丝用薄膜挤出模头温度　　　　　　　　　　　　　　　　　　单位：℃

| 模头类型 | PP | HDPE | LLDPE |
|---|---|---|---|
| 吹膜模头 | 200~220 | 190~200 | 190~200 |
| 平膜模头 | 240~260 | 250~290 | 250~270 |

模头压力通过调整挤出速度加以控制，以保证挤出机安全运转。通常，机头压力达到指定值（300~400Pa）时，挤出机即能自动停止运转。机头压力也是判定更换滤网的指定信号。

薄膜冷却方面，管膜法中采用风环冷却，膜管的冷却线应在距吹塑模头表面500mm处为宜。

平膜法中采用水浴冷却时，水浴水平面与模唇间距离（又称气隙）可以调节。气隙距离短，则薄膜的缩幅现象减少，提高了薄膜的面积利用率。通常，生产PP薄膜扁丝时，气隙距离为20~30mm，生产HDPE薄膜扁丝时，则为40mm左右。

薄膜提出水平面时，要求水面平静，不产生波动，水面波动过大，则造成薄膜表面上的横向条纹，而使横向薄厚不匀。

关于冷却温度，PP薄膜为20~25℃，HDPE及LLDPE薄膜则为35~40℃。冷却温度过低，会导致结晶过快，球晶间产生裂纹多，而使得薄膜发脆，拉伸时断头率增高；冷却温度过高，球晶过大，拉伸困难，易产生竹节丝。

冷却水一般使用自来水，但夏季宜用冷冻水来调节冷却水的温度。

b. 切割。在薄膜切割工序实施之前，必须确定坯丝的切割宽度和刀片间距离（即刀片垫片的宽度）。确定扁丝宽度必须根据织物的密度，而织物密度以每100mm织物长度的扁丝根数来表示，因此，有织物密度即能直接算出所需扁丝宽度。

c. 拉伸。通常的聚烯烃类扁丝的拉伸温度参考值见表3-7。

表3-7 聚烯烃类扁丝拉伸温度参考值

| 扁丝品种 | 加热道温度/℃ | | | 弧形加热温度/℃ | | |
|---|---|---|---|---|---|---|
| | Ⅰ | Ⅱ | Ⅲ | Ⅰ | Ⅱ | Ⅲ |
| PP扁丝 | 130 | 160 | 150 | 110 | 125 | 120 |
| HDPE扁丝 | 130 | 150 | 140 | 95 | 105 | 100 |
| LLDPE扁丝 | 130 | 150 | 140 | 95 | 100 | 100 |

聚丙烯的拉伸和高密度聚乙烯的拉伸比较，更容易达到理想状态。高密度聚乙烯的拉伸温度范围较窄。拉伸温度高时易断头，拉伸温度过低时易产生竹节丝。这主要是由于聚丙烯的比体积有一较宽的范围。

扁丝拉伸是扁丝通过两个表面速度不同的拉伸辊后，使其纵向拉力而伸长的效应。拉伸的程度要用拉伸倍数表示，一般为 4～7。

d. 定型。扁丝热定型的目的是消除扁丝拉伸后所残余的内应力，防止扁丝收缩，以保证织造物质量稳定。热定型工序中采用的加热装置与拉伸工序基本类同。

从理论上讲，热定型温度应略高于拉伸温度，但由于拉伸后扁丝本身的温度较高，在热定型过程中再稍加热，即能达到高于拉伸温度的温度，因而，在实际操作中，热定型装置控制的温度，通常略低于拉伸温度约 5～15℃。热定型牵引辊速度比拉伸辊速度约慢 3%～10%。

（2）塑料单丝

单丝横截面为圆形实心结构。生产单丝的主要原料有聚氯乙烯、聚乙烯、聚丙烯、聚酰胺等。单丝主要用途是作织物和绳索，如窗纱、滤布、绳索、渔网、缆绳、刷子等。塑料单丝可以大量代替棉、麻、钢材而广泛用于水产、造船、化学、医疗、农业、民用等各领域。

生产单丝的工艺过程如下：挤出机→机头→冷却→热拉伸→热处理→成卷。

（3）塑料打包带

打包带是较厚的拉伸带，塑料打包带具有质轻、防潮、美观、耐腐蚀以及改善打包劳动强度等优点，可代替纸带、钢带、草绳等作打包用。目前聚丙烯打包带应用较为广泛，其工艺流程见图 3-7。

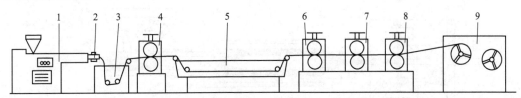

**图 3-7　聚丙烯塑料打包带生产工艺流程**
1—挤出机；2—机头；3—冷却水槽；4—第一牵伸辊；5—热拉伸水槽；
6—第二牵伸辊；7—压花辊；8—第三牵伸辊；9—卷曲辅机

# 第4章　注射成型

　　注射成型是通过注塑机加热、塑化、加压使液体或熔体物料间歇式充模、冷却成型的方法。几乎所有的热塑性塑料及多种热固性塑料都可用此法成型。用注射成型可成型各种形状、尺寸、精度，满足各种要求的模制品。

　　注塑制品约占塑料制品总量的20%～30%，尤其是塑料作为工程结构材料的出现，注塑制品的用途已从民用扩大到国民经济各个领域，并将逐步代替传统的金属和非金属材料的制品，包括各种工业配件，仪器仪表零件结构件、壳体等。

　　注射成型的过程是，将粒状或粉状塑料从注塑机（见图4-1）的料斗送进加热的料筒，经加热熔化呈流动状态后，由柱塞或螺杆的推动，使其通过料筒前端的喷嘴注入闭合塑模中。充满塑模的熔料在受压的情况下，经冷却（热塑性塑料）或加热（热固性塑料）固化后即可保持注塑模型腔所赋予的形样。松开模具取得制品，在操作上即完成了一个注射成型周期。之后是不断重复上述周期的生产过程。

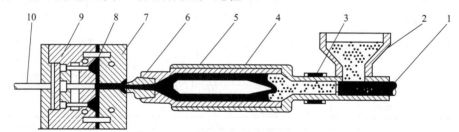

**图 4-1　注塑机和塑模的剖面**

1—柱塞；2—料斗；3—冷却套；4—分流梭；5—加热器；6—喷嘴；7—固定模板；
8—制品；9—活动模板；10—顶出杆

　　注射成型的一个周期从几秒至几分钟不等，时间的长短取决于制品的大小、形状和厚度，注射成型机的类型以及塑料品种和工艺条件等因素。每个制品的质量可自一克以下至几十千克不等，视注塑机的规格及制品的需要而异。

　　注射成型具有成型周期短，能一次成型外形复杂、尺寸精确、带有嵌件的制品，对成型各种塑料的适应性强，生产效率高，易于实现全自动化生产等一系列优点，是一种比较经济而先进的成型技术，发展迅速，并将朝着高速化和自动化的方向发展。

　　注射成型是通过注塑机来实现的。注塑机的类型很多，无论哪种注塑机，其基本作用均为：①加热塑料，使其达到熔化状态；②对熔融塑料施加高压，使其射出而充满模具型腔。

　　为了更好地完成上述两个基本作用，注塑机的结构已经历了不断改进和发展。最早出现的柱塞式注塑机结构简单，是通过一料筒和活塞来实现塑化与注射两个基本作用的，但是控制温度和压力比较困难。后来出现的单螺杆定位预塑注塑机，由预塑料筒和注射料筒相衔接而组成。塑料首先在预塑料筒内加热塑化并挤入注射料筒，然后通过柱塞高压注入模具型腔。这种注塑机加料量大，塑化效果得到显著改善，注射压力和速度较稳定，但是操作麻烦和结构比较复杂，所以应用不广。在后出现的移动螺杆式注塑机，它是由一根螺杆和一个料筒组成的。加入的塑料依靠螺杆在料筒内的转动而加热塑化，并不断被推向料筒前端靠近喷嘴处，因此螺杆在转动的同时就缓慢地向后退移，退到预定位置时，螺杆即停止转动。此时，螺杆接受液压油缸柱塞传递的高压而进行轴向位移，将积存在料筒端部的熔化塑料推过喷嘴而以高速注射入模。移动螺杆式注塑机的效果几乎与预塑注塑机相当，但结构简化，制造方便，与柱塞式注塑机相比，可使塑料在料筒内得到良好的混合和塑化，不仅提高了模塑质量，还扩大了注射成型塑料的范围和注射量。因此，移动螺杆式注塑机在注塑机发展中获得了绝对优势。

目前工厂中，广泛使用的是移动螺杆式注塑机，但还有少量柱塞式注塑机。在生产60g 以下的小型制件时多用柱塞式，对模塑热敏性塑料，流动性差的各种塑料，中型及大型注塑机则多用移动螺杆式。

# 4.1　注射成型设备

移动螺杆式和柱塞式两种注塑机都是由注射系统、锁模系统和塑模三大部分组成的，现分述如下。

## 4.1.1　注射系统

注射系统是注塑机最主要的部分，其作用是使塑料均化和塑化，并在很高的压力和较快的速度下，通过螺杆或柱塞的推挤将均化和塑化好的塑料注射入模具。注射系统包括：加料装置、料筒、螺杆（柱塞式注塑机则为柱塞和分流梭）及喷嘴等部件。

（1）加料装置

小型注塑机的加料装置，通用与料筒相连的锥形料斗。料斗容量约为生产 1～2h 的用料量，容量过大，塑料会从空气中重新吸湿，对制品的质量不利，只有配置加热装置的料斗，容量方可适当增大。使用锥形料斗时，如塑料颗粒不均，则设备运转产生的振动会引起料斗中小颗粒或粉料的沉析，从而影响料的松密度，造成前后加料不均匀。这种料斗用于柱塞式注塑机时，一般应配置定量或定容的加料装置。大型注塑机上用的料斗基本上也是锥形的，只是另外配有自动上料装置。

（2）料筒

为塑料加热和加压的容器，因此要求料筒能耐压、耐热、耐疲劳、抗腐蚀、传热性好，柱塞式注塑机的料筒容积约为最大注射量的 4～8 倍。容积过大时，塑料在高温料筒内受热时间较长，可能引起塑料的分解、变色，影响产品质量，甚至中断生产；容积过小，塑料在料筒内受热时间太短，塑化不均匀。螺杆式注塑机因为有螺杆在料筒内对塑料进行搅拌，料层比较薄，传热效率高，塑化均匀，一般料筒容积只需最大注射量的 2～3 倍。

料筒外部配有加热装置，一般将料筒分为 2～3 个加热区，使能分段加热和控制。近料斗一端温度较低，靠喷嘴端温度较高。料筒各段温度是通过热电偶显示和恒温控制仪表来精确控制的。料筒内壁转角处均应为流线型，以防存料影响制品质量。料筒各部分的机械配合要精密。

（3）柱塞与分流梭

柱塞与分流梭都是柱塞式注塑机料筒内的重要部件。柱塞的作用是将注射油缸的压力传给塑料并使熔料注射入模具。柱塞是一根坚实、表面硬度很高的金属柱，直径通常为 20～100mm。注射油缸与柱塞截面积的比例范围在 10～20 之间。注塑机每次注射的最大注射容量是柱塞的冲程与柱塞截面积的乘积。柱塞和料筒的间隙应以柱塞能自由地往复运动又不漏塑料为原则。

分流梭是装在料筒前端内腔中形状颇似鱼雷体的一种金属部件。它的作用是使料筒内的塑料分散为薄层并均匀地处于或流过料筒和分流梭组成的通道，从而缩短传热导程，加快热传递和提高塑化质量。塑料在柱塞式注塑机内升温所需的热量，主要是靠料筒外部加热器所供给。但塑料在料筒内的流动，通常都是层流流动，所受剪切速率不高，而且黏度偏大，再加上塑料的热导率很低，如果想通过提高料筒温度梯度来增加传热量来使塑化均匀，不仅会延长塑化时间，而且使靠近料筒部分的塑料容易发生热分解。装上分流梭后，可使料层变薄，利于加热。再者，分流梭上还附有紧贴料筒壁起定位作用的若干筋条，热量就可从料筒通过筋条传到分流梭而对塑料起加热作用，使分布在通道内的薄层塑料受到内外两面加热，塑料能较快和均匀地升高温度。此外，在通道内，由于料层的截面积减小，熔料所受的剪切速率和摩擦热都会增加，黏度得到双重下降，这对注射和传热都有利。有些注塑机的分流梭内还装有加热器，更有利于对塑料的加热。

（4）螺杆

螺杆是移动螺杆式注塑机的重要部件。它的作用是对塑料进行输送、压实、塑化和施压。螺杆在料筒内旋转时，首先将料斗内的塑料卷入料筒，并逐步将其向前推送、压实、排气和塑化，随后熔融的塑料就不断地被推到螺杆顶部与喷嘴之间，而螺杆本身则因受熔料的压力而缓慢后移。当积存的熔料达到一次注射量时，螺杆停止转动。注射时，螺杆传递液压或机械力使熔料注入模具。螺杆的结构与挤出机所用螺杆基本相同，但有其特点：①注射螺杆在旋转时有轴向位移，因此螺杆的有效长度是变化的；②注射螺杆的长径比和压缩比较小。一般 $L/D=16～20$，压缩比 2～2.5。注射螺杆在转动时只需要它能对塑料进行塑化，不需要它提供稳定的压力，塑化中塑料承受的压力是调整背压来实现的；③注射螺杆的螺槽较深以提高生产率；④注射螺杆因有轴向位移，因此加料段应较长，约为螺杆长度的一半，而压缩段和计量段则各为螺杆长度的四分之一；⑤为使注射时不致出现熔料积存或沿螺槽回流的现象，对螺杆头部的结构应该考虑。熔融黏度大的塑料，常用锥形尖头的注射螺杆，采用这种螺杆，还可减少塑料降解。对黏度较低的塑料，需在螺杆头部装一止逆环。

（5）喷嘴

喷嘴是连接料筒和模具的过渡部分。注射时，料筒内的熔料在螺杆或柱塞的作用下，以高压和快速流经喷嘴注入模具。因此喷嘴的结构形式、喷孔大小以及制造精度将影响熔料的压力和温度损失，射程远近、补缩作用的优劣以及是否产生"流涎"现象等。目前使用的喷嘴种类繁多，且都有其适用范围，这里只讨论用得最多的三种。

① 直通式喷嘴。这种喷嘴呈短管状，如图 4-2 所示，熔料流经这种喷嘴时压力和热量损失都很小，而且不易产生滞料和分解，所以其外部一般都不附设加热装置。但是由于喷嘴体较短，伸进定模板孔中的长度受到限制，因此所用模具的主流道应较长。为弥补这种缺陷而加大喷嘴的长度，成为直通式喷嘴的一种改进型式，又称为延伸式喷嘴。这种喷嘴必须添设加热装置。为了滤掉熔料中的固体杂质，喷嘴中也可加设过滤网。以上两种喷嘴适用于加工高黏度的塑料，加工低黏度塑料时，会产生流涎现象。

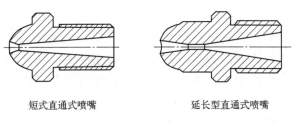

短式直通式喷嘴　　　　　延长型直通式喷嘴

**图 4-2** 直通式喷嘴

② 自锁式喷嘴。注射过程中，为了防止熔料的流涎或回缩，需要对喷嘴通道实行暂时封锁而采用自锁式喷嘴。自锁式喷嘴中以弹簧式和针阀式最广泛，见图 4-3，这种喷嘴是依靠弹簧压合喷嘴体内的阀芯实现自锁的。注射时，阀芯受熔料的高压而被顶开，熔料遂向模具射出。注射结束时，阀芯在弹簧作用下复位而自锁。其优点是能有效地杜绝注射低黏度塑料时的"流涎"现象，使用方便，自锁效果显著。但是，结构比较复杂，注射压力损失大，射程较短，补缩作用小，对弹簧的要求高。

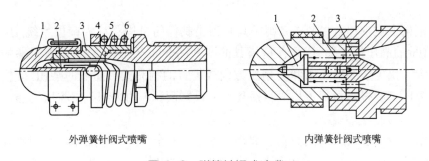

外弹簧针阀式喷嘴　　　　　内弹簧针阀式喷嘴

**图 4-3** 弹簧针阀式喷嘴

③ 杠杆针阀式喷嘴。这种喷嘴与自锁式喷嘴一样，也是在注射过程中对喷嘴通道实行暂时启闭的一种，其结构和工作原理见图 4-4，它是用外在液压系统通过杠杆来控制联动机构启闭阀芯的。使用时可根据需要使操纵的液压系统准确及时地开启阀芯，具有使用方便、自锁可靠、压力损失小、计量准确等优点。此外，它不使用弹簧，所以，没有更换弹簧之虑，主要缺点是结构较复杂。

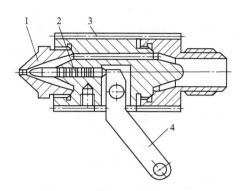

**图4-4** 液控杠杆针阀式喷嘴

1—喷嘴头；2—针阀芯；3—加热器；4—操纵杆

选择喷嘴应根据塑料的性能和制品的特点来考虑。对熔融黏度高，热稳定性差的塑料，如聚氯乙烯，宜选用流道阻力小，剪切作用较小的大口径直通式喷嘴；对熔融黏度低的塑料，如聚酰胺，为防止"流涎"现象，则宜选用带有加热装置的自锁式或杠杆针阀式的喷嘴。

（6）加压和驱动装置

供给柱塞或螺杆对塑料施加的压力，使柱塞或螺杆在注射周期中发生必要的往复运动进行注射的设施，就是加压装置，它的动力源有液压力和机械力两种，大多数都采用液压力，且多用自给式的油压系统供压。

使注塑机螺杆转动而完成对塑料预塑化的装置，是驱动装置。常用的驱动器有单速交流电机和液压马达两种。采用电机驱动时，可保证转速的稳定性。

## 4.1.2　锁模系统

在注塑机上实现锁合模具、启闭模具和顶出制件的机构总称为锁模系统。熔料通常以40～150MPa的高压注入模具，为保持模具的严密闭合而不向外溢料，要有足够的锁模力。锁模力的大小决定于注射压力和与施压方向成垂直的制品投影面积的乘积，锁模力只需保证大于模腔压力和投影面积（其中包括分流道投影面积）的乘积。模腔压力通常是注射压力的40%～70%。

锁模结构应保证模具启闭灵活、准确、迅速而安全。工艺上要求，启闭模具时要有缓冲作用，模板的运行速度应在闭模时先快后慢，而在开模时应先慢后快再慢，以防止损坏模具及制件，避免机器受到强烈振动，适应平稳顶出制件，达到安全运行，延长机器和模具的使用寿命。

启闭模板的最大行程决定了注塑机所能生产制件的最大厚度，而在最大行程以内，为适应不同尺寸模具的需要，模板的行程是可调的。

模板应有足够强度，保证在模塑过程中不致因频受压力的撞击引起变形，影响制品尺寸的稳定。

常用的启闭模具和锁模机构有以下三种形式。

（1）机械式

这种装置一般是以电动机通过齿轮或蜗轮、蜗杆减速传动曲臂或以杠杆作动曲臂的机构来实现启闭模和锁模作用的。这种形式结构简单，制造容易，使用和维修方便，但因传动电机启动频繁、启动负荷大、频受冲击振动、噪声大、零部件易磨损、模板行程短等原因，所以只适用于小型注塑机。

（2）液压式

液压式是采用油缸和柱塞并依靠液压力推动柱塞作往复运动来实现启闭和锁模的，其优点是：①与其他结构相比，移动模板和固定模板之间的开挡较大；②移动模板可在行程范围内的任意位置停留，从而易于安装和调整模具以及易于实现调压和调速；③工作平稳、可靠，易实现紧急刹车等。但较大功率的液压系统投资较大。

（3）液压-机械组合式

这种形式是由液压操纵连杆或曲肘撑杆机构来达到启闭和锁合模具的，这种机构的优点是：①连杆式曲肘自身均有增力作用。当伸直时，又有自锁作用，即使撤除液压，锁模力亦不会消失。所以设置的液压系统只在操纵连杆或曲肘的运动，所需要的负荷并不大，从而节省了成本；②机构的运动特性能满足工艺要求，即肘杆推动模板闭合时，速度可以先快后慢，而在开模时又相反；③锁模比较可靠。其缺点是机构容易磨损和调模比较麻烦。但当前中小型注塑机中所用的仍以这种机构占优势。

上述各种锁模装置中都设有顶出装置，以便在开模时顶出模内制品。顶出装置主要有机械式和液压式两大类。

① 机械式顶出装置是利用设在机架上可以调动的顶出柱，在开模过程中，推动模具中所设的脱模装置而顶出制件的。这种装置简单，使用较广。但是，顶出必须在开模临终时进行，而脱模装置的复位要在闭模后才能实现。顶出柱和脱模装置均根据锁模机构特点而定，可放置在模板的中心或两侧。顶出距离则按制品不同可进行调节。

② 液压式顶出装置是依靠油缸的液压力实现顶出的。顶出力和速度都是可调的，但是顶出点受到局限，结构比较复杂。在大型注塑机上常是两种顶出装置并用，通常在动模板中间放置顶出油缸，而在模板两侧设置机械式的顶出装置。

## 4.1.3　注塑模具

注塑模具是在成型中确定塑料形状和尺寸的部件。虽然模具的结构由于塑料品种和性能、塑料制品的形状和结构以及注塑机的类型等不同而可能千变万化，但是基本结构是一致的。模具主要由浇注系统、成型零件和结构零件三部分组成。其中浇注系统和成型零件是与塑料直接接触部分，并随塑料和制品而变化，是塑模中最复杂，变化最大，要求加工光洁度和精度最高的部分。

浇注系统是指塑料从喷嘴进入型腔前的流道部分，包括主流道、冷料穴、分流道和浇口等。成型零件是指构成制品形状的各种零件，包括动模、定模和型腔、型芯、成型杆以及排气口等。

（1）主流道

它是模具中连接注塑机喷嘴至分流道或型腔的一段通道。主流道顶部呈凹形，以便与喷嘴衔接。主流道进口直径应略大于喷嘴直径以避免溢料，并防止两者因衔接不准而发生的堵截。进口直径根据制品大小而定，一般为4～8mm。

（2）冷料穴

它是设在主流道末端的一个空穴，用以捕集喷嘴端部两次注射之间所产生的冷料，从而防止分流道或浇口的堵塞。如果冷料混入型腔，则所制制品中就容易产生内应力。冷料穴的直径约8～10mm，深度约6mm。为了便于脱模，其底部常由脱模杆承担。脱模杆的顶部宜设计成曲折钩形或设下陷沟槽，以便脱模时能顺利拉出主流道赘物。

（3）分流道

它是多槽模中连接主流道和各个型腔的通道。为使熔料以等速度充满各型腔，分流道在塑模上的排列应成对称和等距离分布。分流道截面的形状和尺寸对塑料熔体的流动、制品脱模和模具制造的难易都有影响。如果按相等料量的流动来说，则以圆形截面的流道阻力最小。但因圆柱形流道的比表面小，对分流道赘物的冷却不利，而且这种分流道必须开设在两半模上，既费工又不易对准。因此，经常采用的是梯形或半圆形截面的分流道，且开设在带有脱模杆的一半模具上。流道表面必须抛光以减少流动阻力提供较快的充模速度。流道的尺寸决定于塑料品种，制品的尺寸和厚度。对大多数热塑性塑料来说，分流道截面宽度均不超过8mm，特大的可达10～12mm，特小的为2～3mm。在满足需要的前提下应尽量减小截面积，以免增加分流道赘物和延长冷却时间。

（4）浇口

它是接通主流道（或分流道）与型腔的通道。通道的截面积可以与主流道（或分流道）相等，但通常都是缩小的，所以它是整个流道系统中截面积最小的部分。浇口的形状和尺寸对制品质量影响很大。浇口的作用是：①控制料流速度；②在注射中可因存于这部分的熔料早凝而防止倒流；③使通过的熔料受到较强的剪切而升高温度，从而降低表观黏度以提高流动性；④便于制品与流道系统分离。浇口形状、尺寸和位置的设计取决于塑料的性质、制品的大小和结构。一般浇口的截面形状为矩形或圆形，截面积宜小而长度宜短，这不仅基于上述作用，还因为小浇口变大较容易，而大浇口缩小则很困难。浇口位置一般应选在制品最厚而又不影响外观的地方。浇口尺寸的设计应考虑到塑料熔体的性质。

（5）型腔

它是模具中成型塑料制品的空间。用作构成型腔的组件统称为成型零件。各个成型零件常有专用名称。构成制品外形的成型零件称为凹模（又称阴模），构成制品内部形状（如孔、槽等）的称为型芯或凸模（又称阳模）。设计成型零件时首先要根据塑料的性能、制品的几何形状、尺寸差和使用要求来确定型腔的总体结构。其次是根据确定的结构选择分型面、浇口和排气孔的位置以及脱模方式。最后则按制品尺寸进行各零件的设计及确定各零件之间的组合方式。塑料熔体进入型腔时具有很高的压力，故成型零件要进行合理地选材及强度和刚度的校核。为保证塑料制品表面的光洁美观和容易脱模，凡与塑料接触的表面，其粗糙度 $Ra>0.32\sim0.63\mu m$ 而且要耐腐蚀。成型零件一般都通过热处理来提高硬度，并选用耐腐蚀的钢材制造。

（6）排气口

它是在模具中开设的一种槽形出气口，用以排出原有的及熔料带入的气体。熔料注入型腔时，原存于型腔内的空气以及由熔体带入的气体必须在料流的尽头通过排气口向模外排出，否则将会使制品带有气孔、熔接不良、充模不满，甚至积存空气因受压缩产生高温而将制品烧伤。一般情况下，排气孔既可设在型腔内熔料流动的尽头，也可设在塑模的分型面上。后者是在凹模一侧开设深 $0.03\sim0.2mm$，宽 $1.5\sim6mm$ 的浅槽。注射中，排气孔不会有很多熔料渗出，因为熔料会在该处冷却固化将通道堵死。排气口的开设位置切勿对着操作人员，以防熔料意外喷出伤人。此外，亦可利用顶出杆与顶出孔的配合间隙，顶块和脱模板与型芯的配合间隙等来排气。

（7）结构零件

它是指构成模具结构的各种零件，包括：导向、脱模、抽芯以及分型的各种零件。诸如前后夹模板、前后扣模板、承压板、承压柱、导向柱、脱模板、脱模杆及回程杆等。

（8）加热或冷却装置

这是使熔料在模具内固化定型的装置，对热塑性塑料，一般是阴阳模内冷却介质的通道，借冷却介质的循环流动来达到冷却目的。通入的冷却介质随塑料种类和制品结构等而异，冷却不均匀会直接影响制品的质量和尺寸。应根据熔料的热性能（包括结晶），制品的形状和模具结构，考虑冷却通道的排布和冷却介质的选择。

# 4.2　注射成型工艺过程

注射成型工艺过程包括：成型前的准备、注射过程、制件的后处理，现分述如下。

## 4.2.1　成型前的准备

为使注射过程顺利进行和保证产品质量，应对所用的设备和塑料作好以下准备工作。

（1）成型前对原料的预处理

根据各种塑料的特性及供料状况，一般在成型前应对原料进行外观（色泽、粒子大小及均匀性等）和工艺性能（熔体流动速率、流动性、热性能及收缩率等）的检验。如果来料是粉料，则有时还须进行染色和造粒。此外，有时还需要对所用粒料进行干燥。

有些塑料，如聚碳酸酯、聚甲基丙烯酸甲酯等，其大分子上含有亲水基团，容易吸湿，致使含有不同程度的水分。这种水分高过规定量时，轻则使产品表面出现银丝、斑纹和气泡等缺陷；重则引起高分子物在注射时产生降解，严重地影响制品的外观和内在质量，使各项性能指标显著降低。因此，模塑前对这类塑料应进行充分的干燥。不吸湿的塑料，如聚苯乙烯、聚乙烯等，如果贮存运输良好，包装严密，一般可不预干燥。

对各种塑料的干燥方法，应根据其性能和具体条件进行选择。小批量生产用的塑料，大多采用热风循环烘箱或红外线加热烘箱进行干燥；高温下受热时间长时容易氧化变色的塑料，如聚酰胺，宜采用真空烘箱干燥；大批量生产用的塑料，宜采用沸腾干燥或气流干燥，其干燥效率较高又能连续化。干燥所采用的温度，在常压时应选在100℃以上，如果塑料的玻璃化转变温度低于100℃，则干燥温度就应控制在玻璃化转变温度以下。一般延长干燥时间有利于提高干燥效果，但是每种塑料在干燥温度下都有一最佳干燥时间，过多延长干燥时间效果不明显。值得提出的是，应当重视已干燥塑料的防潮。

（2）料筒的清洗

在初用某种塑料或某一注塑机之前，或者在生产中需要改变产品、更换原料、调换颜色或发现塑料中有分解现象时，都需要对注塑机（主要是料筒）进行清洗或拆换。

柱塞式注塑机料筒的清洗常比螺杆式注塑机困难，因为柱塞式料筒内的存料量较大而又不易对其转动，清洗时必须拆卸清洗或者采用专用料筒。

螺杆式注塑机通常是直接换料清洗。为节省时间和原料，换料清洗应采取正确的操作步骤，掌握塑料的热稳定性、成型温度范围和各种塑料之间的相容性等技术资料。例如欲换塑料的成型温度远比料筒内存留塑料的温度高时，应先将料筒和喷嘴温度升高到欲换塑料的最低加工温度，然后加入欲换料（也可以是欲换料的回料）并连续进行对空注射，直至全部存料清洗完毕时才调整温度进行正常生产。如欲换塑料的成型温度远比料筒内塑料的温度低，则应将料筒和喷嘴温度升高到料筒内塑料的最好流动温度后，切断电源，用欲换料在降温下进行清洗，如欲换料的成型温度高，熔融黏度大，而料筒内的存留料又是热敏性的，如聚氯乙烯、聚甲醛或聚三氟氯乙烯等，则为预防塑料分解，应选用流动性好，热稳定性高的聚乙烯塑料作过渡换料。

（3）嵌件的预热

为了装配和使用等要求，塑料制件内常需要嵌入金属制的嵌件。注射前，金属嵌件应先放进模具内的预定位置，成型后使其与塑料成为一个整体件。有嵌件的塑料制品，在嵌件的周围容易出现裂纹或导致制品强度下降，这是由于金属嵌件与塑料的热性能和收缩率差别较大的缘故。因此除在设计制件时加大嵌件周围的壁厚，以克服这种困难外，成型中对金属嵌件进行预热是一项有效措施。预热后可减少熔料与嵌件的温度差，成型中可使嵌件周围的熔料冷却较慢，收缩比较均匀，发生一定的热料补缩作用，以防止嵌件周围产生过大的内应力。

（4）脱模剂的选用

脱模剂是使塑料制件容易从模具中脱出而敷在模具表面上的一种助剂。一般注射制件的脱模，主要依赖于合理的工艺条件与正确的模具设计。但是在生产上为了顺利脱模，采用脱模剂的也不少。常用的脱模剂有：硬脂酸锌，除聚酰胺塑料外，一般塑料均可使用；液体石蜡（又称白油），作为聚酰胺类塑料的脱模剂效果较好，除润滑作用外，还有防止制件内部产生空隙的作用；硅油，润滑效果良好，但价格昂贵，使用较麻烦（需要配制成甲苯溶液，涂抹在模腔表面，经加热干燥后方能显示优良的效果），使用上受到限制。无论使用哪种脱模剂都应适量，过少起不到应有的效果；过多或涂抹不匀则会影响制件外观及强度，对透明制件更为明显，用量多时会出现毛斑或混浊现象。

## 4.2.2　注射过程

完整的注射过程表面上共包括加料、塑化、注射入模、稳压冷却和脱模等几个步骤，但是实质上只是塑化流动与冷却两个过程。

（1）塑化

塑化是指塑料在料筒内经加热达到流动状态并具有良好可塑性的全过程，因此可以说塑化是注射成型的准备过程。生产工艺对这一过程的总要求是：在进入模腔之前应达到规定的成型温度并能在规定时间内提供足够数量的熔融塑料，熔料各点温度应均匀一致，不发生或极少发生热分解以保证生产的连续进行。上述要求与塑料的特性、工艺条件的控制以及注塑机的塑化结构均密切相关，而且直接决定着制件的质和量。

（2）流动与冷却

这一过程是指用柱塞或螺杆的推动将具有流动性、温度均匀的塑料熔体注入模具开始，经型腔注满，熔体在控制条件下冷固定型，到制品从模腔中脱出为止的过程。这一过程经历的时间虽短，但熔体在其间所发生的变化却不少，而且这种变化对制品的质量有重要的影响。不管是何种形式的注塑机，塑料熔体进入模腔内的流动情况均可分为充模、压实、倒流和浇口冻结后的冷却四个阶段。在连续的四个阶段中，塑料熔体的温度将不断下降，而压力的变化则如图 4-5 所示。

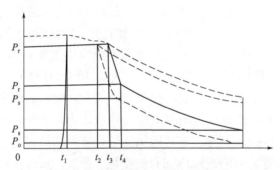

**图 4-5**　模塑周期中塑料压力变化

$P_0$—模塑最大压力；$P_s$—浇口冻结时的压力；$P_r$—脱模时残余压力；$t_1 \sim t_4$ 各代表一定时间。

① 充模阶段从柱塞或螺杆开始向前移动起，直至模腔被塑料熔体充满（从零至 $t_1$）为止。充模开始一段时间内模腔中没有压力，待模腔充满时，料流压力迅速上升而达到最大值 $P_0$。充模的时间与模塑压力有关。充模时间长，先进入模内的塑料，受到较多的冷却，黏度增高，后面的塑料就需要在较高压力下才能进入塑模。反之，所需的压力则较小。在前一种情况下，由于塑料受到较高的剪切应力，分子定向程度比较大。这种现象如果保留到料温降低至软化点以后，则制品中冻结的定向分子将使制品具有各向异性。这种制品在温度变化较大的使用过程中会出现裂纹，裂纹的方向与分子定向方向是一致的。而且，制品的热稳定性也较差，是因为塑料的软化点随着分子定向程度增高而降低。高速充模时，塑料熔体通过喷嘴、主流道、分流道和浇口时将产生较多的摩擦热而使料温升高，这样当压力达到最大值时，塑料熔体的温度就能保持较高的值，分子定向程度可减少，制品熔接强度也可提高。充模过快时，在嵌件后部的熔接往往不好，致使制品强度变差。

② 压实阶段指自熔体充满模腔时起至柱塞或螺杆撤回时（从 $t_1$ 到 $t_2$）为止的一段时

间。这段时间内，塑料熔体会因受到冷却而发生收缩，但因塑料仍然处于柱塞或螺杆的稳压下，料筒内的熔料会向塑模内继续流入以补足因收缩而留出的空隙。如果柱塞或螺杆停在原位不动，压力曲线略有衰减（由 $P_0$ 降至 $P_s$）；如果柱塞或螺杆保持压力不变，也就是随着熔料入模的同时向前作少许移动，则在此段中模内压力维持不变，此时压力曲线即与时间轴平行。压实阶段对于提高制品的密度、降低收缩和克服制品表面缺陷都有影响。此外，由于塑料还在流动，而且温度又在不断下降，定向分子容易被冻结，所以这一阶段是大分子定向形成的主要阶段。这一阶段拖延愈长时，分子定向程度也将愈大。

③ 倒流阶段是从柱塞或螺杆后退时开始（从 $t_2$ 到 $t_3$）的，这时模腔内的压力比流道内高，因此就会发生塑料熔体的倒流，从而使模腔内压力迅速下降（由 $P_0$ 降至 $P_s$），倒流将一直进行到浇口处熔料冻结时为止。如果柱塞或螺杆后撤时浇口处的熔料已冻结，或者在喷嘴中装有止逆阀，则倒流阶段就不存在，也就不会出现 $t_2$ 到 $t_3$ 段压力下降的曲线。因此倒流的多少与有无是由压实阶段的时间决定的。但是不管浇口处熔料的冻结是在柱塞或螺杆后撤以前或以后，冻结时的压力和温度总是决定制品平均收缩率的重要因素，而影响这些因素的则是压实阶段的时间。

倒流阶段有塑料的流动，因此会增多分子的定向，但是，这种定向比较少，而且波及的区域也不大。相反，由于这一阶段内塑料温度还较高，某些已定向的分子还可能因布朗运动而解除定向。

④ 冻结后的冷却阶段是指浇口的塑料完全冻结时起到制品从模腔中顶出时（从 $t_3$ 到 $t_4$）为止。模腔内压力迅速下降（由 $P_s$ 或 $P_0$ 降至 $P_r$），模内塑料在这一阶段内主要是继续进行冷却，以便制品在脱模时具有足够的刚度而不致发生扭曲变形。在这一阶段内，虽无塑料从浇口流出或流进，但模内还可能有少量的流动，因此，依然能产生少量的分子定向。由于模内塑料的温度、压力和体积在这阶段中均有变化，到制品脱模时，模内压力不一定等于外界压力，模内压力与外界压力的差值称为残余压力。残余压力的大小与压实阶段的时间长短有密切关系。残余压力为正值时脱模比较困难，制品容易被刮伤或破裂；残余压力为负值时，制品表面容易有陷痕或内部有真空泡。所以，只有在残余压力接近零时，脱模才较顺利，并能获得满意的制品。

应该指出，塑料自进入塑模后即被冷却，直至脱模时为止。如果冷却过急或塑模与塑料接触的各部分温度不同，冷却不均就会导致收缩不均匀，所得制品将会产生内应力。即使冷却均匀，塑料在冷却过程中通过玻璃化转变温度的速率还可能快于分子构象转变的速率，这样，制品中也可能出现因分子构象不均衡所引起的内应力。

## 4.2.3  制件的后处理

注射制件经脱模或机械加工后，常需要进行适当的后处理，以改善和提高制件的性能及尺寸稳定性。制件的后处理主要指退火和调湿处理。

（1）退火处理

由于塑料在料筒内塑化不均匀或在模腔内冷却速度不同，常会产生不均的结晶、定向和收缩，使制品存有内应力，这在生产厚壁或带有金属嵌件的制品时更为突出。存在内应力的制件在贮存和使用中常会发生力学性能下降、光学性能变坏、表面有银纹，甚至变形开裂。生产中解决这些问题的方法是对制件进行退火处理。

退火处理的方法是使制品在定温的加热液体介质（如热水、热的矿物油、甘油、乙二醇和液体石蜡等）或热空气循环烘箱中静置一段时间。处理的时间决定于塑料品种、加热介质的温度、制品的形状和模塑条件。凡所用塑料的分子链刚性较大，壁厚较大，带有金属嵌件，使用温度范围较宽，尺寸精度要求较高和内应力较大又不易自消的制件均须进行退火处理。退火温度应控制在制品使用温度以上 10~20℃，或低于塑料的热变形温度 10~20℃为宜。温度过高会使制品发生翘曲或变形，温度过低又达不到目的。

退火处理时间到达后，制品应缓慢冷却至室温。冷却太快，有可能重新引起内应力而前功尽弃。退火的实质是：①使强迫冻结的分子链得到松弛，凝固的大分子链段转向无规位置，从而消除这一部分的内应力；②提高结晶度，稳定结晶结构，从而提高结晶塑料制品的弹性模量和硬度，降低断裂伸长率。

（2）调湿处理

聚酰胺类塑料制件在高温下与空气接触时常会氧化变色。此外，在空气中使用或存放时又易吸收水分而膨胀，需要经过长时间后才能得到稳定的尺寸。因此，如果将刚脱模的制品放在热水中进行处理，不仅可隔绝空气进行防止氧化的退火，同时还可加快达到吸湿平衡，故称为调湿处理。适量的水分还能对聚酰胺起着类似增塑的作用，从而改善制件的柔曲性和韧性使冲击强度和拉伸强度均有所提高。调湿处理的时间随聚酰胺塑料的品种、制件形状、厚度及结晶度大小而异。

# 4.3 注射成型工艺控制因素

生产优质注射制品所牵涉的因素很多。一般说来，当提出一件新制品的使用性能和其他有关要求后，首先应在经济合理和技术可行的原则下，选择最适合的原材料、生产方式、生产设备及模具结构。在这些条件确定后，工艺条件的选择和控制就是主要考虑的因素。

注塑最重要的工艺条件是影响塑化流动和冷却的温度、压力和相应的各个作用时间。

## 4.3.1 温度

注塑过程需要控制的温度有料筒温度、喷嘴温度和模具温度等。前两种温度主要是影响塑料的塑化和流动，而后一种温度主要是影响塑料的流动和冷却。

（1）料筒温度

料筒温度的选择与塑料的特性有关。每种塑料都具有不同的流动温度 $T_f$（对结晶型塑料则为熔点 $T_m$），因此，对无定型塑料，料筒末端最高温度应高于流动温度 $T_f$，对结晶型塑料应高于熔点 $T_m$，但必须低于塑料的分解温度 $T_d$，故料筒最合适的温度范围应在 $T_f$ 或 $T_m$ ~ $T_d$ 之间。对于 $T_f$ ~ $T_d$ 区间狭窄的塑料，控制料筒温度应偏低（比 $T_f$

稍高);而对 $T_f \sim T_d$ 区间较宽的塑料可适当高一些（比 $T_f$ 高得多一些）。料筒温度决定着塑料熔体的温度并直接影响到充模过程及制品质量。提高料筒（熔体）温度，有利于注射压力向模腔内的传递。熔体温度高，充模结束后物料温度保持在玻璃化转变温度（或熔点）以上的时间愈长，有利于取向大分子的解取向，减小制品的收缩率。随料温升高，熔体黏度降低，注射系统的压力降减小，熔料在模具中的流动性增加，从而可改善成型性能，增大注射速率，减少熔化、充模时间，缩短注射周期，降低制品的粗糙度（提高制品表面光洁度）。

塑料的热氧化降解机理十分复杂，而且随着外界条件的变化可以出现不同的形式。大抵温度愈高，时间愈长（即使是温度不十分高的情况下）时，降解的量就愈大。因此对热敏性塑料，如聚甲醛、聚三氟氯乙烯、聚氯乙烯等，除须严格控制料筒最高温度外，还应控制塑料在加热料筒中停留的时间。

同一种塑料，由于来源或牌号不同，其流动温度及分解温度是有差别的，这是由于平均相对分子质量和相对分子质量分布（分散度）不同所致。凡是平均相对分子质量高，分布较窄的塑料熔融黏度都偏高；而平均相对分子质量低，分布较宽的塑料熔融黏度则偏低。为了获得适宜的流动性，前者较后者应适当提高料筒温度。

玻璃纤维增强的热塑性塑料，随着玻璃纤维含量的增加，熔料流动性降低，因此要相应地提高料筒温度。

塑料在不同类型的注塑机（柱塞式或螺杆式）内的塑化过程是不同的，因而选择料筒温度也不相同。柱塞式注塑机中的塑料仅靠料筒壁及分流梭表面往里传热，传热速率小，因此需要较高的料筒温度。在螺杆式注塑机中，由于有了螺杆转动的搅动，同时还能获得较多的摩擦热，使传热加快，因此选择的料筒温度可低一些（一般约比柱塞式的低 $10 \sim 20 \degree C$）。实际生产中，为了提高效率，利用塑料在移动螺杆式注塑机中停留时间短的特点，可采用在较高料筒温度下操作。而在柱塞式注塑机中，因物料停留时间长，易出现局部过热分解，宜采用较低的料筒温度。

选择料筒温度还应结合制品及模具的结构特点。由于薄壁制件的模腔比较狭窄，熔体注入的阻力大，冷却快，为了顺利充模，料筒温度应高一些。相反，注射厚壁制件时，料筒温度却可低一些。对于形状复杂或带有嵌件的制件，或者熔体充模流程曲折较多或较长的，料筒温度也应高一些。

有结晶倾向的塑料，料筒温度以及熔料在这一温度下停留的时间，均会对熔体内所含晶胚数量与大小产生影响。晶胚数量和大小均对熔体凝固后的结晶行为有影响。但应注意的是，如需考虑制品中的结晶情况，则对料筒的温度应有正确的选择。

料筒温度的分布，一般是从料斗一侧（后端）起，至喷嘴（前端）止，逐步升高，使塑料温度平稳上升达到均匀塑化的目的。但当原料湿含量偏高时，也可适当提高后端温度。由于螺杆式注塑机的剪切摩擦热有助于塑化，因此前段的温度不妨略低于中段，以便防止塑料的过热分解。

（2）喷嘴温度

喷嘴温度通常略低于料筒最高温度，这是为了防止熔料在直通式喷嘴可能发生的流涎现象。喷嘴低温的影响可从塑料注射时所生的摩擦热得到一定的补偿。当然，喷嘴温度也不能过低，否则将造成熔料的早凝将喷嘴堵死，或由于早凝料注入模腔影响制品的性能。

料筒和喷嘴温度的选择不是孤立的，与其他工艺条件间有一定关系。例如选用较低的注射压力时，为保证塑料的流动，应适当提高料筒温度。反之，料筒温度偏低就需要较高的注射压力。由于影响因素很多，一般都在成型前通过"对空注射法"或"制品的直观分析"法来进行调整，以便从中确定最佳的料筒和喷嘴温度。

（3）模具温度

模具温度对制品的内在性能和表观质量影响很大。模具温度的高低决定于塑料的结晶性、制品的尺寸与结构、性能要求以及其他工艺条件（熔料温度、注射速度及注射压力、模塑周期等）。通常模温增高，使制品的定向程度降低（相应地顺着流线方向的冲击强度降低，垂直方向则相反）、结晶度升高、有利于提高制品的表面光洁程度。但料流方向及与其垂直方向的收缩率均有上升，所需保压时间延长。

模具温度通常是凭通入定温的冷却介质来控制的，也有靠熔料注入模具自然升温和自然散热达到平衡而保持一定模温的。在特殊情况下，也有用电加热使模具保持定温的。不管采用什么方法使模具保持定温，对热塑性塑料熔体来说都是冷却，因为保持的定温都低于塑料的玻璃化转变温度或工业上常用的热变形温度，这样才能使塑料成型和脱模。

无定型塑料熔体注入模腔后，随着温度不断降低而固化，并不发生相的转变。模温主要影响熔料的黏度，也就是充模速率。如果充模顺利，采用低模温是可取的，因为可以缩短冷却时间，提高生产效率。所以，对于熔融黏度较低或中等的无定型塑料（如聚苯乙烯，醋酸纤维素等），模具的温度常偏低，反之，对于熔融黏度高的（如聚碳酸酯、聚苯醚、聚砜等），则必须采取较高的模温（聚碳酸酯 90～120℃，聚苯醚 110～130℃，聚砜 130～150℃），应该说明，将模温提高还有另一种目的，由于这些塑料的软化点都较高，提高模温可以调整制品的冷却速率使之均匀一致，以防制品因温差过大而产生凹痕、内应力和裂纹等缺陷。

结晶型塑料注入模腔后，当温度降低到熔点以下时即开始结晶。结晶速率受冷却速率的控制，而冷却速率是由模具温度控制的，因此模具温度直接影响制品的结晶度和结晶构型。模温高，冷却速率小，结晶速率可能大，因为一般塑料最大结晶速率都在熔点以下的高温一边。其次，模具温度高时还有利于分子的松弛过程，分子取向效应小。这种条件仅适于结晶速率很小的塑料，如聚对苯二甲酸乙二酯等，实际注塑中很少采用，因为模温高亦会延长成型周期和使制品发脆。模具温度中等时，冷却速率适宜，塑料分子的结晶和定向也适中，这是用得最多的条件。不过所谓模具温度中等，事实上不是一点而是一个区域，具体的温度仍然须由实验决定。模具温度低时，冷却速率大，熔体的流动与结晶同时进行，但熔体在结晶温度区间停留的时间缩短，不利于晶体或球晶的生长，使制品中分子结晶程度较低。如果所用塑料的玻璃化转变温度又低，如聚烯烃等，就会出现后期结晶过程，引起制品的后收缩和性能变化。此外，模具的结构和注塑条件也会影响冷却速率。例如提高料筒温度和增加制品厚度都会使冷却速率发生变化。由于冷却速率不同引起结晶程度的变化，对低密度聚乙烯可达 2%～3%，高密度聚乙烯可达 10%，聚酰胺可达 40%。即使是同一制件，其中各部分的密度也可能不相同，这说明各部分的结晶度不一样。造成这种现象的原因很多，但是主要是熔料各部分在模内的冷却速率差别太大。

## 4.3.2　压力

注塑过程中的压力包括塑化压力和注射压力，并直接影响塑料的塑化和制品质量。

（1）塑化压力（背压）

采用螺杆式注塑机时，螺杆顶部熔料在螺杆转动后退时所受到的压力称为塑化压力，亦称背压，这种压力的大小可以通过液压系统中的溢流阀来调整。塑化压力（背压）的大小是随螺杆的设计、制品质量的要求以及塑料的种类等的不同而异的。如果这些情况和螺杆的转速都不变，则增加塑化压力将加强剪切作用会提高熔体的温度，但会减小塑化的速率。增大逆流和漏流、增加驱动功率。此外，增加塑化压力常能使熔体的温度均匀、色料的混合均匀和排出熔体中的气体。

除非可以用较高的螺杆转速补偿所减少的塑化速率，增加塑化压力就会延长模塑周期，因此也就导致塑料降解的可能性增大，尤其是所用的螺杆属于浅槽型。

操作中，塑化压力的大小应在保证制品质量的前提下越低越好，随所用塑料的品种而异，通常很少超过 2.0MPa。

注射聚甲醛时，较高的塑化压力（也就是较高的熔体温度）会使制品的表面质量提高，但有可能使制品变色、塑化速率降低和流动性下降。

对聚酰胺来说，塑化压力必须较低，否则塑化速率将很快降低，这是因为螺杆中逆流和漏流增加的缘故。如需增加料温，应采用提高料筒温度的办法。

聚乙烯的热稳定性高，提高塑化压力不会有降解危险，这在混料和混色时尤为有利。不过塑化速率仍然是要下降的。

（2）注射压力

注射压力是以柱塞或螺杆顶部对塑料所施的压力（由油路压力换算来的）为准的。其作用是克服塑料从料筒流向型腔的流动阻力、给予熔料充模的速率以及对熔料进行压实。这与制品的质和量有紧密联系，且受很多因素（如塑料品种、注塑机类型、制件和模具结构以及工艺条件等）的影响，十分复杂，至今还未找到相互间的定量关系。

从克服塑料流动阻力来说，流道结构的几何因素是首要的。应该引起注意的是，在其他条件相同的情况下，柱塞式注塑机所用的注射压力应比螺杆式的大。其原因是塑料在柱塞式注塑机料筒内的压力损耗比螺杆式的多。

塑料流动阻力另一决定因素是塑料的摩擦系数和熔融黏度，两者越大时，注射压力应越高。同一种塑料的摩擦系数和熔融黏度是随料筒温度和模具温度而变动的。此外，还与是否加有润滑剂有关。

为了保证制品质量，对注射速率常有一定的要求，而对注射速率较为直接的影响因素是注射压力。就制品的机械强度和收缩率来说，每一种制品都有自己的最惠注射速率，而且经常是一个范围的数值。这种数值与很多因素有关，常由实验确定。但是影响因素中最为主要的是制品壁厚。仅从定性的角度来说，厚壁的制件需要用低的注射速率，反之亦然。一般说来，随注射压力的提高，制品的定向程度、质量、熔接缝强度、料流长度、冷却时间等均有增加，而料流方向的收缩率和热变形温度则有下降。

型腔充满后，注射压力的作用全在于对模内熔料的压实。压实时的压力在生产中有等于注射时所用注射压力的，也有适当降低的。注射和压实的压力相等，往往可使制品的收缩率减少，并使批量制品间的尺寸波动较小。缺点是可造成脱模时的残余压力较大和成型周期较长。对结晶性塑料来说，成型周期也不一定增长，因为压实压力大可以提高塑料的熔点（例如聚甲醛，如果压力加大 50MPa，其熔点可提高 9℃），脱模可以提前。

### 4.3.3　时间

完成一次注塑过程所需的时间称成型周期，也称模塑周期。它包括以下几部分：①注射时间：充模时间（柱塞或螺杆前进时间）、保压时间（柱塞或螺杆停留在前进位置的时间）。②闭模冷却时间（柱塞后撤或螺杆转动后退的时间均包括在这段时间内）。③其他时间（指开模、脱模、涂拭脱模剂、安放嵌件和闭模等时间）。

成型周期直接影响劳动生产率和设备利用率。因此，生产中应在保证质量的前提下，尽量缩短成型周期中各个有关时间。

整个成型周期中，以注射和冷却时间最重要，对制品质量有决定性的影响。注射时间中的充模时间直接反比于充模速率。生产中，充模时间一般约 3～5s。

注射时间中的保压时间就是对型腔内塑料的压实时间，在整个注射时间内所占的比例较大，一般约 20～120s（特厚制件可达 5～10min）。在浇口处熔料封冻之前，保压时间，对制品尺寸准确性有影响（保压时间不足，熔料会从膜腔中倒流，使模内压力下降，以致制品出现凹陷、缩孔），若在之后，则无影响。保压时间也有最惠值，它依赖于料温、模温以及主流道和浇口的大小。如果主流道和浇口的尺寸以及工艺条件都正常，通常即以制品收缩率波动范围最小的压力值为准。

冷却时间主要决定于制品的厚度，塑料的热性能和结晶性能，以及模具温度等。冷却时间的终点，应以保证制品脱模时不引起变形为原则。冷却时间一般约 30～120s。冷却时间过长没有必要，不仅降低生产效率，对复杂制件还将造成脱模困难，强行脱模时甚至会产生脱模应力。成型周期中的其他时间则与生产过程是否连续化和自动化等有关。

## 4.4　几种常用塑料的注射成型特点

（1）聚苯乙烯塑料

聚苯乙烯塑料本身吸水率很小，成型前一般不需干燥。如有需要，可在 70～80℃下干燥 2～4h。

聚苯乙烯为无定型塑料，黏度适宜，流动性、热稳定性均较好，注塑比较容易。用于注塑的聚苯乙烯相对分子质量为 7 万～20 万，成型温度范围较宽，在黏流态下温度的少许波动不会影响注塑过程。

处于黏流态的聚苯乙烯，其黏度对剪切速率和温度都比较敏感，在注射成型中无论是增大注射压力或升高料筒温度都会使熔融黏度显著下降。因此，聚苯乙烯既可用螺杆式也可用柱塞式注塑机成型。料筒温度可控制在 140~260℃之间，喷嘴温度为 170~190℃，注射压力为 60~150MPa。为提高生产效率，也可用提高料筒温度来缩短成型周期。工艺条件应根据制件的特点、原料及设备条件等而定。模具常用水冷却。由于聚苯乙烯分子链刚硬，成型中容易产生分子定向和内应力。为了减少这些症状，除调整工艺参数和改进模具结构外，应对制品进行热处理，即将制品放入 65~80℃的热水中处理 1~3h，然后缓慢冷却至室温。生产厚壁制件时常因模具冷却不均匀前产生内应力，甚至发生开裂。故模具温度应尽量保持均匀，温差应低于 3~6℃。

聚苯乙烯因性脆、机械强度差、热膨胀系数大，制件不宜带有金属嵌件，否则容易产生应力开裂。

（2）聚丙烯塑料

聚丙烯为非极性的结晶性高聚物，吸水率很低，约为 0.03%~0.04%。注射时一般不需干燥，必要时可在 80~100℃下干燥 3~4h。

聚丙烯的熔点为 160~175℃，分解温度为 350℃，成型温度范围较宽，约为 205~315℃，其最大结晶速度的温度为 120~130℃。注塑用的聚丙烯的熔融指数为 2~9g/10min，熔体流动性较好，在柱塞式或螺杆式注塑机中都能顺利成型。一般料筒温度控制在 210~280℃，喷嘴温度可比料筒温度低 10~30℃。生产薄壁制品时，料筒温度可提高到 280~300℃；生产厚壁制件时，为防止熔料在料筒内停留时间过长而分解，料筒温度应适当降低至 200~230℃，料筒温度过低，大分子定向程度增加，制品容易产生翘曲变形。

聚丙烯熔体的流变特性是黏度对剪切速率的依赖性比温度的依赖性大。因此在注射充模时，通过提高注射压力或注射速度来增大熔体的流动性比通过提高温度更有利。一般注射压力控制在 70~120MPa（柱塞式注射压力偏高，螺杆式注射压力偏低）。

聚丙烯的结晶能力较强，提高模具温度有助于制品结晶度的增加，甚至能够提前脱模。基于同一理由，制品性能与模具温度有密切关系。生产上常采用的模温约为 70~90℃，这不仅有利于结晶，又有利于大分子的松弛，减少分子的定向作用，并可降低内应力。如模温过低，冷却速度太快，浇口过早冷凝，不仅结晶度低、密度小，而且制品内应力较大，甚至引起充模不满和制品缺料。

冷却速度不仅影响结晶度，还影响晶体结构。急冷时呈碟状结晶结构，缓冷时呈球晶结构。晶体结构不同，制品的物理力学性能也各异。

由于聚丙烯的玻璃化转变温度低于室温，当制品在室温下存放时常发生后收缩（制品脱模后所发生的收缩）现象，原因是聚丙烯在这段时间内仍在结晶。后收缩量随制品厚度而定，愈厚后收缩愈大。后收缩总量的 90%约在制品脱模后 6h 内完成，剩余 10%约发生在随后的十天内，所以，制品在脱模 24h 后基本可以定型。成型时，缩短注射和保压时间，提高注射和模具温度都可减小后收缩。对尺寸稳定性要求较高的制品，应进行热处理。

# 第5章 吹塑成型

吹塑成型（blow moulding，又称中空吹塑成型）是制造空心塑料制品的成型方法。它借鉴于历史悠久的玻璃容器吹制工艺，至20世纪30年代发展成为塑料吹塑技术。迄今已成为塑料的主要成型方法之一，并在吹塑模塑方法和成型机械的种类方面也有了很大的发展。

中空吹塑是借助气体压力使闭合在模具中的热熔塑料型坯吹胀形成空心制品的工艺。根据型坯的生产特征分为两种：①挤出型坯，先挤出管状型坯进入开启的两瓣模具之间，当型坯达到预定的长度后，闭合模具，切断型坯，封闭型坯的上端及底部，同时向管坯中心或插入型坯壁的针头通入压缩空气，吹胀型坯使其紧贴模腔壁经冷却后开模脱出制品。②注射型坯：是以注塑法在模具内注塑成有底的型坯，然后开模将型坯移至吹塑模内进行吹胀成型，冷却后开模脱出制品。

吹塑制品包括塑料瓶、容器及各种形状的中空制品。现已广泛应用于化工、交通运输、农业、食品、饮料、化妆品、药品、洗涤制品、儿童玩具等领域中。

进入20世纪80年代中期，吹塑技术有长足发展，其制品应用领域已扩展到形状复杂、功能独特的办公用品、家用电器、家具、文化娱乐用品及汽车工业用零部件，如保险杠、汽油箱、燃料油管等，具有更高的技术含量和功能性，因此，又称为"工程吹塑"。

吹塑制品具有优良的耐环境应力开裂性、气密性（能阻止氧气、二氧化碳、氮气和水蒸气向容器内外透散）、耐冲击性，能保护容器内装物品；还有耐药品性、抗静电性、韧性和耐挤压性等。中空吹塑常用塑料有聚乙烯、聚氯乙烯、聚丙烯、聚苯乙烯、乙烯-醋酸乙烯共聚物、聚对苯二甲酸乙二醇酯（PET）、聚碳酸酯，其中以聚乙烯用量大，使用广泛。凡熔体流动速率在0.04～1.12范围内都是较优的吹塑材料，用于制造包装药品的各种容器。低密度聚乙烯用作食品包装容器，高低密度聚乙烯混合料用于制造各种商品容器。超高相对分子质量聚乙烯用于制造大型容器及燃料罐。聚氯乙烯塑料因透明度和气密性优良，多用于制造矿泉水和洗涤剂瓶；聚丙烯因其气密性、耐冲击强度都较聚氯乙烯和聚乙烯差，吹塑用量有限，自从采用双向拉伸吹塑工艺后，聚丙烯的透明度和冲击强度均有较大提高，宜于制作薄壁瓶子，多用于洗涤剂、药品和化妆品的包装容器，而聚对苯二甲酸乙二醇酯因透明性好、韧性高、无毒、已大量用于饮料瓶等。"工程吹塑"所用的塑料已扩展到超高相对分子质量高密度聚乙烯、聚酰胺塑料及其合金、聚甲醛、聚碳酸酯等。

# 5.1 吹塑成型设备

中空吹塑包括挤出吹塑、注射吹塑和拉伸吹塑。拉伸吹塑又包括挤出-拉伸-吹塑和注射-拉伸-吹塑，其生产过程都是由型坯的制造和型坯的吹胀组成。挤出吹塑和注射吹塑的不同点：前者是挤塑制造型坯，后者是注塑制造型坯。拉伸吹塑则增加一纵向拉伸棒，使制品在吹塑时除横向被吹胀（拉伸）外，在纵向也受到拉伸以提高其性能。吹塑过程基本上是相同的。由于挤出和注射成型都已讨论过，本节将侧重介绍型坯和吹胀设备的特征与要求以及对工艺的影响。由于挤出吹塑机形式和种类较多，发展较快，将重点加以介绍。

## 5.1.1 型坯成型装置

挤出型坯有间断挤出和连续挤出两种方式。间断挤出是型坯达规定长度后，挤出机螺杆停止转动和出料，待型坯吹胀冷却定型完成一生产周期后，再启动挤出机挤出下一个型坯。连续挤出是挤出机连续生产预定长度的型坯，由移动模具接纳，并在机头处切断，送至吹塑工位或由传送机械装置夹住型坯送往后续工序。由于连续挤出法能充分发挥挤出机的能力，提高生产效率，因此，被大量采用。

型坯的质量直接影响最终产品的性能和产量，而影响型坯质量的主要设备因素是挤出机机头和口模的结构，现简介如下：

（1）挤出机

① 挤出机应具有可连续调速的驱动装置，在稳定的速度下挤出型坯。型坯的挤出速率与最佳吹塑周期协调一致。

② 挤出机螺杆的长径比应适宜。长径比太小，物料塑化不均匀，供料能力差，型坯的温度不均匀；长径比大些，分段向物料进行热和能的传递较充分，料温波动小，料筒加热温度较低，使型坯温度均匀，可提高产品的精度及均匀性，并适用于热敏性塑料的生产。对于给定的贮料温度，料筒温度较低，可防止物料的过热分解。

③ 型坯在较低的温度下挤出，由于熔体黏度较高，可减少型坯下垂保证型坯厚度均匀。有利于缩短生产周期，提高生产效率。但是在挤出机内会产生较高的剪切和背压，要求挤出机的传动和止推轴承应坚固耐用。

（2）机头及口模

机头包括多孔板、滤网连接管与型芯组件等。对机头的设计要求是：流道应呈流线型，流道内表面要有较高的光洁程度，没有阻滞部位，防止熔料在机头内流动不畅而产生过热分解。

吹塑机头一般分为：转角机头、直通式机头和带贮料缸式机头三种类型。

① 转角机头是由连接管和与之呈直角配置的管式机头组成。这种机头内流道有较大的压缩比，口模部分有较长的定型段，适合于挤出聚乙烯、聚丙烯、聚碳酸酯、ABS 等塑料。

　　由于熔体流动方向由水平转向垂直，熔体在流道中容易产生滞留，加之进入连接管环状截面各部位到机头口模出口处的长度有差别，机头内部的压力平衡受到干扰，会造成机头内熔体性能差异。为使熔体在转向时能自由平滑地流动，不产生滞留点和熔接线，多采用螺旋状流动导向装置和侧面进料机头。

　　这种结构使熔体流道更加流线型化，螺旋线的螺旋角为 45°～60°，敛点机加工成刃形，位于型芯一侧，与侧向进料口相对，在侧向进料口中心线下方约 16～19mm 处。这种结构还不能完全消除熔接线。改进的措施：一是各分流道的物料应充分汇合，以达到在机头内均匀的停留时间；二是提高机头压力，促进熔体的熔合。在管心的分流梭下方装置一个节流阀，成为可调的移位节流阀式机头。节流阀使机头内通道的有效截面缩小，增大熔体压力。节流阀的外形呈流线型。

　　② 直通式机头与挤出机呈一字形配置，从而避免塑料熔体流动方向的改变，可防止塑料熔体过热而分解。直通式机头的结构能适应热敏性塑料的吹塑成型，常用于硬聚氯乙烯透明瓶的制造。

　　③ 带贮料缸的机头，生产大型吹塑制品，如啤酒桶、垃圾箱等，由于制品的容积较大，需要一定的壁厚以获得必要的刚度，因此需要挤出大的型坯，而大型坯的下坠与缩径严重，制品冷却时间长，要求挤出机的输出量大。对大型制品，一方面要求快速提供大量熔体，减少型坯下坠和缩径，另一方面，大型制品冷却期长，挤出机不能连续运行，从而发展了带有贮料缸的机头。

　　由挤出机向贮料缸提供塑化均匀的熔体，按照一定的周期所需熔体数量贮存于贮料缸内。在贮料缸系统中由柱塞（或螺杆）定时，间歇地将所贮物料（熔体）全部迅速推出，形成大型的型坯。高速推出物料可减轻大型型坯的下坠和缩径，克服型坯由于自重产生下垂变形而造成制品壁厚的不一致。同时挤出机可保持连续运转，为下一个型坯备料。该机头既能发挥挤出机的能力，又能提高型坯的挤出速度，缩短成型周期。但应注意，当柱塞推动速度过快，熔体通过机头流速太大，可能产生熔体破碎现象。

　　确定口模直径时，首先应选取适合制品外径的吹胀比，即制品的外径与型坯外径之比。确定型坯的最大外径，还要考虑口模膨胀问题，最后确定口模的直径。

　　口模缝隙宽度大，树脂熔体受到的剪切速率变小，则不易因熔体破碎引起型坯表面粗糙。定型段长，机头内部熔体压力上升，有利于消除熔接线，但产生压力损失。定型段长度与缝隙之比一般取10左右为宜。对挤出机和机头的总体要求是均匀地挤出所需要直径、壁厚和黏度的型坯。

## 5.1.2　吹胀装置

　　型坯进入模具并闭合后，吹胀装置即将管状型坯吹胀成模腔所具有的精确形状，进而冷却、定型、脱模取出制品。吹胀装置包括吹气机构、模具及其冷却系统、排气系统等部分。现分述如下：

　　（1）吹气机构

　　吹气机构应根据设备条件、制品尺寸、制品厚度分布要求等选定。空气压力应以吹胀型坯得到轮廓图案清晰的制品为原则。一般有针管吹气、型芯顶吹、型芯底吹等三种方式。

① 针吹法，如图 5-1 所示，吹气针管安装在模具型腔的半高处，当模具闭合时，针管向前穿破型坯壁，压缩空气通过针管吹胀型坯，然后吹针缩回，熔融物料封闭吹针遗留的针孔。另一种方式是在制品颈部有一伸长部分，以便吹针插入，又不损伤瓶颈。在同一型坯中可采用几支吹针同时吹胀，以提高吹胀效果。

针吹法的优点是：适于不切断型坯连续生产的旋转吹塑成型，吹制颈尾相连的小型容器，对无颈吹塑制品可在模具内部装入型坯切割器，更适合吹制有手柄的容器，手柄本身封闭与本体互不相通的制品。缺点是：对开口制品由于型坯两端是夹住的，为获得合格的瓶，需要整饰加工，模具设计比较复杂，不适宜大型容器的吹胀。

② 顶吹法，如图 5-2 所示，是通过型芯吹气。模具的颈部向上，当模具闭合时，型坯底部夹住，顶部开口，压缩空气从型芯通入，型芯直接进入开口的型坯内并确定颈部内径，在型芯和模具顶部之间切断型坯。较先进的顶吹法型芯由两部分组成：一部分定瓶颈内径，另一部分是在吹气型芯上滑动的旋转刀具，吹气后，滑动的旋转刀具下降，切除余料。

顶吹法的优点是：直接利用型芯作为吹气芯轴，压缩空气从十字机头上方引进，经芯轴进入型坯，简化了吹气机构。顶吹法的缺点是：不能确定内径和长度，需要附加修饰工序。压缩空气从机头型芯通过，影响机头温度。为此，应设计独立的与机头型芯无关的顶吹芯轴。

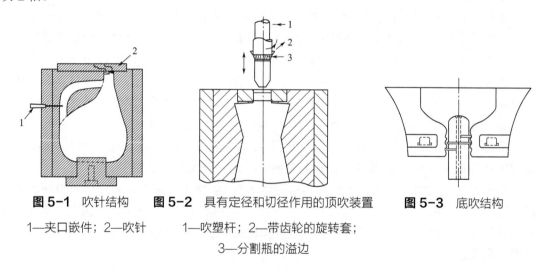

图 5-1  吹针结构       图 5-2  具有定径和切径作用的顶吹装置      图 5-3  底吹结构

1—夹口嵌件；2—吹针        1—吹塑杆；2—带齿轮的旋转套；
                         3—分割瓶的溢边

③ 底吹法，如图 5-3 所示，挤出的型坯落到模具底部的型芯上，通过型芯对型坯吹胀。型芯的外径和模具瓶颈配合以固定瓶颈的内外尺寸。为保证瓶颈尺寸的准确，在此区域内必须提供过量的物料，这就导致开模后所得制品在瓶颈分型面上形成两个耳状飞边，需要后加工修饰。

底吹法适用于吹塑颈部开口偏离制品中心线的大型容器，有异形开口或有多个开口的容器。底吹法的缺点是：进气口选在型坯温度最低的部位，也是型坯自重下垂厚度最薄的部位。当制品形状较复杂时，常造成制品吹胀不充分。另外，瓶颈耳状飞边修剪后留下明显的痕迹。

（2）吹塑模具

吹塑模具通常是由两瓣合成，并设有冷却剂通道和排气系统。

① 模具的材质，吹塑模具结构较简单，生产过程中所承受压力不大，对模具的强度要求不高。常选用铝、锌合金、铜和钢材等，应根据生产制品的数量、质量和塑料品种来选择。铝合金易于铸造和机械加工，多用于形状不规则的容器。铝的热导率高，械加工性优良，可采用冷压技术制造不规则形状的模具，还可采用喷砂处理使模腔表面形成小凹坑，有利于排除模腔内的空气。铜易传热，利于模具冷却，多用作硬质塑料的吹塑模具及需要在容器本体上有装饰性刻花图案的模具。工具钢用作大批量生产硬质塑料制品的模具，多选用洛氏硬度 45～48 的材质，内表面应抛光镀铬，以提高制品的表面光泽。

② 模具的冷却系统，冷却系统直接影响制品性能和生产效率，因此合理设计和布置很重要。一般原则是：冷却水道与型腔的距离各处应保持一致，保证制品各处冷却收缩均匀。其距离一般为 10～15mm，根据模具的材质、制品形状和大小而定。在满足模具强度要求下，距离愈小，冷却效果愈好，冷却介质（水）的温度保持在 5～15℃为宜。为加快冷却，模具可分为上、中、下三段分段冷却，按制品形状和实际需要来调节各段冷却水流量，以保证制品质量。

冷却系统结构有：内部互通的水道、模具铸成后钻出水道、将冷却蛇形管铸入模具内、冷却流道在模具铸造时一体制成、在型腔制成后再机械加工冷却系统等，其形状、结构、流向和密封形式很多，应根据模具不同而异。

③ 模具的排气系统，排气系统是用以在型坯吹胀时，排除型坯和模腔壁之间的空气，如排气不畅，吹胀时型腔内的气体会被强制压缩滞留在型坯和模腔壁之间，使型坯不能紧贴型腔壁，导致制品表面产生凹陷和皱纹，图案和字迹不清晰，不仅影响制品外观，甚至会降低制品强度。因此，模具应设置排气孔或排气槽。

排气孔（或槽）开设的位置和形式有：在一瓣模具分型面上加工出宽度 5～15mm、深度 0.1～0.2mm 的排气槽，加工要求平直、光洁，制品上不留痕迹；在模腔内直接开排气孔，孔径 0.1～0.2mm、深度 0.5～2mm，其后部孔径 3～5mm 接通外部；在型腔内开设直径 5～10mm 的大孔，孔中应嵌入轴向对称，两面各磨去 0.1～0.2mm 的圆轴，利用磨削面的缝隙排气，在制品上不会留下痕迹；在模腔内嵌入多孔金属圆柱，圆柱直径为 $\phi5$～10mm，圆柱顶端加工成多个排列均匀的微孔，直径 $\phi0.1$～0.2mm，深度为 2～3mm，其后加工成大孔接通外部，制品上不留痕迹；在模具的上、中、下模块接合面加工宽度 5～15mm、深度 0.1～0.2mm 的排气槽，采用磨削或镜削加工，要求光洁平直，制品上不留痕迹；在型腔内嵌入多孔性金属块，在其背面加工成多个通气孔，这种排气结构制品上易留下痕迹，因此，可将端面轮廓形状作成花纹、图案或文字进行装饰。排气孔（或槽）的形式、位置和数量应根据型腔的形状而定，排气孔（槽）均直接与制品接触，要求加工精度比较高。

## 5.1.3　辅助装置

（1）型坯厚度控制装置

型坯从机头口模挤出时，会产生膨胀现象，使型坯直径和壁厚大于口模间隙，悬挂在口模上的型坯由于自重会产生下垂，引起伸长使纵向厚度不均和壁厚变薄（指挤出端壁厚变薄）而影响型坯的尺寸乃至制品的质量。控制型坯尺寸的方式有：

① 调节口模间隙，在口模处安装调节螺栓以调节口模间隙。用圆锥形的口模，通过液压缸驱动芯轴上下运动，调节口模间隙，以控制型坯壁厚。

② 改变挤出速度，挤出速度越大，由于离模膨胀，型坯的直径和壁厚也就越大。利用这种原理挤出，使型坯外径恒定，壁厚分级变化，能改善型坯下垂的影响和适应离模膨胀，并赋予制品一定的壁厚，又称为差动挤出型坯法。

③ 改变型坯牵引速度，周期性改变型坯牵引速度来控制型坯的壁厚。

④ 预吹塑法，当型坯挤出时，通过特殊刀具切断型坯使之封底，在型坯进入模具之前吹入空气称为预吹塑法。在型坯挤出的同时自动地改变预吹塑的空气量，可控制有底型坯的壁厚。

⑤ 型坯厚度的程序控制，它是通过改变挤出型坯横截面的壁厚来达到控制吹塑制品壁厚和质量的一种方法。

吹塑制品的壁厚取决于型坯各部位的吹胀比。吹胀比愈大，该部位壁愈薄；吹胀比愈小，壁愈厚。

形状复杂的中空制品，为获得壁厚均匀，对不同部位型坯横截面的壁厚应按吹胀比的大小而变化。而型坯横截面壁厚是由机头芯棒和外套之间的环形间隙决定，因此，改变机头芯棒和环形间隙就能改变型坯横截面壁厚。

现代挤出吹塑机组型坯程序控制是根据对制品壁厚均匀的要求，确定型坯横截面沿长度方向各部位的吹胀比，通过计算机系统绘制型坯程序曲线，通过控制系统操纵机头芯棒轴向移动距离，同步变化型坯横截面壁厚。型坯横截面壁厚沿长度方向变化的部位（即点数）愈多，制品的壁厚愈均匀。根据型坯吹胀比确定型坯横截面壁厚变化程序点，称为"型坯程序"。程序点的分布可呈线性或非线性，程序点现已多达32点。程序点增多，制品壁厚愈均匀，节省原材料愈多。在上述五种控制型坯壁厚的方式中，广泛采用调节口模间隙的方式。

（2）型坯长度控制

型坯的长度直接影响吹塑制品的质量和切除尾料的长短，尾料涉及原材料的消耗。型坯长度决定于在吹塑周期内挤出机螺杆的转速。转速快，型坯长；转速慢，型坯短。此外，加料量波动、温度变化、电压不稳、操作变更均会影响型坯长度。

控制型坯长度，一般采用光电控制系统。通过光电管检测挤出型坯长度与设定长度之间的变化，通过控制系统自动调整螺杆转速，补偿型坯长度的变化，并减少外界因素对型坯长度的影响。这种系统简单实用、节约原材料，尾料耗量可降低约5%。通常型坯厚度与长度控制系统多联合使用。

（3）型坯切断装置

型坯达到要求长度后应进行切断。切断装置要适应不同塑料品种的性能。在两瓣模组成的吹胀模具中，是依靠模腔上、下口加工成刀刃式切料口切断型坯。切料口的刀刃形状直接影响产品的质量。切料口的刀刃有多种形式，自动切刀有平刃和三角形刀刃。对硬聚氯乙烯透明瓶型坯，一般采用平刃刀，而且对切刀应进行加热。

# 5.2　挤出吹塑

## 5.2.1　挤出吹塑工艺过程

挤出吹塑工艺过程包括：①挤出型坯。②型坯达到预定长度时，夹住型坯定位后合模。③型坯的头部成型或定径。④压缩空气导入型坯进行吹胀，使之紧贴模具型腔形成制品。⑤制品在模具内冷却定型。⑥开模脱出制品，对制品进行修边、整饰。实现上述工艺过程有多种方式和类型，并可实现全自动化运行。

就挤出型坯而论，主要有间歇挤出和连续挤出两种方式。间歇挤出型坯、合模、吹胀、冷却、脱模都是在机头下方进行。由于间歇挤出物料流动中断，易发生过热分解，而挤出机的能力不能充分发挥，多用于聚烯烃及非热敏性塑料的吹塑。

连续挤出型坯，即型坯的成型和前一型坯的吹胀、冷却、脱模都是同步进行的。连续挤出型坯有往复式、轮换出料式和转盘式三种，适用于多种热塑性树脂的吹塑，熔融塑料的热降解可能性较小，并能适用于 PVC 等热敏性塑料的吹塑。

## 5.2.2　挤出吹塑工艺控制因素

影响挤出吹塑工艺和中空制品质量的因素主要有：型坯温度和挤出速度、吹气压力和鼓气速率、吹胀比、模温和冷却时间等。

（1）型坯温度和挤出速度

型坯温度直接影响中空制品的表观质量、纵向壁厚的均匀性和生产效率。挤出型坯时，熔体温度应均匀，并适宜地偏低以提高熔体强度，从而减小因型坯自重所引起的垂伸，并缩短制品的冷却时间，有利于提高生产效率。

型坯温度过高，挤出速度慢，型坯易产生下垂，引起型坯纵向厚度不均，延长冷却时间，甚至丧失熔体热强度，难以成型。

型坯温度过低，离模膨胀突出，会出现长度收缩、壁厚增大现象，降低型坯的表面质量，出现流痕，同时增加不均匀性。另外，还会导致制品的强度差，表面粗糙无光。

挤出吹塑过程中，常发生型坯上卷现象，这是由于型坯径向厚度不均匀所致，卷曲的方向总是偏于厚度较小的一边。型坯温度不均匀也会造成型坯厚度的不均匀，因此要仔细地控制型坯温度。一般遵守的生产原则是：在挤出机不超负荷的前提下，控制稍低而稳定的温度，提高螺杆转速，可挤出表面光滑、均匀，不易下垂的型坯。

（2）吹气压力和鼓气速率

吹胀是用压缩空气对型坯施加空气压力而吹胀并紧贴模腔壁，同时压缩空气也起到冷却作用。由于塑料种类和型坯温度不同，型坯的模量值各异，为使之形变，所需的气压也不同，一般空气压力为 0.2～1MPa。对黏度大、模量高的聚碳酸酯塑料取较高值；对黏度低易变形的聚酰胺塑料取较低值，其余取中间值。吹气压力的大小还与型坯的壁厚、制品的容积大小有关；对厚壁小容积制品可采用较低的吹气压力，由于型坯厚度大，降温慢，熔体黏度不会很快增大以致妨碍吹胀；对于薄壁大容积制品，需要采用较高的吹气压力来保证制品的完整。

鼓气速率是指充入空气的容积速率。鼓气速率大，可缩短型坯的吹胀时间，使制品厚度均匀，表面质量好。但是鼓气速率过大，会在空气进口处产生局部真空，造成这部分型坯内陷，甚至将型坯从口模处拉断，以致无法吹胀。为此，需要加大空气的吹管口径。当吹制细颈瓶不能加大吹管口径时，只能降低容积速率。

（3）吹胀比

吹胀比是指型坯吹胀的倍数。型坯的尺寸和质量一定时，型坯的吹胀比愈大则制品的尺寸就愈大。加大吹胀比，制品的壁厚变薄，虽可以节约原料，但是吹胀变得困难，制品的强度和刚度降低；吹胀比过小，原料消耗增加，制品壁厚，有效容积减小，制品冷却时间延长，成本升高。一般吹胀比为 2～4，应根据塑料的品种、特性、制品的形状尺寸和型坯的尺寸等确定。通常大型薄壁制品吹胀比较小，取 1.2～1.5；小型厚壁制品吹胀比较大，取 2～4；吹胀细口瓶时，也有高达 5～7 倍的。

（4）模具温度

模具温度直接影响制品的质量。模具温度应保持均匀分布，以保证制品的均匀冷却。模温过低，型坯冷却快，形变困难，夹口处塑料的延伸性降低，不易吹胀，造成制品该部分加厚，通过加大吹气压力和鼓气速率，虽有所克服，但仍会影响制品厚度的均匀性，制品的轮廓和花纹不清楚，制品表面甚至出现斑点和橘皮状。模温过高时，冷却时间延长，生产周期增加，当冷却不够时，制品脱模后易变形，收缩率大。

通常对小型厚壁制品模温控制偏低，对大型薄壁制品模温控制偏高。确定模温的高低，应根据塑料的品种来定。对于工程塑料，由于玻璃化转变温度较高，故可在较高模温下脱模而不影响制品质量，高模温有助于提高制品的表面光洁度。一般吹塑模温控制在低于塑料软化温度 40℃左右为宜。

（5）冷却时间

型坯吹胀后应进行冷却定型，冷却时间控制着制品的外观质量、性能和生产效率。增加冷却时间，可防止塑料因弹性回复而引起的形变，制品外形规整，表面图纹清晰，质量优良。但是，因制品的结晶度增大而降低韧性和透明度，延长生产周期，降低生产效率。冷却时间太短，制品会产生应力而出现孔隙。

通常在保证制品充分冷却定型的前提下，加快冷却速率来提高生产效率。加快冷却速率的方法有：加大模具的冷却面积、采用冷冻水或冷冻气体在模具内进行冷却、利用液态氮或二氧化碳进行型坯的吹胀和内冷却。

模具的冷却速度决定于冷却方式、冷却介质的选择和冷却时间，此外还与型坯的温度和厚度有关。随制品壁厚增加，冷却时间延长。不同的塑料品种，由于热传导率不同，冷却时间也有差异。在相同厚度下，高密度聚乙烯比聚丙烯冷却时间长。对厚度和冷却时间一定的型坯，聚乙烯制品冷却 1.5s 时，制品壁两侧的温差已接近相等，延长冷却时间是不必要的。

对于大型、厚壁和特殊构形的制品可采用平衡冷却，对其颈部和切料部位选用冷却效能高的冷却介质，对制品主体较薄部位选用一般冷却介质。对特殊制品还需要进行第二次冷却，即在制品脱模后采用风冷或水冷，使其充分冷却定型防止收缩和变形。

综上所述，挤出吹塑的优点是：①适用于多种塑料；②生产效率较高；③型坯温度比较均匀，制品破裂减少；④能生产大型容器；⑤设备投资较少等。因此挤出吹塑在当前中空制品生产中仍占绝对优势。

# 5.3 注射吹塑

## 5.3.1 注射吹塑设备特点

注射吹塑的基本特征：型坯是在注射模具中完成，制品是在吹塑模具中完成。注射吹塑设备具有二工位、三工位和四工位之分。基于上述原理设计而成的称为二位机（相距180°）。脱除制品是采用机械液压式的顶出机构来完成。二位机具有较大的灵活性；三位机相距120°，即增加脱除制品的专用工位；四位机相距90°，是在三位机的基础上，为特殊用途的工艺要求（预成型即预吹或预拉伸）而增设的工位。最常用的是三位机，约占90%以上。

（1）对注射型坯模中型腔和芯棒的设计要求

注射型坯模常由两半模具、芯棒、底板和颈圈四部分组成。根据制品的形状、壁厚、大小和塑料的收缩性、吹胀性设计整体型坯的形状。除容器颈部外，要求型坯的径向壁厚大于 1.5mm，不超过 5mm，壁厚太薄使吹胀性能下降，太厚使型坯无法吹胀成型。型坯形状确定后，再设计芯棒的形状。由于芯棒要从容器中脱出，因此应满足：①芯棒直径应小于吹塑容器颈部的最小直径，以便芯棒脱出；②容器的最小直径尽可能大些，使吹胀比不致过小以保证制品质量。

芯棒具有三种功能：在注射模具中以芯棒为中心充当阳模，成型型坯；作为运载工具将型坯由注射模内输送到吹塑模具中去；芯棒内有加热保温通道，常用油作加热介质，控制其温度，芯棒内有吹气通道，供压缩空气进入型坯进行吹胀，吹气口设于容器的肩部，以保证压缩空气能达到容器的底部并利于吹胀。在芯棒的通气道上装有控制开关装置，使芯棒吹气时打开，注塑时闭合。

由于芯棒具有上述功能，又是形成容器的内表面，因此，芯棒表面加工精度要求较高，选七级以上。芯棒应具有足够的刚度、韧性好、表面硬度高、耐腐蚀，材质要求高于模具的其他部件。

当型坯和芯棒确定后，注射模型腔的形状即已确定。为保证加工精度，其结构常采用嵌套式，包括注射型腔套、型腔座、吹塑模的芯棒定位板及螺纹口套。为满足型腔座分区加热或冷却的传热要求，型腔套与型腔座的配合宜选H7/h7以上。合模宜用四周模面定位，不宜用导柱定位。由于模具要求的强度、硬度较普通注射模高，因此，常选用高碳钢或碳素工具钢制作型腔座。型腔套的材质与芯棒相同。

（2）吹塑模具的设计要求

吹塑模具是容器成型的关键装置，直接呈现容器的形状、表面粗糙度及外观质量。因此，模具应保证在吹胀后能充分冷却至定型，各配合面选用公差的上限值，以防制品表面出现合缝线，为使吹胀过程中模具夹带的气体顺利排除，在合模面上应开设几处排气槽，根据容器的形状，排气槽的深度 15～20μm，宽度 10mm 为宜。容器的底部应设计呈凹状以便脱模。一般对软塑料容器底部凹进 3～4mm，硬塑料容器底部凹进 0.5～0.8mm 已足够。特殊要求可设计为具有伸缩性的成型底座。模体材质一般选用耐腐蚀的碳素工具钢及普通合金钢制造。

## 5.3.2　注射吹塑工艺过程

注射吹塑是生产中空塑料容器的两步成型方法，其生产工序如图 5-4 所示。

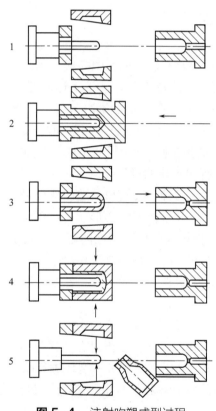

**图 5-4**　注射吹塑成型过程

1—瓶颈模闭合；2—注塑模闭合注射型坯；3—注塑开启；
4—型坯移入吹塑模并吹胀成型；5—吹塑模开启脱出制品

由注塑机在高压下将熔融塑料注入型坯模具内形成管状形坯，开模后型坯留在芯模（又称芯棒）上，通过机械装置将热型坯置于吹塑模具内，合模后由芯模通道引入 0.2～0.7MPa 的压缩空气，使型坯吹胀达到吹塑模腔的形状，并在空气压力下进行冷却定型，脱模后得到制品。

注射吹塑适宜生产批量大的小型精制容器和广口容器。一般能生产的最大容积量不超过 4L。

注射吹塑的中空容器，主要用于化妆品、日用品、医药和食品的包装。常用的树脂有 PP、PE、PS、SAN、PVC、PC 等。

与挤出吹塑法相比，注射吹塑法的优点是：制品壁厚均匀一致，不需要进行后修饰加工；制品无合缝线，废边废料少。缺点是：每件制品必须使用两副模具（注射型坯模和吹胀成型模）；注射型坯模要能承受高压，两副模具的定位公差等级较高，模具成本费用加大，生产容器的形状和尺寸受限，不宜生产带把手的容器。由于上述各因素限制，此法仍处于发展阶段。

### 5.3.3　注射吹塑工艺控制因素

（1）管坯温度与吹塑温度

注射型坯时，管坯温度是关键：温度太高，熔料黏度低易变形，使管坯在转移中出现厚度不均，影响吹塑制品质量；温度太低，制品内常带有较多的内应力，使用中易发生变形及应力破裂。

为能按要求选择模温，常配置模具油温调节器，由精度较高的数字温控仪控制（温度范围 0～199℃），温差＜±2℃。一般还配置有较大制冷量（23kW）的水冷机，有利于缩短生产周期，节约成本。

（2）注射吹模的树脂

适合注射吹模的树脂应具有较高的相对分子质量和熔融黏度，而且熔体黏度受剪切速率及加工温度的影响较小，制品具有较好的冲击韧性，有合适的熔体延伸性能，以保证制品所有棱角都能均匀地呈现吹塑模腔的轮廓，不会出现壁厚不均现象。

## 5.4　拉伸吹塑

拉伸吹塑是指经双轴定向拉伸的一种吹塑成型。它是在普通的挤出吹塑和注射吹塑基础上发展起来的。先通过挤出法或注射法制成型坯，然后将型坯处理到塑料适宜的拉伸温度，经内部（用拉伸芯棒）或外部（用拉伸夹具）的机械力作用而进行纵向拉伸，同时或稍后经压缩空气吹胀进行横向拉伸，最后获得制品。

拉伸的目的是改善塑料的物理力学性能。对于非结晶型的热塑性塑料，拉伸是在热弹性范围内进行的。而对于部分结晶的热塑性塑料，拉伸过程在低于结晶熔点较窄的温度范围内进行。在拉伸过程中，要保持一定的拉伸速度，其作用是在进行吹塑之前，使塑料的大分子链拉伸定向而不至于松弛。

经轴向和径向的定向作用，容器显示优良的性能，制品的透明性、冲击强度、硬度和刚性、表面光泽度及阻隔性都有明显提高。

### 5.4.1　拉伸吹塑工艺过程

拉伸吹塑工艺分为一步法和两步法。一步法是指制备型坯、拉伸、吹塑三道主要工序在一台机中连续依次完成的，又称为热型坯法。型坯是处于生产过程中的半成品。设备的组合方式有：①由挤出机和吹塑机组成；②由注塑机和吹塑机组成。

两步法生产步骤如下：第一步制备型坯，型坯经冷却后成为一种待加工的半成品，具有专门化生产的特性；第二步将冷型坯提供另一企业或另一车间进行再加热、拉伸和吹塑，又称为冷型坯法。两步法的产量、工艺条件控制是一步法无可比拟的，适宜大批量生产，但能耗较多。

目前拉伸吹塑有四种组合方式：①一步法挤出拉伸吹塑，用于加工 PVC；②两步法挤出拉伸吹塑，用于加工 PVC 和 PP；③一步法注射拉伸吹塑，用于加工 PET 和 RPVC。④两步法注射拉伸吹塑，用于加工 PET。

拉伸吹塑工艺过程包括：注射型坯定向拉伸吹塑，挤出型坯定向拉伸吹塑，多层定向拉伸吹塑，压缩定向拉伸吹塑等。其特点都是将型坯温度控制在低于熔点温度下，用双向拉伸来提高制品的强度。下面介绍两种主要的拉伸吹塑工艺过程。

（1）注射型坯定向拉伸吹塑

先注射成型有底型坯，并连续地由运送带（或回转带）送至加热炉（红外线或电加热），经加热至拉伸温度，而后纳入吹塑模内借助拉伸棒进行轴向拉伸，最后再经吹胀成型。注射拉伸吹塑成型如图 5-5 所示。此法的工艺特点是在通常吹塑机上增加拉伸棒将型坯先进行轴向拉伸 1~2 倍。为此需要控制适宜的拉伸温度。此法可用多腔模（2~8 个）进行，生产能力可达 250~2400 只/h（容量为 340~1800g 饮料瓶）。

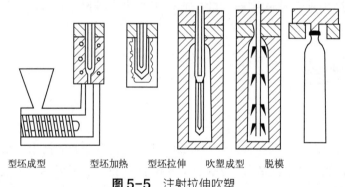

型坯成型　　型坯加热　　型坯拉伸　　吹塑成型　　脱模

**图 5-5**　注射拉伸吹塑

（2）挤出型坯定向拉伸吹塑

先将塑料挤成管材，并切断成一定长度而作为冷坯。放进加热炉内加热到拉伸温度，然后通过运送装置将加热的型坯从炉中取出送至成型台上，使型坯的一端形成瓶颈和螺牙，并使之沿轴向拉伸 100%~200% 后，闭合吹塑模具进行吹胀。另一种方法是从炉中取出加热的型坯，一边在拉伸装置中沿管坯轴向进行拉伸，一边送往吹塑模具，模具夹住经拉伸的型坯后吹胀成型，修整废边。此法生产能力可达到 3000 只/h，容量为 1L 的瓶子。为了满足不同工艺的要求，迄今已发展了多种工业用成型设备，并已开发出多层定向拉伸吹塑。

## 5.4.2　拉伸吹塑工艺控制因素

（1）原材料的选择

一般而言，热塑性塑料都能拉伸吹塑。通过双向拉伸，能明显地提高拉伸强度、冲击韧性、刚性、透明度和光泽，提高对氧气、二氧化碳和水蒸气的阻隔性。从目前技术水平而论，能满足上述要求的塑料主要有：PAN、PET、PVC、PP。

（2）注射型坯工艺控制

温度、压力、时间是注射型坯的三大工艺因素。料筒温度控制树脂的塑化温度，注射压力影响产品形状和精度，成型周期决定生产效率，三因素互相制约又互相影响。以 PET 树脂瓶为例：由于 PET 树脂为结晶型聚合物，结晶度 50%，有明显的熔点为 260℃，分解温度大于 290℃，据此料筒喷嘴温度应控制在 260～290℃之间。熔体呈黏度较低的黏流态，采用适中的注射压力和注射速度。注射模具温度关系到型坯的性能，并直接影响下一步的拉伸吹塑工艺，注入模腔的 PET 熔体必须在 $T_g$（70～78℃）以下迅速冷却，快速通过 PET 结晶速率最快的温度（140～180℃）区域以获得透明的无定形的型坯。为此，型坯模具必须使用冷冻水冷却。水温一般为 5～10℃，将使模温下降到 20～50℃，此时 PET 型坯的结晶度不到 3%。成型周期与冷冻水的控温有关，运行良好，不仅能缩短成型周期，而且能提高产品质量，型坯迅速冷至 $T_g$ 以下，可减少发雾和结晶。同时，树脂在高温下滞留时间缩短，因热降解产生的乙醛含量较低。

冷却时间随型坯壁厚的平方而变化。型坯壁厚，冷却时间长，生产周期加大。型坯在冷却过程中是靠冷却水带走模具中的热量，当冷却水在通道内呈湍流状态时，传热增大。因此，应配备高压及大流量的水泵。

（3）拉伸吹塑工艺控制特点

拉伸吹塑主要受到型坯加热温度、吹塑压力、吹塑时间和吹塑模具温度等工艺因素的影响。现简介如下：

① 型坯的再加热，它是两步法生产的特征。当型坯从注射模具取出冷却至室温后，要经过 24h 的存放以达到热平衡。型坯再加热的目的是增加侧壁温度到达热塑范围，以进行拉伸吹塑。使之获得充分的双轴定向，使 PET 瓶达到所需的物理性能，使制品透明、富有光泽，无瑕疵，表面平整。再加热一般用有远红外或石英加热器的恒温箱。恒温箱呈线型的，型坯沿轨道输送，固定轴使型坯转动，保持平缓加热。型坯取出时温度为 195～230℃，应进行 10～20s 的保温，以达到温度分布的平衡。

② 拉伸吹塑和双轴定向。型坯经再加热后的温度应达玻璃化转变温度以上 10～40℃，然后送到拉伸吹塑区合模，拉伸杆启动并沿轴向进行纵向拉伸时，通入压缩空气，在圆周方向使型坯横向膨胀，当拉伸杆达到模具底部，型坯吹胀冷却后，拉伸杆退回，压缩空气停止通入时，即得产品。

拉伸比（包括拉伸速率、拉伸长度、吹塑空气压力和吹气速率）是影响制品质量的关键。纵向拉伸比（制品长度与型坯长度之比）是通过拉伸杆实现的，横向拉伸比（制品直径与型坯直径之比）是通过吹塑空气实现的。实践证明：横向拉伸 5 倍、纵向拉伸 2.5 倍时，PET 瓶的质量较满意，超过上述纵、横向拉伸比时，制品会泛白，强度下降。

吹塑空气压力对有底托的 PET 瓶仅需要 20Pa，对无底托的 PET 瓶则需要 30Pa，此时吹塑制品质量较佳。吹塑空气严禁带入水分和油污，否则热膨胀时会产生蒸汽，附在制品内壁形成麻面，使瓶子失去透明性，影响外观和卫生性。

# 第 6 章　发泡成型

泡沫塑料是以树脂为基础,内部具有无数微孔性气孔的塑料制品,又称为多孔性塑料。采用不同的树脂和发泡方法,可制成性能各异的泡沫塑料。至今,几乎所有热固性和热塑性塑料都能制成泡沫塑料。通常用于制造泡沫塑料的树脂有:聚苯乙烯、聚氨酯、聚氯乙烯、聚乙烯、脲甲醛、酚醛、环氧、有机硅、聚乙烯醇缩甲醛、醋酸纤维素和聚甲基丙烯酸甲酯等。近年来品种不断扩大,例如聚丙烯、氯化或磺化聚乙烯、聚碳酸酯、聚四氟乙烯等新品种不断投产,然而目前工业广泛应用的是聚乙烯、聚苯乙烯、聚氨酯、聚氯乙烯等做基材的热塑性树脂泡沫塑料,热固性树脂泡沫塑料亦有一定产量,但柔软性差,主要用作要求强度较高和阻燃性好的泡沫塑料制品。

## 6.1　发泡方法

（1）物理发泡

利用物理原理发泡的有:①将惰性气体在加压下使其溶于熔融聚合物或糊状复合物中,然后经减压放出溶解气体而发泡,目前聚氯乙烯和聚乙烯泡沫塑料等有用这种方法生产的。优点是气体在发泡后不会留下残渣,不影响泡沫塑料的性能和使用,缺点是需要高的压力和比较复杂的高压设备。②利用低沸点液体蒸发气化而发泡。把低沸点液体压入聚合物中或在一定的压力、温度下,使液体溶入聚合物颗粒中,然后将聚合物加热软化,液体也随之蒸发气化而发泡,此法又称为可发性珠粒法。目前采用该法生产的有聚苯乙烯泡沫塑料等。③用液体介质浸出塑料中事先添加的固体物质,使塑料中出现大量孔隙而呈发泡状;④在塑料中加入中空微球后经固化而成泡沫塑料（通称组合泡沫塑料）等。

（2）化学发泡

应用化学反应实施发泡,主要包括:①利用化学发泡剂加热后分解放出的气体而发泡。此法所用设备通常都比较简单,而且对塑料品种又无多大限制,发展很快。常见的化学发泡剂有碳酸氢钠、碳酸铵、偶氮甲酰胺、偶氮二异丁腈和 $N,N$-二甲基 $N,N$-二亚硝基对苯二甲酰胺等。②利用原料组分间相互反应放出的气体而发泡。聚氨酯泡沫塑料常用此法生产。

（3）机械发泡

利用机械的搅拌作用,混入空气而发泡。常用该法生产的有脲甲醛、聚乙烯醇缩甲醛、聚醋酸乙烯、聚氯乙烯溶胶等泡沫塑料。

　　泡沫塑料有多种分类方法，按其密度可分为：低发泡、中发泡和高发泡的泡沫塑料。密度小于 0.1g/cm³ 的称为高发泡泡沫塑料，密度在 0.1～0.4g/cm³ 之间称为中发泡泡沫塑料，密度大于 0.4g/cm³ 的称为低发泡泡沫塑料。按其结构不同又可分为开孔型泡沫塑料和闭孔型泡沫塑料。泡沫塑料内各个气孔是相互连通的称为开孔型泡沫塑料，如果泡沫是互相分隔的，则称为闭孔型泡沫塑料。按其硬度不同又可分为软质泡沫塑料、半硬质泡沫塑料和硬质泡沫塑料。如按弹性模量为标准，在 23℃ 和 50% 相对湿度时，弹性模量高于 700MPa 称为硬质泡沫塑料，弹性模量在 70～700MPa 之间称为半硬质泡沫塑料，弹性模量小于 70MPa 的称为软质泡沫塑料。此外，还有结构泡沫塑料和组合性泡沫塑料之称，前者具有不发泡或少发泡的皮层和发泡的芯层，后者则是把微小的中空玻璃、陶瓷微球加入已含固化剂的树脂中，然后固化成型制得。

　　泡沫塑料因其密度和结构的不同，性能也有所差异，泡沫塑料一般具有以下特性：①密度很小，一般在 10～500kg/m³ 之间，因此质量很轻，原料消耗少，既减少包装质量，降低运输费用，成本也不高。②具有极好的冲击吸收性能，防震效果极好，能有效地保护被包装物品。③力学性能好，有较好的抗压强度和回弹性能，特别是可根据被包装物品的质量等要求来选择性能不同的泡沫塑料。④化学稳定性好，对酸、碱，盐等化学药品均有较强的抗力，自身 pH 处于中性，不会腐蚀包装物品。⑤加工性能优良，既可以制成不同密度的软质和硬质泡沫塑料，又可以按包装物品的外形、尺寸模压成各种包装容器，还可以把泡沫板（块）材用多种黏合剂黏接，制成各种缓冲结构材料。⑥有很好的耐水性和很低的吸湿性，即使在较湿的情况下也不会出现变形和毁体，影响其吸收外力的能力。⑦对温度的变化有相当好的稳定性，完全可以满足一般正常包装的要求。⑧由于泡沫塑料中含有大量微小气泡，故绝热性能优良，可作绝热材料，也可用于绝热包装。

　　由于泡沫塑料具有上述优点，因此被广泛用作包装、缓冲减震、隔音、绝热、防冻保温及轻质结构材料。在高分子材料制品中占有相当重要的地位。

## 6.2　发泡成型工艺过程

　　泡沫塑料的成型方法很多，本节介绍用可发性珠粒法生产聚苯乙烯泡沫塑料（EPS）的过程。这种方法是将发泡液体与聚苯乙烯先制成易于流动的球状半透明的可发性珠粒（通称为可发性聚苯乙烯），再用珠状物作为原料，通过蒸汽箱模塑法、挤出法或注射成型法生产泡沫塑料制品。此工艺不仅简便，且能制造各种类型泡沫制品，因此在工业上广泛应用。

　　（1）EPS 珠粒的制造

　　一步法：苯乙烯、引发剂和发泡剂一起加入反应釜聚合；一步半法：苯乙烯聚合到形成特性珠粒时加入发泡剂继续聚合；两步法：先合成 PS 珠粒，再加入发泡剂加热使其渗入珠粒中，冷却。

（2）用可发性 PS 珠粒制造泡沫塑料

其制造过程通常分为预发泡、熟化与模塑三道工序。

① 预发泡。加热使珠状物膨胀到一定程度，以便模塑时制品密度获得更大降低，并减小制品内部的密度梯度。经预发泡的物料仍为颗粒状，但其体积比原来大数十倍，通称作预胀物。制造密度 0.1g/cm³以上的泡沫制品时，可用珠状物直接模塑，而不必经过预发泡与熟化两阶段。

预发泡有间歇与连续两种方法。加热设备为红外线灯、水浴或蒸汽加热器。实际在工业上，大多采用连续法，其主要设备是连续蒸汽预发泡机，如图 6-1 所示。

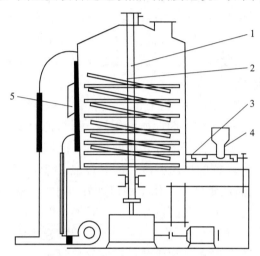

**图 6-1** 连续蒸汽预发泡机结构

1—旋转搅拌器；2—固定搅拌器；3—螺旋进料器；4—加料斗；5—出料口

预发泡时，将可发性 PS 粒料经螺旋进料器连续送入筒体内，珠粒受热膨胀，在搅拌作用下，因容重不同，轻者上浮，重者下沉。随螺旋进料器连续送料，器底珠粒推动上部珠粒，沿筒壁上升到出料口，再靠离心力推出筒外，落入风管中并进入吹干器。出料口由蜗轮机构调节升降，从而控制预发泡珠粒在筒内停留时间，以使预胀物达到规定容重。除搅拌器外，筒内装有四根管，其中三根为蒸汽管，蒸汽从管上细孔进入筒体，以使珠粒发泡。最底部一根管通压缩空气，以调节筒底温度。预发泡温度一般控制在 90～105℃。预发泡容重系根据筒内温度、出料口高度与进料量三者配合来控制。温度高，出料口位置高，进料量少，预发珠粒容重就小。反之，容重大。

② 熟化。经预发泡的粒料，需要贮存一段时间，吸收空气进行熟化，以防止成型后收缩。熟化通常在大型料仓或开口容器中进行。熟化温度为 20～25℃，熟化时间根据容重要求、珠粒形状及空气条件而定，一般为 8～10h。

③ 成型。常用方法是蒸汽加热模压法与挤出法。

蒸汽加热模压法，按加热方式又分为蒸缸发泡与液压机直接蒸汽发泡两种。蒸缸发泡法即将预胀物填满模具后放入蒸缸中，然后通蒸汽加热成型。蒸汽压力与加热时间视制品大小与厚度而定，一般为 0.05～0.10MPa、10～50 min。预胀物受热软化，经膨胀互相熔接而成整体，冷却与脱模即得产品。此法所用模具简单，但操作劳动强度大，难于实现机械化与自动化生产。适宜生产小型、薄壁与形状复杂的制品。液压机蒸汽发泡法用气送法将粒料加入液压机模具中，模具开有若干个 0.1～0.4mm 的通汽孔（或槽），它们不会被颗粒堵塞，当模腔装满预胀物后，直接通入 0.1～0.2MPa 蒸汽，赶走珠粒间的空气并使料温升至 110℃左右，模内预胀物膨胀并黏接成整体，然后关闭蒸汽，保持一定时间（1～2min），通水冷却并脱模。容重小与壁薄的制件，冷却时间短，容重大与壁厚的制件，冷却时间长。此法优点是塑化时间短、冷却定型快，珠粒熔接良好，质量稳定，生产效率高，能实施自动化生产。适宜生产厚度大的制品如泡沫板。

挤出法。适宜生产泡沫片材与薄膜。由于可发性 PS 珠粒在挤出机料筒内受热塑化容易被压实，制品密度常偏高。为降低制品密度，可加入适量柠檬酸（或硼酸）与碳酸氢钠。这些物质受热产生不溶于 PS 树脂的气体，在压力下均匀分散在熔融树脂中。当挤出物离开口模卸压后，产生的气体立即气化膨胀形成很多泡孔，此时树脂中发泡剂的分解气体便进入这些泡孔，使泡孔继续膨胀。这样，经挤出吹塑便制得细密而均匀的泡沫塑料片材或薄膜。

通常使用单螺杆挤出机，长径比为 18～20，压缩比为 2～4。压缩比小，发泡剂在螺杆内受压不足，使挤出物中存有较大泡孔；压缩比大，物料对气体的后推力增大，气体易从料斗逸出。螺杆与料筒的间隙宜小。螺杆头部呈鱼雷状，以利提高混合效率并防止料流脉动。机头口模应有一定压差，以防物料在模内发泡。挤出物离开口模立即发泡，且泡孔均匀地双向膨胀。此时发泡剂气化吸热，致使树脂冷却，泡壁便有一定张力，从而有助防止气泡并孔。吹塑时，吹胀比为 3～6，并应较快牵引，使挤出物在张力下冷却，大分子沿牵伸方向定向，使制品物理性能增高。为此应严格控制牵伸温度、牵伸速度与冷却速度。

# 6.3　发泡成型工艺控制因素

影响泡沫制品密度及其他性能的主要因素有如下几点：

（1）温度

在低于玻璃化转变温度下，发泡剂向外逸出，珠粒不胀大。温度增高，聚合物转变至高弹态，发泡速度与发泡倍率增大。这是由于发泡剂气化，形成泡孔，水蒸气渗入泡孔，孔内压力增高，孔壁层对拉伸的阻力减小所致。在更高温度下，聚合物的高弹形变分量减小而黏流形变分量增大，孔壁强度下降，在发泡程度不大时即破裂，已膨胀的泡孔又出现回缩，因此发泡倍率必然很小。实践证明，可发性 PS 树脂的最佳发泡温度为 104～109℃。

（2）时间

在恒定温度下，发泡倍率随时间增长而增大，达到最大值后，又随时间延长而减小。在较高温度下，最大发泡倍率随时间增长减小的趋势更为急剧，原因是孔壁中细裂纹很快发展成粗裂纹，孔内压力迅速下降，使泡孔很快收缩。由此可见，高温发泡时，控制最大发泡倍率很困难，若通水冷却时间稍微不当，泡孔即发生瘪塌。所以发泡与冷却时间随温度而定。

（3）聚合物分子量与分布

PS 树脂分子量越大，其拉伸取向能力、取向后强度、玻璃化转变温度与黏流温度皆越高，因此便可提高发泡温度，以获得更大发泡倍率。用分子量分布窄（$M_w/M_n<2$）的 PS 树脂，发泡温度范围宽，发泡倍率大，泡孔强度高，孔壁极限厚度小，且制品质地均匀，断裂拉伸强度与相对伸长率皆高。

# 第 7 章　压延成型

压延成型是将加热塑化的热塑性塑料通过一系列加热的压辊，使其连续成型为薄膜或片材的一种成型方法。用作压延成型的塑料大多数是热塑性非晶态塑料，其中以聚氯乙烯用得最多，另外还有改性聚苯乙烯、ABS、乙烯-乙酸乙烯酯共聚物等塑料。

压延制品广泛地用作农业薄膜、工业包装薄膜、室内装饰品、地板、录音唱片基材以及热成型片材等。薄膜与片材之间的区分主要在于厚度，大抵以 0.25mm 为分界线，薄者为薄膜，厚者为片材。聚氯乙烯薄膜与片材又有硬质、半硬质与软质之分，由所含增塑剂量而定。含增塑剂 0～5 份为硬制品，25 份以上者则为软制品。压延成型适用于生产厚度在 0.05～0.6mm 范围内的软质聚氯乙烯薄膜和片材，以及 0.1～0.7mm 范围内的硬质聚氯乙烯片材。制品厚度大于或低于这个范围内的制品一般不采用压延成型，而是用挤出成型法来生产。

压延成型在塑料成型中占有相当重要的地位，它的特点是加工能力大、生产速度快、产品质量好、能连续化地生产。一台普通四辊压延机的年加工能力可达 5000 吨到 10000 吨，生产薄膜时的线速度为 60～100m/min 甚至可达 300m/min。压延产品厚薄均匀，厚度公差可控制在 10%以内，而且表面平整。若与轧花或印刷配套还可直接得到具有各种花纹图案的制品。此外，压延机生产的自动化程度高，先进的压延成型联动装置只需 1～2 人操作。因而压延成型在塑料加工中占有相当重要的地位。

压延成型的主要缺点是设备庞大、投资高、维修复杂、制品宽度受到压延辊筒长度的限制等。另外生产流水线长、工序多。所以在生产连续片材方面不如挤出机成型技术发展快。

## 7.1　压延设备

压延过程可分为前后两个阶段：①前阶段是压延前的准备阶段，主要包括所用塑料的配制、塑化和向压延机供料等；②后阶段包括压延、牵引、轧花、冷却、卷取、切割等，是压延成型的主要阶段。

（1）压延机的分类

压延机通常以辊筒的数目及排列的方式分类。根据辊筒数目的不同，压延机有双辊、三辊、四辊、五辊甚至六辊压延机。双辊压延机通常称为开放式炼塑机，简称开炼机，主要用于原料的塑炼和压片。压延成型通常以三辊、四辊压延机为主。由于四辊压延机对塑料的压延较三辊压延机多一次，因而可生产较薄的膜，并且厚度均匀，表面光滑，辊筒的转速可以大大提高，生产效率提高较大。三辊压延机的辊速一般只有 30m/min，而四辊压延机能达到它的 2～8 倍。此外，四辊压延机还可以完成一次双面贴胶工艺，因此它正在逐步取代三辊压延机。至于五辊、六辊压延机的压延效果就更好了，可是设备的复杂程度同时增加，而且设备庞大，设备投资费用较高，目前使用尚不普遍。

辊筒的排列方式很多，通常三辊压延机的排列方式有 I 型、三角型等。四辊压延机则有 I 型、倒 L 型、正 Z 型、斜 Z 型等。

排列辊筒的主要原则是尽量避免各个辊筒在受力时彼此干扰,并应充分考虑操作的要求和方便，以及自动供料需要等。然而实际上没有一种排列是十全十美的。例如目前应用比较普通的斜 Z 型，它与 L 型相比时有如下优点：①各辊筒互相独立，受力时互相不干扰，传动平稳，操作稳定，制品厚度容易调整和控制。②物料与辊筒的接触时间短，受热少；③各辊筒拆卸方便，便于检修；④上料方便，便于观察存料；⑤厂房高度要求低；⑥便于双面贴胶。可是在另外一些方面却不如倒 L 型：①物料包住辊筒面积小，因此产品表面光洁性受到影响；②容易引入杂质。用倒 L 型压延机生产透明的膜片要比用斜 Z 型质量好，这是因为前者生产时中辊受力不大（上下作用力差不多相等，相互抵消），因而辊筒挠度小，机架刚性好，牵引辊可离得近，只要补偿第四辊的挠度就可以压出均匀的制品。至于它存在的中辊浮动和易受热的缺点，目前已由于采用零间隙精密滚柱轴承，钻孔辊筒、辊筒预应力装置，以及轴交叉装置等办法而得到解决。此外，对斜 Z 型压延机来讲，第三辊与第四辊速度不能相差太小，否则物料容易包住第四辊。若两辊速度相差不大，对生产透明膜不利。

（2）压延机的构造

压延机主要由机座、机架、主轴承、辊筒、辊筒调节装置、轴交叉和预应力装置、卷取装置、金属检测装置、测厚装置、传动系统、润滑系统、加热和冷却系统等组成。

（3）压延机的辊筒

压延机的规格通常都以辊筒直径和工作面长度来表示。常见的塑料压延机规格如表7-1 所示。

**表 7-1　常见塑料压延机的规格**

| 用途 | 辊筒长度/mm | 辊筒直径/mm | 辊筒长径比 | 制品最大宽度/mm |
|---|---|---|---|---|
| 软质塑料制品 | 1200 | 450 | 2.67 | 950 |
| | 1250 | 500 | 2.5 | 1000 |
| | 1500 | 550 | 2.75 | 1250 |
| | 1700 | 650 | 2.62 | 1400 |
| | 1800 | 700 | 2.58 | 1450 |
| | 2000 | 750 | 2.67 | 1700 |
| | 2100 | 800 | 2.63 | 1800 |
| | 2500 | 915 | 2.73 | 2200 |
| | 2700 | 800 | 3.37 | 2300 |
| 硬质制品 | 800 | 400 | 2 | 600 |
| | 1000 | 500 | 2 | 800 |
| | 1200 | 550 | 2.18 | 1000 |
| | 1800 | 700 | 2.58 | 1450 |

（4）辅机

① 引离辊。引离辊的作用是从压延机辊筒上均匀无皱褶地剥离已成型的薄膜，同时对制品进行一定的拉伸。引离辊设置于压延机辊筒出料的前方，距最后一个压延辊约 75～150mm。其线速度通常比主辊稍高，一般为中空式，内部可通蒸汽加热以防止出现冷拉伸现象。

② 轧花装置。安装在引离辊后，在制品未冷却前进行表面修饰。轧花辊是由有花纹图案的钢制轧花辊和橡胶辊组成，使制品表面轧上美丽的花纹。平光辊用于轧光，增加制品表面光亮度。

③ 冷却装置。由多个（4～8 只）内部通冷却水的辊筒组成，对压延后的物料起冷却定型作用。

④ 橡皮运输带。将混炼、塑化好的熔料（带状）运输到压延机辊筒上。

⑤卷取装置。冷却后薄膜切去不整齐两侧毛边，平坦而松弛地送至卷绕装置，这一过程薄膜处于"放松"和自然"收缩"状态，可消除制品内应力。

⑥ 金属检测器。在压延机前用于检测送往压延机的料卷是否夹带金属，保护辊筒不受损伤。此外，辅机还包括射线测厚仪等。

# 7.2　压延成型工艺过程

由于加工设备和生产情况不同，采用的压延工艺路线各有差异。目前国内压延成型以生产聚氯乙烯制品为主，故本节重点介绍聚氯乙烯压延成型。

生产软质聚氯乙烯薄膜的工艺过程：首先按配方要求将物料称量后加入高速加热混合机，高速搅拌后加入冷混合机使物料从 100℃ 左右冷却到 60℃ 以下。混合好的物料可用四种工艺过程进行塑化：密炼机塑化、双辊开炼机塑化、挤出机塑化和输送混炼机塑化。塑化后的熔融物料经过金属检测器均匀地向压延机供料。目前连续供料方法已取代间歇喂料操作。聚氯乙烯膜经过金属检测器后加到四辊压延机的第一道辊隙，物料压延成料片，然后依次通过第二道和第三道辊隙而逐渐被挤压和延展成厚度均匀的薄层材料。最后由引离辊承托而撤离压延机，并经拉伸，若需制品表面有花纹，则进行轧花处理，再经冷却定型、测厚、切边、输送后，由卷绕装置卷取或切割装置切断成品。

# 7.3　压延成型工艺控制因素

压延成型工艺的控制因素很多，一般说来，可以归纳为三个方面。即压延机的操作因素、原材料因素、设备因素等。所有这些因素对各种塑料的影响都是相同的，但以压延软聚氯乙烯制品最为复杂。下面以此为例来说明各种因素的影响。

（1）压延机的操作因素

① 辊温与辊速。物料在压延成型时所需的热量，一部分是辊筒提供的，另一部分来自物料与辊筒间的摩擦以及物料本身的剪切作用产生的热量。产生摩擦热的大小除与辊速有关外，还与物料的增塑程度有关，也即与其黏度有关。因此，不同的物料在相同的辊速条件下，其温度控制就不同，同样，相同配方不同的转速时，其控制温度也不同。

压延时，物料常黏于高温或高速辊筒上，为了使物料能依次贴于辊筒上，避免空气夹入，各辊筒的温度一般是依次递增的，但三、四辊温度较接近，这样便于薄膜从三辊上引离下来。各辊的温度差为 5～10℃。

② 辊筒的速比。压延机相邻两辊筒线速度之比称为辊筒的速比。使压延机具有速比的目的，不仅使压延物依次贴于辊筒，而且还在于使塑料能更好地塑化，因为这样能使物料受到更多的剪切作用。此外，还可使压延物取得一定的拉伸与取向，从而使所制薄膜厚度减小和质量提高。为了达到拉伸与取向的目的，辅机与压延机辊筒速度也有相应的速比。这就使引离辊、冷却辊、卷取辊的线速度依次增加，并都大于压延机主辊筒（一般四辊压延机以三辊为准）的线速度。但速比不能太大，否则薄膜厚度将会不均匀，有时还使薄膜产生过大的内应力。薄膜冷却后要尽量避免拉伸。

调节速比的要求是既不能使物料包辊，又不能不吸辊。速比过大会发生包辊现象，反之则会出现不吸辊现象，以致空气带入使产品出现气泡，如果对硬片来说，则会产生"脱壳"现象，塑化不良，造成质量下降。

③ 辊距与存料量。调节辊距的目的是适应不同厚度制品的要求，也是为了改变存料量。压延机的辊距，除最后一道与产品厚度大致相等之外，其他各道都比这个数值要大，而且按压延机辊筒的排列次序自下而上逐渐增加。辊筒间隙中有少量存料，辊隙存料在压延成型中起储备、补充和进一步塑化的作用。存料的多少与旋转状态均能直接影响产品质量。存料过多，薄膜表面出现毛糙和云纹，并容易产生气泡。在硬片生产中还会出现冷疤。此外，存料过多对设备也不利，因为增加了辊筒的负荷。存料过少，则因压力不足造成薄膜表面毛糙，如在硬片中会出现菱形孔洞。存料过少通常容易引起边料的断裂，以致不易牵至压延机上再用。存料旋转不佳，会使产品横向厚度不均匀，薄膜有气泡，硬片有冷疤。存料旋转不好的原因在于料温太低，辊筒温度太低或辊距调节不当，所以综上所述可知辊隙存料是压延操作中需要经常观察和调节的。

④ 剪切和拉伸。压延时压延物中会出现一种纵、横方向物理、力学性能差异的现象，即沿纵方向（压延方向）的拉伸强度大、伸长率小、收缩率大；而沿横方向（垂直压延方向）的拉伸强度小、伸长率大、收缩率小。这种纵横方向性能差异的现象称压延效应。产生原因是压延时压延物的纵向会受很大的剪切应力和一些拉伸应力，所以高聚物分子沿压延方向作取向排列。

定向效应的程度随滚筒线速度、滚筒之间的速比、辊隙存料量以及物料表观黏度等因素的增长而增长，随辊筒温度和辊距以及压延时间的增加而下降。

（2）原材料因素

① 树脂。一般说来，使用分子量较高和分子量分布较窄的树脂较好，可以得到物理力学性能好的、热稳定性高和表面均匀性好的制品，但会增加压延温度和设备的负荷，对生产较薄的膜更为不利，所以在设计配方时要进行多方面考虑，选用适用的树脂。

树脂的灰分、水分和挥发物含量不能太大，灰分过高，降低膜的透明度，而水分和挥发物过高则会使制品带气泡。

近几年来为了提高产品的质量，用于压延成型的树脂有了很大的发展，用本体聚合的树脂产品透明度好，吸收增塑剂效果也好。此外通过树脂与其他材料的掺合改性，从而得到性能更好的树脂，如在聚氯乙烯中加入丙烯酸类均聚物，可提高加工速度和生产片材厚度至 0.8mm 的硬片，由于主体有较高的强度，压延时就允许有较大的牵引速度且热成型时可以有较大的牵伸度，可以在较低的温度下加工。

② 其他组分。配方中对压延成型影响较大的是增塑剂和稳定剂。增塑剂含量越多，物料的黏度就越低，因此在不改变压延机负荷下，可以提高辊筒转速或降低压延温度。

采用不适当的稳定剂经常使压延辊筒（包括花辊）表面蒙上一层蜡状物质，致使膜面不光，生产中发生黏辊现象或在更换产品时发生困难。压延温度越高，这种现象越严重。出现蜡状物质的原因，是由于稳定剂与树脂的相容性太差，而且其分子极性基团的正电性较高，以致压延时被挤出而包在辊子表面，形成蜡状物。颜色、润滑剂及螯合剂等原料也有形成蜡状层的可能，但不如稳定剂严重。

避免形成蜡状层的方法有：a. 选用适当的稳定剂。硬脂酸钡的正电性高，所以在配方中要尽量控制用量，此外最好不用月桂酸盐而用液体稳定剂。b. 掺入吸收金属皂类更强的填料，如含水氧化铝等。c. 加入酸性润滑剂，如硬脂酸等。酸性润滑剂对金属皂有更强的亲合力，可以首先占领辊筒表面并对稳定剂起润滑作用，因而可避免稳定剂黏附辊筒表面。但硬脂酸的用量不宜过多，否则物料不好塑化，也容易在薄膜中析出或在薄膜二次加工时影响黏接性。

③ 供料前的混合与塑炼。混合与塑炼的目的是使塑料各组分充分地分散和塑化均匀。如果分散不好，对薄膜的内在性能和表面质量都有影响。塑炼时温度不能过高、时间不宜过长，否则会使过多的增塑剂散失以及引起树脂的分解。塑炼时温度不能过低，否则不黏辊或无法塑化。适宜的温度视配方而定，一般软制品在 165~170℃，而硬制品在 170~190℃ 之间。

（3）设备因素

① 辊筒的弹性变形。操作时，辊筒受塑料的反作用力，这种能使两辊筒分开的力也称为分离力或横压力，分离力导致辊筒变形，产品出现中间厚两边薄的现象。如果用高黏度的塑料，增大辊筒的直径和宽度，提高线速度和生产薄型制品，都将导致分离力提高，产品厚度均匀性下降。解决的方法有：中高度法、轴交叉法、预应力法。

a. 中高度法，由于压延机的辊筒在压延过程中产生弯曲变形，所以，在设计时采用了一些补偿，在辊筒加工时设置固定的中凸度，称为中高度。

b. 轴交叉法，辊筒轴线交叉是压延机较为常用的挠度补偿方法之一，所谓辊筒轴线交叉，就是使用专门的机构，将平行相邻辊筒中的某一个辊筒围绕两辊筒的中部连心线旋转一个微小的角度。旋转之后，两辊筒的间距将发生变化，由交叉前的等间距变成由辊筒中部向辊筒两端逐渐增大。

c. 预应力法是在辊筒轴承两侧设一辅助轴承对辊筒施加应力，使辊筒预先产生弹性变形，其方向与分离力所引起的变形方向相反。所以，压延过程中，辊筒所受两种变形可相互抵消。

② 压延辊筒温度的影响。压延机辊筒两端温度通常比中间的低。是由于轴承的润滑油带走了热量和辊筒不断向机架传热。辊筒表面温度不均匀导致产品厚薄不均匀。

# 第 8 章 　 模压成型

模压成型是先将粉状、粒状或纤维状等塑料放入成型温度下的模具型腔中，然后闭模加压而使其成型并固化的作业。模压成型可兼用于热固性塑料和热塑性塑料。模压热固性塑料时，塑料一直处于高温状态，置于型腔中的热固性塑料在压力作用下，先由固体变为半液体，并在这种状态下流满型腔而取得型腔所赋予的形样，随着交联反应的深化，半液体的黏度逐渐增加变为固体，最后脱模成为制品。热塑性塑料的模压，在前一阶段的情况与热固性塑料相同，但是由于没有交联反应，所以在流满型腔后，须将塑模冷却使其固化才能脱模成为制品。由于热塑性塑料模压时模具需要交替地加热与冷却，生产周期长，因此热塑性塑料制品的成型以注射成型法更为经济，只有在模压较大平面的塑料制品时才采用模压成型。本章着重讨论热固性塑料的模压成型。但是必须指出，模压成型并不是热固性塑料的唯一成型方法，还可用传递和注射法等成型。

完备的模压成型工艺是由物料的准备和模压两个过程组成的，其中物料的准备又分为预压和预热两个部分。预压一般只用于热固性塑料，而预热则可用于热固性和热塑性塑料。模压热固性塑料时，预压和预热两个部分可以全用，也可以只用预热一种。单进行预压而不进行预热是很少见的。预压和预热不但可以提高模压效率，而且对提高制品的质量也起到积极的作用。如果制品不大，同时对它的质量要求又不很高，则准备过程也可免去。

## 8.1　模压成型设备

（1）压机

压机的作用在于通过塑模对塑料施加压力、开闭模具和顶出制品，压机的重要参数包括公称重量、压板尺寸、工作行程和柱塞直径。这些指标决定着压机所能模压制品的面积、厚度以及能够达到的最大模压压力。

模压成型所用压机的种类很多，但用得最多的是自给式液压机，质量自几千牛顿至几万牛顿不等。液压机按其结构的不同又可分为很多类型，其中比较主要的是以下两种。

① 上动式液压机。如图 8-1 所示。压机的主压筒处于压机的上部，其中的主压柱塞是与上压板直接或间接相连的。上压板凭主压柱塞受液压的下推而下行，上行则靠液压的差动，下压板是固定的。模具的阳模和阴模分别固定在上下压板上，依靠上压板的升降即能完成模具的启闭和对塑料施加压力等基本操作。制品的脱模是由设在机座内的顶出柱塞

担任的，否则阴阳模不能固定在压板上，同时便在模压后将模具移出，由人工脱模。

② 下动式液压机。下压式液压机如图 8-2 所示。压机的主压筒设在压机的下部，其装置恰好与上动式压机相反。制品在这种压机上的脱模一般都靠安装在活动板上的机械装置来完成。

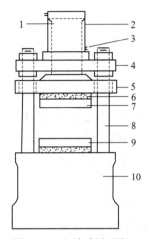

**图 8-1　上动式液压机**

1—柱塞；2—压筒；3—液压管线；4—固定垫板；
5—活动垫板；6—绝热层；7—上压板；
8—拉杆；9—下压板；10—机座

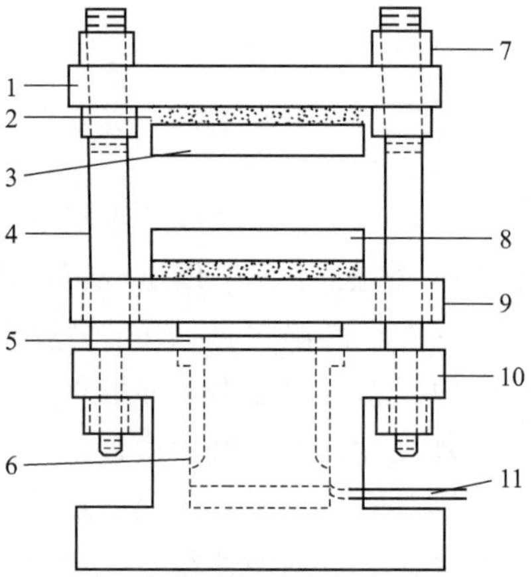

**图 8-2　下动式液压机**

1—固定垫板；2—绝热层；3—上模板；4—拉杆；5—柱塞；
6—压筒；7—行程调节套；8—下模板；9—活动垫板；
10—机座；11—液压管线

（2）塑模

模压成型用的塑模，按其结构的特征，可分为溢式、不溢式和半溢式三类，其中以半溢式用得最多。

① 溢式塑模。溢式塑模如图 8-3 所示。溢式塑模的制造成本低廉，操作也较容易，适合用于模压扁平或近于碟状的制品，对所用压塑料的形状无严格要求，只需其压缩率较小而已。模压时每次用料量不求十分准确，但必须稍有过量。多余的料在阴阳模闭合时，会从溢料缝溢出。积留在溢料缝与内部塑料仍有连接的，脱模后就附在制品上成为毛边，之后必须除去。为避免溢料过多而造成浪费，过量的料应以不超过制品质量的 5% 为宜。由于溢料的存在以及每次用料量的差别，因此成批生产的制品的厚度与强度很难一致。

② 不溢式塑模。不溢式塑模如图 8-4 所示。它的主要特点是不让塑料从型腔中外溢和所加压力完全施加在塑料上。用这种塑模不但可以采用流动性较差或压缩率较大的塑料，

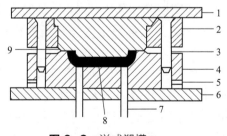

**图 8-3　溢式塑模**

1—上模板；2—组合式阳模；3—导合钉；4—阴模；
5—气口；6—下模板；7—推顶杆；8—制品；9—溢料缝

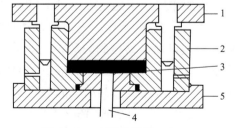

**图 8-4　不溢式塑模**

1—阳模；2—阴模；3—制品；4—脱模杆；
5—定位下模板

而且还可以制造牵引度较长的制品。此外，还可以使制品的质量均匀密实而又不带显著的溢料痕迹。由于不溢式塑模在模压时几乎无溢料损失，故加料不应超过规定，否则制品的厚度就不符合要求。但加料不足时制品的强度又会有所减弱，甚至变成废品。因此，模压时必须用称量的加料方法。其次不溢式塑模不利于排除型腔中的气体，因此需要延长固化时间。

③ 半溢式塑模。半溢式塑模如图 8-5 所示。半溢式模具兼具溢式塑模和半溢式塑模两种塑模的特点。

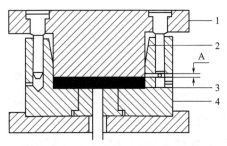

**图 8-5**　无支撑面半溢式塑模示意图
1—阳模；2—溢料槽；3—制品；4—阴模
A 段为平直段

## 8.2　预压

将松散的粉状或纤维状的热固性塑料预先用冷压法（即模具不加热）压成质量一定、形样规整的密实体的作业称为预压，所压的物体称为预压物，也称为压片、锭料或形坯。

预压物的形状并无严格的限制，一般以能用整数而又能十分紧凑地配入模具中为最好。

模压时，用预压物比用松散的压塑粉具有以下优点：①加料快，准确而简单，从而避免加料过多或不足时造成的废次品。②降低塑料的压缩率，从而减小模具的装料室，简化模具结构。③避免压缩粉的飞扬，改善了劳动条件。④预压物中的空气含量少，使传热加快，因而缩短了预热和固化的时间，并能避免制品出现较多的气泡，有利于提高制品的质量。⑤便于运转。⑥便于模压较大或带有精细嵌件的制品，这是利用与制品形状相仿的预压物或空心预压物的结果。

虽然采用预压物有以上的优点，但是也有它的局限性。一是需要增加相应的设备和人力，如不能从预压后生产率提高上取得补偿，则制品成本会提高。二是松散度特大的长纤维状塑料预压困难，需用大型复杂的设备。三是模压结构复杂或混色斑纹制品不如用粉料的好。

（1）压塑粉的性能对预压的影响

压塑粉的预压性依赖于它的水分、颗粒均匀度、倾倒性、压缩率、润滑剂含量以及预压的温度和压力。压塑粉中水分含量很少对预压不利。但含量过大时，则对以后的模压又不利，甚至导致制品质量的劣化。

预压时，压塑粉的颗粒最好是大小相间的。压塑粉中如果出现过多的大颗粒，则制成的预压物就会含有很多的空隙，强度不高；细小颗粒过多时，又容易使加料装置发生阻塞和将空气封入预压物中。此外，细粉还容易在预压所用的阴阳模之间造成销塞。

倾倒性是以 120g 压塑粉通过标准漏斗（圆锥角为 60°，管径为 10mm）的时间来表示的。这一性能是保证靠重力流动将料斗中压塑粉准确地送到预压模中的先决条件。用作预压的压塑粉，其倾倒性应为 25～30s。

将压缩率很大的压塑粉进行预压很困难，但太小又失去预压的意义。压塑粉的压缩率一般应在 3.0 左右。

润滑剂有利于预压物的脱模，而且还能使预压物的外形完美，但润滑剂的含量太多时，会降低制品的机械强度。

如前所述，预压是在不加热的情况下进行的，但是当压塑粉在室温下不易预压时，也不妨将温度提高到 50～90℃。这种温度下制成的预压物表面常有一层熔结的塑料，因此较为坚硬，但流动性却有所降低。

预压时所施加的压力应以能使预压物的密度达到制品最大密度的 80%为原则，因为这种密度的预压物可以很好地预热，而且具有足够的强度，经得起运转，施加压力的范围为 40～200MPa，其大小随压塑粉的性质以及预压物的形状和尺寸而定。

（2）预压的设备和操作

预压的主要设备是压模和预压机。压模共分上阳模、下阳模和阴模三个部分，其原理示意图如图 8-6 所示。

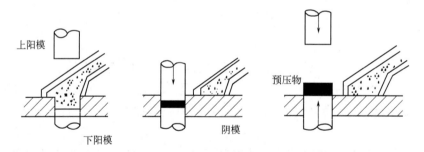

**图 8-6** 预压机压片原理示意图

由于多数塑料的摩擦系数都很大，因此压模最好用含铬较高的工具钢来制造。上下阳模与阴模之间应留有一定的余隙，开设余隙不但可以排除余气使预压物紧密结实，并且还能使阴阳模容易分开和少受磨损。阴模的边壁应开设一定的锥度，否则阴模中段即会因常受塑料的磨损而成为桶形，从而使预压成为不可能。斜度大约为 0.001cm/cm。压模与塑料接触的表面应很光滑，从而便于脱模而提高预压物的质量和产量。

预压用的预压机类型很多，但应用最广的是偏心式和旋转式两种。近来已有采用生产效率比偏心式压片机高，而压片质量比旋转式压片机更精确的液压式压片机。

偏心式压机的吨位一般为 100～600kN，按预压物的大小和塑料种类的不同，每分钟可压 8～60 次，每次所压预压物的个数为 1～6 个。这种预压机宜于压制尺寸较大的预压物，但生产效率不高。

旋转式预压机每分钟所制预压物的数目在 250～1200 个不等。常用旋转式预压机的吨位为 25～35kN。其生产率虽然很高，但只宜于压制较小的预压物。

液压式压片机结构简单紧凑、压力大、计量比较准确、操作方便，特别适用于松散性较大的塑料的预压。此外操作时无空载运行，生产效率高，较为经济。

## 8.3　预热

为了提高制品质量和便于模压的进行，有时须在模压前将塑料进行加热。如果加热的目的是去除水分和其他挥发物，则这种加热方式称为干燥。如果目的是提供热料便于模压，则应称为预热。很多情况下，加热的目的是两种兼有的。

采用预热的热固性塑料进行模压有以下优点：①缩短闭模时间和加快固化速率，也就缩短了模塑周期；②增进制品固化的均匀性，从而提高制品的物理力学性能；③提高塑料的流动性，从而降低塑模损耗和制品的废品率，减小制品的收缩率和内应力，提高制品的因次稳定性和表面光洁程度；④可以用较低的压力进行模压。

预热和干燥的方法常用的有：热板加热、烘箱加热、红外线加热、高频电热等。

（1）热板加热

所用设备是一个用电、煤气或蒸汽加热到规定温度而又能作水平转动的金属板，其常放在压机旁边。使用时，将各次所用的预压物分成小堆，连续而又分次地放在热板上，并盖上一层布片，预压物必须按次序翻动，以期双面受热。取用已预热的预压物后，立即转动金属板并放上新料。

工厂中还有一种简便的预热法，即在模压第一个制品的固化过程中，用料铲或小盘将第二个制品的用料装好并放在压机下压板的空处预热，预热时可以翻动。此法的预热温度不易控制，也不够均匀，但很方便。

（2）烘箱加热

烘箱内设有强制空气循环和正确控制温度的装置。这种设备既可用作干燥也可用作预热。热源有电热和蒸汽两种，但一般为电热。烘箱的温度应能在 40～230℃ 范围内调节，并用风扇使空气循环。

把塑料铺在盘里放到烘箱内加热，料层厚度如不超过 2.5cm 可不翻动。盘中塑料的装卸应定时定序，使塑料有固定的受热时间。

干燥热塑性塑料时，烘箱温度约为 95～110℃，时间可在 1～3h 或更长，有些塑料需在真空较低温度下干燥。烘后的塑料如不立即模压，应放在严密的容器内冷却。

预热热固性塑料的温度一般为 50～120℃，少数也有高达 200℃，如酚醛塑料。准确的预热温度最好结合具体情况由实验来决定。

（3）红外线加热

塑料也可用红外线预热或干燥。所用设备是装有相应热源的箱体，箱的内壁涂有白漆或者镀铬，外壁应保温。

多数塑料都没有透过红外线的能力，尤其是粉料与粒料，因此，用红外线加热时，先是表面得到辐射热量，温度也随之增高，而后再通过热传导将热传至内部。由于热量是由辐射传递的，所以红外线的加热效率要比用对流传热的热气循环法高。加热时应防止塑料表面过热而造成分解或烧伤。控制好温度的影响因素（如加热器的功率和数量），塑料表面与加热器的距离以及照射的时间等。

用红外线预热或干燥塑料有连续与间歇两种方式。连续式是将塑料放在输送带上使其通过红外线灯的烘箱，调节输送带的速度就可控制塑料受热的时间。塑料层的厚度最好不超过 6mm。间歇式则是将塑料用盘放在装着红外灯烘箱的格架中，并应定时装卸与翻动。烘箱中也可加设送风设备，以带走水分和挥发物。

红外线预热的优点是：使用方便、设备简单、成本低、温度控制比较灵活等。缺点是受热不均和易于烧伤表面。

近来远红外线已逐渐用于塑料的预热，效果良好，可克服红外线预热的缺点。

（4）高频电热

在高频电场作用下，任何极性物质分子的取向都会不断改变，因而分子间发生强烈的摩擦生热，引起温度上升。所以，凡属极性分子的塑料都可用高频电流加热。高频电热只用于预热而不用于干燥，因为水分未驱尽时，塑料有局部被烧伤的可能。

用高频电流预热时，热量不是从塑料外部传到内部，而是在全部塑料的各点上自行产生的。因此，预热时塑料各部分的温度是同时上升的，这是用高频电流预热的最大优点。但事实上各点的温度还是略有差别，因为塑料外层的部分热量可能被电极导走或向空中散失。此外，塑料组分和密度的不均也会造成差别。

# 8.4  模压成型工艺过程

模压工序可分为加料、闭模、排气、固化、脱模与模具清理等。如制品有嵌件需要在模压时封入的，则在加料前应将嵌件安放好。

模压工艺规程的拟定，应能使材料、能量及设备的消耗定额降低，成型周期缩短，模压压力减小而又能取得合格的制品为准则。采取预压、预热、排气、提高模压温度等均有助于上述问题的解决。

（1）嵌件的安放

嵌件通常是作为制品中导电部分或使制品与其他物体结合用的。常用的嵌件有轴套、轴帽、螺钉和接线柱等。为使嵌件与塑料制品结合得更加牢靠，其埋入塑料部分的外形通常都采用滚花、钻孔或设有突出的棱角、型槽等措施。一般嵌件只需用手（模具温度很高，操作时应戴上手套）按固定位置安放，特殊软件需用专门工具安放。安放时要求正确和平稳，以免造成废品或损伤模具。模压成型时，防止嵌件周围的塑料出现裂纹，常采用胶布做成垫圈进行增强。

（2）加料

在模具内加入模压制品所需分量的塑料为加料。如型腔数低于六个，且加入的又是预压物，一般用手加；如所用的塑料为粉料或粒料，则可用勺加。加料的定量方法有质量法、容量法和计数法三种。质量法准确，但较麻烦；容量法虽不及质量法准确，但操作方便；计数法只用作加预压物，实质上仍然是容量法。

加入模具中的塑料宜按塑料在型腔内的流动情况和各个部位需用量的大致情况作合理的堆放。否则容易造成制品局部疏松，当采用流动性差的塑料时此现象尤为突出。采用粉料或粒料时，宜堆成中间稍高的形式，便于空气的排出。

（3）闭模

加完料后就进行闭模，当阳模尚未触及塑料前，应尽量加快速度，以缩短模塑周期和避免塑料过早的固化或过多的降解。阳模触及塑料后，速度应放慢，否则很可能提早在流动性不好的较冷塑料上形成高压，使模具中的嵌件、成型杆件或型腔遭到损坏。此外，放慢速度还可以使模内的气体得到充分的排除。当然速度也不应过慢，总的原则是不使阴阳模在闭合中途形成不正当的高压。闭模所需的时间在几秒至数十秒不等。

（4）排气

闭模后需再将塑模松动少许时间，以便排出其中的气体。排气可缩短固化时间，利于制品性能和表现质量的提高。排气的次数一般为一到两次，每次时间几秒至 20 秒。

（5）固化

热固性塑料依靠在型腔中发生交联反应达到固化定型的目的。固化时间一般由二十秒至数分钟，使性能达到最佳值。

（6）脱模

固化完毕后使制品与塑模分开的工序称为脱模。脱模主要是靠推顶杆来完成的。带嵌件的制品要先用专用工具将成型杆件拧脱，再行脱模。热固性塑料制品为避免因冷却而发生翘曲，可放在与模具型腔形状相仿的型面在加压的情况下冷却。

（7）塑模的清理

脱模后，须用铜签（或铜刷）刮出留在模具内的塑料，然后再用压缩空气吹净阴阳模。如果塑料有污模或黏模的现象，则宜用抛光剂拭刷。

# 8.5　模压成型工艺控制因素

模压成型工艺的控制因素主要是模压压力、模压温度和模压时间。由于模压时间与模压温度有着密切的关系，因此通常将两者放在一起讨论。

（1）模压压力

模压压力是指模压时迫使塑料充满型腔和进行固化时由压机对塑料所加的压力。

塑料在整个模塑周期内所受的压力与塑模的类型有关，整个模塑周期共分五个阶段（按塑料在模内所发生的物理与化学变化划分）。

第一阶段内，当阳模触及塑料后，塑料所受压力在短期急剧上升至规定的数值。而在第二和第三个阶段则均保持规定的压力不变（指用液压机），并且等于计算的压力，所以塑料是在等压下固化的。第四阶段为压力解除阶段，塑料（此时已为制品）又恢复到常压，并延续到第五阶段结束。第一阶段中体积缩小是由于受压从松散变为密实的结果。第二阶段中体积回升是塑料受热后的膨胀造成的。而后塑料在第三阶段中发生固化反应，体积又随之下降。第四阶段中由于压力的解除，塑料的体积又因弹性回复而得到增加。第五阶段，塑料制品的体积因冷却而下降，并在室温下趋于稳定。

在实际模压中，虽然各部分的塑料都有五个阶段的变化，但有些阶段是同时进行的。例如，当某一部分正在进行第一阶段时，另一部分可能已在进行热膨胀，而与塑模紧贴的塑料又可能正在进行固化。压力解除后，弹性回复也不一定立即发生，可能在冷却时继续发生。所以一般的制品，在冷却至室温后，还会发生后收缩。后收缩的时间很长，有时可达几个月，后收缩的比例通常在 1% 左右。

压缩率高的塑料，通常比压缩率低的需要更大的模压压力。在一定范围内提高模具温度有利于模压压力降低。但模具温度过高时，靠近模壁的塑料会过早固化而失去降低模压压力的可能性，同时还会因制品尾部出现过热使性能劣化。如模具温度正常，则塑料与模具边壁靠得越紧，塑料的流动性就越好。这是由于传热较快的缘故，但是靠紧的程度与施加的压力有关，因此模压压力的增大有利于提高塑料的流动性。

如果其他条件不变，则制品深度越大，所需的模压压力也应越大。制品的密度是随模压压力的增加而增加的，但增至一定程度后，密度的增加有限。密度大的制品，其机械强度一般偏高。从实验可知，单独增大模压压力并不能保证制品内部不带气孔。使制品不带气孔的有效措施就是合理设计制品，模压时放慢闭模速度、预热和排气等。但降低模压压力会增加制品带有气孔的机会。

仅从以上的论述，已可看出模压压力所涉及的因素是十分复杂的，模压压力对热塑性塑料的关系，基本上与上述情况相同，只是没有固化反应及有关的化学收缩。

（2）模压温度

模压温度是指模压时所规定的模具温度。显然，模压温度并不等于模具型腔内塑料的温度。热塑性塑料在模压中的温度是以模压温度为上限的，热固性塑料在模压中温度最高点在固化开始后一段时间才出现。

模压温度越高，模压周期越短。不论模压的塑料是热固性或热塑性的，在不损害制品强度及其他性能的前提下，提高模压温度对缩短模压周期和提高制品质量都有利。

由于塑料是热的不良导体，因此模压厚度较大的制品需要较长的模压时间，否则制品内层很可能达不到应有的固化程度。增加模压温度虽可加快传热速率，从而使内层的固化在较短的时间内完成，但很容易使制品表面发生过热现象。所以模压厚度较大的制品，应降低模压温度。预热过的塑料，由于内外层温度较均匀，塑料的流动性较好，故模压温度可以较不预热的高些。

# 第二部分　纤维成型工艺

# 第9章　合成纤维概述

## 9.1　合成纤维的分类

纺织纤维可分为两大类：一类是天然纤维，如棉花、羊毛、蚕丝、麻、石棉等；另一类是化学纤维，亦称人造纤维，即用天然或合成高分子化合物经化学加工而制得的纤维。化学纤维按其所用高分子化合物的来源不同又可分为再生纤维和合成纤维两大类：

（1）再生纤维。是用天然高分子化合物为原料，经化学处理和机械加工而制得的纤维。其中用纤维素为原料制得的纤维称为再生纤维素纤维；用蛋白质为原料制得的纤维叫再生蛋白质纤维。

（2）合成纤维。是用石油、天然气、煤及农副产品等为原料，经一系列的化学反应，制成合成高分子化合物，再经加工而制得的纤维。

纺织纤维的分类如图 9-1 所示。

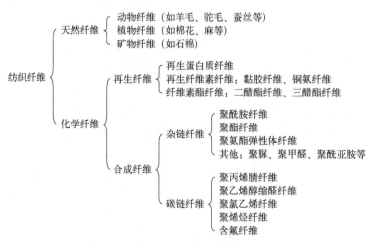

**图 9-1**　纤维的分类

目前世界上生产的合成纤维品种繁多，据统计有几十种，但其中最主要且得到重点发展的只有聚酯、聚酰胺、聚丙烯腈和聚丙烯纤维，其次是聚乙烯醇和聚氯乙烯纤维，聚氨酯生产发展也较快。其他一些属于特种用途的纤维，生产量虽不大，但在国民经济中也占有重要的地位，因此受到很大重视。

# 9.2 合成纤维生产和发展简史

合成纤维的生产是在 20 世纪 30 年代中期开始的，当时合成纤维与再生纤维生产过程十分相似，但由于合成纤维性能低下等一系列原因，在生产上没有得到显著的发展。1935 年美国卡罗瑟斯首先研究成功第一种聚酰胺纤维（尼龙 66），于 1938 年建立中间试验工厂。1939—1940 年开始工业化生产，此后这一纤维在西方工业国家得到广泛的发展。尼龙 66 便是第一种正式生产的合成纤维。所以一般认为合成纤维的发展史是从 1938—1940 年算起。尼龙 66 这种纤维具有一系列新而优异的性能，如高弹性，高强度等，并且生产时采用了一种新的纺丝方法——熔体纺丝法。

从 1938 年至今，合成纤维生产有了 80 余年的历史，它的发展可分为四个阶段。

第一阶段（1938—1950 年），主要是发展尼龙，同时集中探索新的成纤高聚物。

第二阶段（1950—1956 年），尼龙以外的主要合成纤维，涤纶（聚酯纤维）和腈纶（聚丙烯腈纤维）问世，并实现工业化。

第三阶段（1956 年至今），发展第二代合成纤维——改性纤维。

第四阶段（1960 年至今），发展特种纤维。

继尼龙的发现和工业化以后，全世界的纤维研究转向了寻找可以制成纤维的其他合成高聚物。最初有两个目的，一是希望获得天然纤维那样的性质和手感，羊毛那样的高弹性，蚕丝那样的华丽多彩，以及棉花那样的舒适；二是探索纤维结构与性能之间的关系。

1938 年在德国首先制成了聚己内酰胺纤维（尼龙 6），1941 年开始了工业生产，此后该纤维在日、苏、东欧以及其他一些国家得到了广泛的发展，甚至在发明尼龙 66 的美国以及一些最早生产尼龙 66 的国家，也都大规模生产尼龙 6，它也是我国最早生产的合成纤维，称做“锦纶”。

以后的研究工作转向了聚酯和乙烯基聚合物。经过大量的探索工作，得到两种性能异常优越的纤维，即涤纶和腈纶。在卡罗瑟斯工作基础上，英国化学家温菲尔德和迪克逊用芳香二羧酸（对苯二甲酸）与乙二醇反应，制得了高熔点的聚酯（PET），于 1944 年试制聚酯纤维（涤纶），从此打开了一类新纤维的大门。英国在 1949 年，美国在 1953 年相继实现了聚酯纤维的工业化生产。这种纤维由于具有特别优良的服用性能，所以一经问世，便以迅猛异常的速度不断发展着，无论在绝对产量上，或在合成纤维总产量中所占的比例方面，都逐年飞速上升，于 1972 年超过了聚酰胺纤维而成为合成纤维产量中首屈一指的品种。

1942 年，德国的莱因和美国的霍华兹差不多同时找到了聚丙烯腈的优良溶剂——二甲基甲酰胺（DMF），使生产聚丙烯腈纤维（腈纶）的理想变成现实。1948 年开始该纤维的试验生产，1950 年美国杜邦公司正式生产，此后在西德、法、英等西欧国家和日本也相继进行生产。

20 世纪 60 年代新的技术应用于原料生产，使丙烯腈原料用量显著下降，则聚丙烯腈纤维产量以很高速度向前发展，至今产量仅次于聚酯纤维和聚酰胺纤维，在合成纤维中居第三位。

20 世纪 50 年代中期，意大利的拿塔在吸收了齐格勒研究聚乙烯工作的基础上，发明了齐格勒-纳塔催化剂并制成了等规聚丙烯，于 1958 年开始了等规聚丙烯纤维的工业化生产。迄今六十余年，这种纤维由于采用原料极为低廉。发展速度很快，目前已成为合成纤维中的第四大品种。

从 1956 年开始，进入了"分子工程"阶段，即合成纤维发展的第三阶段。"分子工程"的意思是通过分子设计以合成具有预想结构和性能的成纤高聚物并制成纤维，或是利用适当的化学改性和物理改性以制成具有特定性能的第二代纤维。这种合成工艺的成功，为合成纤维开辟了巨大的新市场，并使得社会对合成纤维的需求量大大增加。这方面的探索和研究工作方兴未艾，已成为合成纤维科技发展的重要方向。

在第二代合成纤维获得发展的同时，研究的注意力转向了特种纤维，亦即进入了合成纤维发展的第四阶段。这类纤维具有非常优异的性质（如耐高温、难燃、高强力、高模量等）这些性质的纤维主要应用于工业、国防、科学技术研究等有特殊需要的领域。

随着一系列新型合成纤维的制造成功，应用之广泛已远远超出了纺织工业的传统概念范围。而深入到国防工业、航空、航天、交通运输、医疗卫生、海洋水产、通信联络等一系列重要的国民经济行业。

由于合成纤维性能优良，用途广泛，原料来源丰富易得，生产又不受气候或土地条件的影响，所以合成纤维工业自建立以来，发展速度十分迅速。1940 年世界合成纤维产量只有 5000 吨，占纺织纤维的 0.5%；1950 年为 6.9 万吨，占 0.7%，超过了天然丝的产量；1960 年增长到 70.3 万吨，占 47%；经过石油化工大发展的 60 年代，1970 年合成纤维产量增长到 470 万吨；1975 年合成纤维产量为 735 万吨；1980 年合成纤维产量为 1152 万吨；1990 年为 1750 万吨；1995 年达到 2274 万吨；2000 年合成纤维产量 3199 万吨；2004 年达到 3799 万吨；2010 年达到 4419 万吨。

我国合成纤维工业是从 1958 年开始建立起来的，起步于聚酰胺纤维。目前生产的主要品种有涤纶、锦纶、腈纶、丙纶、维纶、氨纶等，已跨入世界合成纤维生产大国的行列，其发展过程可划分为三个阶段。

第一阶段：起步阶段（1956—1966 年）

我国的合成纤维工业是从生产聚酰胺纤维开始的。首先生产的品种是尼龙 6，国内商品名称为锦纶。1956 年锦西化工研究所和锦西化工厂达成了锦纶的研究与中试生产。1958 年在锦西建成年产千吨的生产车间。同时我国还从东欧引进建立了北京合成纤维实验厂生产锦纶。此后又陆续建立了一些中小型锦纶厂。60 年代初国家又从日本和英国引进维纶和腈纶成套生产设备，于 1965 年建成了北京维尼纶厂和兰州化纤厂。

第二阶段：奠基阶段（1966—1980 年）

由于大庆油田的开发成功，石油化工的发展为合成纤维的生产提供了丰富易得的原料。这时我国引进具有 70 年代水平从原料到抽丝的配套大型联合化纤设备，建设了上海金山石化总厂、辽阳石油化纤公司、天津石油化工公司、四川维尼纶厂四大石油化纤基地，为合成纤维工业飞跃发展打下坚实的基础。

第三阶段：发展阶段（1980 年至今）

国家遵循重点发展涤纶，加速发展腈纶，相应发展锦纶和丙纶，保持维纶的方针，引进了大型涤纶原料（PET）装置。并建设了上海金山二期工程，江苏仪征化纤联合公司，还有北京燕山石化公司，湖南岳阳石化等大、中、小石化企业。

到了 20 世纪 90 年代，国内经过 10 多年的改革开放，人民生活水平有所提高，对合成纤维有了更大的需求，而且合成纤维的应用领域也开始逐步扩大。现如今，人们对纤维的需求已不是简单的有衣穿的问题了，人们在追求差异化，更加完美化，这样合成纤维的生产不仅仅是数量上的要求，市场对合成纤维生产有了品种上、性能上等新的更高的要求，各合纤厂开始致力于多功能纤维、差别化纤维的生产。这拓宽了纤维品种花样，不但更加适应人们日常生活在社会发展中对纤维的要求，也符合各行业对纤维制品的要求。这给纤维的高速度发展又带来了新的机会。

# 9.3　合成纤维的主要性能指标

所谓纤维的品质是指对纤维制品的使用价值有决定意义的许多指标的总体而言。其中有一些指标，对任何纤维在它们的一切应用范围内都很重要，另一些指标则只在这些纤维用于某些部门时才是重要的。

反映纤维品质的主要指标有：

①　物理性能指标包括纤维的纤度、比重、光泽、吸湿性、热性能、电性能等；

②　力学性能指标，亦可将纤维的力学性能包括在物理性能之内，或统称物理-力学性能。纤维的力学性能指标包括断裂强度、断裂伸长、初始模量、断裂功、回弹性、耐多次变形性等；

③　稳定性能指标包括对高温和低温的稳定性（实际上属于热性能）、对光、大气的稳定性（耐光性、耐气候性）、对高能辐射的稳定性、对化学试剂（酸、碱、氧化剂、还原剂、溶剂等）的稳定性、对微生物作用的稳定性（耐腐性、防蛀性）、阻（防）燃性、对时间的稳定性（耐老化性）等；

④　加工性能指标包括纺织加工性能和染色性。纺织加工性能包括纤维的抱合性、起静电性（属于电性能）、静态和动态摩擦系数等；染色性包括染色难易、上色率和染色均匀性。对于帘子线纤维的加工性能主要是指其与橡胶的黏合性；

⑤　短纤维品质的补充指标包括切断长度和超长纤维含量、卷曲度和卷曲稳定度；

⑥　实用性能包括保形性、耐洗涤性、洗可穿性、吸汗性、透气性、导热性、保温性、抗沾污性、起毛结球性等。

此外，为了更全面恰当地反映纤维的品质和服用性能，纤维的品质均匀性具有极大的意义。目前生产上已日益重视所谓"三不匀"（强度、伸度和纤度不匀率）指标，以期使产品更好地满足各种用途的要求。

必须指出，通过上述指标虽然基本上已能反映纤维及其制品的性质，但往往还不能完全正确地加以反映。到目前为止，还没有完整的检验方法能足以可靠地确定合成纤维制品的使用价值，特别是其耐用程度。因为制品在使用过程中所受到变形（弯曲、磨损、伸长、揉搓等等）的情况是非常复杂的，因而要完全确切地加以反映很困难。如果能建立一种鉴定纤维品质的综合性实验室方法，而其结果又能与服用试验的结果相符合，将是很有意义的。

下面将介绍反映化学合成纤维品质的几个主要指标。

（1）纤度

表示纤维的粗细程度的指标简称"纤度"，在我国的法定计量单位中称"线密度"。由于纤维很细，其直径只有 $10\sim40\mu m$，直接测量其直径是很困难的，并且某些纤维的截面是非圆形的，也无法用直径来表示它的粗细程度，因此一般采用纤度这一间接指标来表示。纤度的单位名称是"特［克斯］"，单位符号为"tex"。

1000m 长纤维质量以克计称为特（tex），1000m 长纤维的质量以分克（1/10g）计则称为分特（dtex），特或分特为棉、毛、化纤通用单位。过去我国生产上还使用过其他表示方法，如旦［9000m 长的纤维所具有的质量（以克计）］，公支［单位质量（以克计）的纤维所具有的长度（以米计）］。

单纤维纤度对于制品的品质影响很大。单纤维越细，则纤维的成型过程进行得越均匀，纤维及其制品对各种变形的稳定性就越高，也越柔软。

化学纤维生产中，可在一定范围内根据纺织厂的要求，改变纺丝工艺条件，生产任意粗细的纤维。

（2）断裂强度

断裂强度通常是用来表征纤维品质的主要指标之一。在很多情况下，提高纤维的断裂强度可以直接改善制品的使用性质。纤维的断裂强度有几种表示方法，通常有绝对强力，强度极限，相对强度和断裂长度。本内容以绝对强力和相对强度为例介绍。

纤维在连续增加的负荷作用下，直至断裂时所承受的最大负荷称为纤维的绝对强力（$P$）。强力的单位有克（g）、牛（N）、厘牛（cN）。

纤维的绝对强度与纤度（特、分特或旦）之比称为相对强度。单位通常为 g/tex、g/d、cN/dex 等。

$$P_T = \frac{P}{t} \tag{9-1}$$

$$P_D = \frac{P}{D} \tag{9-2}$$

式中　$P$——纤维绝对强度 g/tex；

　　　$t$——纤维的纤度，dex；

　　　$D$——纤维的纤度，d；

　　　$P_T$——纤维的相对强度，g/tex；

　　　$P_D$——纤维的相对强度，g/d。

（3）断裂伸长

纤维的断裂伸长是决定纤维加工条件及其制品使用价值的重要指标之一。通常在强度试验机上测定纤维断裂强度的同时，同时测得纤维的断裂伸长。断裂伸长一般用相对伸长率 $Y$（%），即纤维在伸长至断裂时的长度比原来长度增加的百分数表示。

$$Y = \frac{L - L_0}{L_0} \times 100\% \tag{9-3}$$

式中　$L_0$——纤维的原长，mm；

　　　$L$——纤维伸长至断裂时的长度，mm。

断裂伸长较大的纤维手感比较柔软，在纺织加工时，可以缓冲所受到的力，但断裂伸长不宜过大，普通纺织纤维的断裂伸长在 10%～30% 范围内较合适。两种不同的纤维混纺时，要求其断裂伸长相同或相近，才能承受较大负荷而不断裂。短纤维一般断裂伸长较低，而工业用纤维，如轮胎帘子线等则要求断裂强度高，断裂伸长低。

（4）初始模量

初始模量为纤维受拉伸而当伸长为原长的 1% 时所需的应力，单位为 g/d、g/tex 或 kg/mm$^2$，初始模量表征纤维对小延伸的抵抗能力，在衣着上则反映纤维对小延伸或小弯曲时所表现的硬挺度。也可以认为初始模量表示施加一定的负荷于纤维时，纤维产生形变的大小。纤维的初始模量越大，表示施加同样大小的负荷时它越不易产生形变，亦即在纤维制品的使用过程中形变的改变越小。这一性质对于合成纤维及其制品的许多应用范围具有重要的意义，特别是对作轮胎帘子线用的合成纤维，要求有较高的初始模量。

在大规模生产的合成纤维中，以涤纶的初始模量为最大。其次为腈纶，锦纶的初始模量较小，这是此种纤维在加工和使用过程中的重大缺点（易起皱，保形性差）。一般来讲，同种纤维短丝的初始模量相应比其长丝小，这是因为短纤维的大分子取向度比其长丝低的缘故。

（5）回弹性

纤维在负荷作用下，所发生的形变包括三部分：普弹形变、高弹形变和塑性形变。这三种形变的发生，虽然在某一阶段其中一种是主要的，但又不能截然分开，往往是同时发生的。因此，当外力撤除后，可复的普弹形变和松弛时间较短的那一部分高弹形变将很快回缩，并留下一部分形变，即剩余形变，其中包括松弛时间长的高弹形变和不可复的塑性形变。剩余形变值越小，纤维回弹性越好。

表征纤维回弹性的方法一般有两种：一种叫一次负荷回弹性，通常以回弹率或弹性功来表示；另一种叫多次循环负荷回弹性，可从多次循环负荷-延伸曲线加以研究。

（6）高温稳定性

纤维及其制品不仅在加工过程中要经受高温的作用（染整、烘干等），而且在使用过程中也常常要接触到高温（例如洗涤和熨烫），工业和技术用纤维则更要受到高温的长时间作用。例如，轮胎帘子线在高温下综合力学性能指标的保持率很重要，在很多情况下对用作电绝缘材料的纤维也是如此。

近年来，由于合成纤维越来越广泛地在工业和技术部门中应用，在某些情况下，要求纤维能在 400～500℃ 或更高温度下使用而不发生分解。

纤维对高温作用的稳定性可由下列各种变化来说明：

① 纤维机械性质的变化，特别是强度和伸长的变化（包括可复的和不可复的）；

② 高聚物的化学变化（失水、热裂解、热氧化裂解）；

③ 物理变化（纤维外形变化、塑性流动、软化、粘结等）。

这些变化的大小主要决定于高聚物的本性。对于不同类型的纤维，变化的程度各不相同。当然，只有在高聚物不发生化学变化和纤维外形不发生改变的温度下，纤维才有实用价值。

（7）沸水收缩率

在纤维生产过程中，须经纺丝、牵伸、热定型等一系列工序才能得到成品丝。可是纤维经牵伸后会产生潜在应力，虽然热定型会使纤维结构趋向稳定，但丝条上仍残留内应力，这样在织造和染整加工时丝条受热后仍会发生不可逆的长度收缩。如果热处理的介质是沸水则称沸水收缩率。

$$沸水收缩率 = \frac{煮前长度-煮后长度}{煮前长度} \times 100\% \tag{9-4}$$

目前，纺织上使用的锦纶丝的沸水收缩率为 8%～12%；涤纶丝的沸水收缩率为 6%～10%；涤纶低弹丝由于通过假捻变形加工，丝条已受热而收缩，故其沸水收缩率约 2%～5%，是合纤丝中最低的。

同理，如果热处理的介质是干热空气，则称干热收缩率，如 130℃干热收缩率和 180℃干热收缩率等。

（8）卷曲度

卷曲度是短纤维所特有的指标。由于合成纤维的表面比较光滑，不像棉纤维那样有天然的扭曲，也不像羊毛那样表面有鳞片并有卷曲，因此合成纤维之间的抱合力较小，造成纺纱加工困难。为了改善这一性能，增加短纤维与棉、毛等混纺时的抱合力，改善纤维的柔软性必须将纤维进行卷曲加工。

化学纤维的卷曲，有的是利用纤维内部结构的不对称性经热空气或热水等处理后产生的卷曲；有的是利用纤维的热塑性采用机械方法挤压而成的卷曲。

评定化学纤维的卷曲性能的指标通常采用的是卷曲数，即单位长度上的卷曲数来表示卷曲度。一般供棉纺用的短纤维要求高卷曲度（4～5.5 个/cm），供精梳毛纺的短纤维及制膨体纱毛条的长纤维要求中卷曲度（3.5～5 个/cm）。为了更准确全面地表征卷曲度，还可采用卷曲率、残留卷曲率和卷曲弹性率这几项指标。

卷曲数和卷曲率反映卷曲的程度，其数值越大，表示卷曲波纹越密，它主要由卷曲加工条件来控制。残留卷曲率和卷曲弹性率反映纤维在受力或受热时的卷曲稳定性，用以衡量卷曲的坚牢度；其值越大，表示卷曲波纹越不易消失，这一特点主要借热定型来强化并巩固。

# 9.4　合成纤维生产的基本过程

合成纤维品种繁多，大规模工业化生产的已有十几种。一般来说它们的生产原理和方法基本上可概括为高分子物的合成、纺丝熔体或纺丝溶液的制备、合成纤维的纺丝及纤维的后加工四个过程。

（1）高分子物的合成

合成纤维基本都是高聚物，因此要纺制纤维首先要将低分子物合成高分子物。其合成方法在前期相关课程中已学过，这里不再重复。并非所有的高分子物都能纺制纤维，只有能通过化学和机械加工而制成实用纤维的高聚物才是成纤高聚物。成纤高聚物的含义不仅指高聚物形成纤维的能力，也包括纤维性能的一些指标是否有实用价值。成纤高聚物应具备的基本性质如下：

总的说来，用于由熔体纺丝法或溶液纺丝法制备化学纤维的高聚物，必须在熔融时不分解，或能溶解在普通的溶剂中形成浓溶液，具有充分的成纤能力和随后使纤维强化的能力，保证最终所得的纤维具有一定的综合性能。具体对高聚物的分子结构和理化性质还有如下 7 点要求。

① 成纤高聚物大分子必须是线形的、能伸直的分子，支链应尽可能少，没有庞大的侧基，且大分子之间无化学键。

② 所有天然的和大多数合成的成纤高聚物都含有极性基团。高聚物分子的有极性基团对于大分子与溶剂的相互作用、分子间的相互作用、相转变温度以及纤维的一系列其他性能如亲水性、吸湿性等都有很大影响。大分子间的相互作用以氢键为最强。在天然高聚物（纤维素、蛋白质）中有极性基团，故其大分子之间能形成氢键而有强烈的相互作用。若高聚物分子中存在侧基则减少了形成氢键的可能性并相应地降低了大分子间的相互作用，侧基越大和数目越多，这种影响就越明显。所以可通过调控极性基团，调控纤维性能。

在个别情况下，存在极性基团对于制取优质纤维并非必须。例如，由不含极性基团但具有立体规整结构的聚丙烯制得的纤维以及由严格线形结构的聚乙烯所制得的纤维都具有很高的强度。这是由于等规的或线形的非极性大分子的紧密敛集并高度结晶所致。

③ 高聚物分子量应足够高，才有可能得到黏度适当的熔体或浓度足够高的溶液。分子链的平均长度为 200～400nm。平均分子量越大（在一定范围内），所得纤维的强度就越高。分子量分布应比较窄，且没有大量的低分子和高分子尾端。

④ 成纤高聚物应具有一定规律性的化学结构和空间结构，使其可能形成具最佳超分子结构的纤维。为了制得具有最佳综合性能的纤维，成纤高聚物应有形成半结晶结构的能力。高聚物中无定形区的存在，决定了纤维的柔性（弹性）、染色性、对于各种物质（特别是对蒸汽和水）的吸收性，以及一系列其他的重要使用性能。

⑤ 非结晶性成纤高聚物的玻璃化转变温度（$T_g$）应高于使用温度，因为 $T_g$ 决定了纤维耐高温的极限；如 $T_g$ 太低，则其应具有高结晶度。

⑥ 成纤高聚物的熔点或软化点应比允许使用温度高得多。

⑦ 成纤高聚物应具有一定的热稳定性，以使其能加工成纤维并有实用价值。

（2）纺丝熔体或纺丝溶液的制备

合成纤维的成型普遍采用高聚物的熔体或浓溶液进行纺丝。前者称为熔体纺丝法，该种生产方法需制备纺丝熔体；后者为溶液纺丝法，该纺丝方法需将高聚物溶于适当溶剂，制备纺丝浓溶液。

① 纺丝熔体的制备。将高聚物加热熔融就形成了纺丝熔体。用于熔体纺丝的高聚物必须具备的条件是：高聚物的熔点低于分解点。如果熔点高于分解点，则高聚物不能熔融，也就不能用此法纺制纤维，需另选纺丝方法。

② 纺丝溶液的制备。不能满足熔体纺丝条件的可以采用溶液纺丝。即将高聚物溶解于适当溶剂制成纺丝溶液。所用溶剂应具备如下条件：在适宜的温度下有良好的溶解性能，并使所得高聚物溶液在尽可能高的浓度下具有较低黏度；沸点不宜太低，也不宜过高。如沸点太低，溶剂挥发性太大，会使损耗增加并恶化劳动条件；如沸点太高，则不宜于干法纺丝，且回收困难；有足够的热稳定性和化学稳定性，并便于回收；无毒或毒性极小，对设备材料没有腐蚀性或腐蚀性小；在溶解高聚物过程中不引起其分解或发生其他化学变化。

（3）合成纤维的纺丝

将制备好的纺丝熔体或溶液压过喷丝细孔，采用物理或化学方法，使其凝固成纤维后，将其绕在受丝机构上的过程称之为纺丝。所采用的设备为纺丝机。纺丝过程是整个合成纤维生产过程中的重要环节，它直接影响纤维成品指标。

合成纤维的纺丝主要有熔融纺丝（熔体纺丝）和溶液纺丝。熔融纺丝包括直接纺丝和间接纺丝（切片纺丝）。溶液纺丝按成型介质又分为干法纺丝和湿法纺丝。

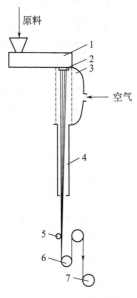

**图9-2　熔体纺丝**
1—螺杆挤压机；2—喷丝板；3—吹风窗；4—纺丝甬道；
5—给油盘；6—导丝盘；7—卷绕装置

① 熔融纺丝法。是将高聚物加热熔融成熔体后压过喷丝头细孔，在空气或其他介质中冷凝成纤维（如图9-2所示）。聚酯、聚酰胺、聚丙烯的熔点都低于其分解点，即在熔融时不分解，所以都可以采用熔融纺丝法，目前它们的工业生产都采用熔融纺丝。

a.间接纺丝法（切片纺丝法）：将聚合（或缩聚）得到的高聚物熔体经铸带、切粒等工序制成"切片"，然后在纺丝机上重新熔融成熔体并进行纺丝的方法；

b.直接纺丝法：直接将聚合（或缩聚）所得的高聚物熔体送入纺丝机进行纺丝的方法。

与间接纺丝相比，直接纺丝省去了铸带、切粒、切片干燥及再熔融等工序，这样可简化生产流程，减小车间面积，节省投资，并有利于提高劳动生产率，降低成本和能耗。正因为优点明显，直接纺丝已是目前合成纤维改进纺丝工艺，并使生产连续化的方向。但是直接纺丝也有其不足之处，比如前后生产平衡不易掌握，生产灵活性差等。

② 溶液纺丝。将高聚物溶解在溶剂中成为黏稠的纺丝溶液，然后压过喷丝头细孔，在一定的成型介质中凝固成型的纺丝方法。在实施中根据成型介质的不同分为两种方法。

a.湿法纺丝——成型介质是液体（称凝固浴）。对凝固浴的要求：凝固浴组分应是聚合体的沉淀剂，但对聚合体的溶剂具有相当的亲和力。例如，腈纶用湿法纺丝，采用硫氰酸钠为溶剂时，凝固浴用硫氰酸钠水溶液，其中水是聚丙烯腈的沉淀剂，但硫氰酸钠可溶于水。

b.干法纺丝——成型介质是热空气。纺丝溶液压过喷丝头进入甬道，热空气呈细流状射入甬道，使原液中的溶剂快速挥发，挥发的溶剂被热空气带走，原液细流凝固并伸长变细而形成初生纤维。

每种纺丝方法各有利弊，一种高聚物在纺制纤维时，究竟应当采用何种纺丝方法，必须根据高聚物特性和纺丝方法的特点因地制宜，合理选择。一般来说，由于熔融纺丝可以不用溶剂，且可以省去凝固浴的回收，简化了生产工艺过程，因此，如高聚物的熔点低于分解点，就可以采用熔融纺丝法，否则就要采用溶液纺丝法。在溶液纺丝法中选择湿法纺丝还是干法纺丝，可以根据所纺纤维的规格和高聚物溶剂性质来决定，一般如果溶剂沸点较高，则纺制短纤维时以采用湿法纺丝为宜。总之具体情况具体分析，不能一概而论。

上述纺丝方法是合成纤维工业上广泛采用的基本方法。除此之外，由于工业发展的需要，为了制取新品种、新性能的纤维，在上述两种方法的基础上又出现一些改进的新的纺丝方法，如复合纺丝法、乳液纺丝法、混合纺丝法、超细纤维纺丝法，另外还有直接制布纺丝法等。

（4）纤维的后加工

纺丝过程中得到的初生纤维还不完善，力学性能也差，为了使纤维具有加工使用性能必须对纤维进行后加工。纤维的后加工随纤维产品的类型（长丝、短纤维、帘子线）不同而异。在后加工中拉伸和热定型是必不可少的重要环节。

后加工工序的主要目的如下。

① 拉伸可使纤维中杂乱的分子能沿纤维轴向定向排列，提高纤维强度，使其具备纺织价值。

对于短纤维则采取集束拉伸。这样可以提高牵伸机的生产能力，并达到上述目的。

② 用卷曲、加捻等工序增加纤维间的抱合力。短纤维为了增加与棉、羊毛混纺的抱合力，改善纺织性能而采用卷曲。卷曲方法有机械卷曲和化学卷曲二种。长丝是采用加捻或再复捻来给予丝条以规定的捻度，以增加纤维间的抱合力，提高强度及加工使用性能。

③ 热定型处理工序可降低纤维的热收缩，改善手感、染色性和提高强度，使纤维具有加工使用性能。长丝一般采用张力状态下的紧张热定型，短纤维则采用无张力的松弛热定型或采用两种热定型联合使用。其过程如图9-3及图9-4所示。

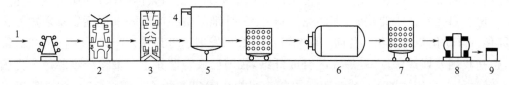

**图9-3　锦纶长丝后加工流程**

1—从绕丝来；2—拉伸加捻；3—双层加捻；4—热水；5—压洗；6—定型；7—平衡；8—倒筒；9—成品

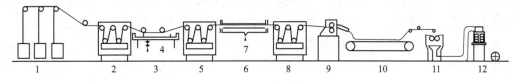

**图9-4　熔体纺丝短纤维后加工**

1—集束；2—一道拉伸机；3—油浴；4—油剂；5—二道拉伸机；6—过热蒸汽箱；7—过热蒸汽
8—三道拉伸机；9—卷曲机；10—松弛热定型；11—切断机；12—打包成品

# 第10章 聚酯纤维

聚酯纤维又称涤纶，是聚对苯二甲酸乙二(醇)酯（PET）纤维在我国的商品名称，它是我们日常生活中所说的"棉的确良""毛的确良"和"快巴的确良"等面料的基本成分。它以对二甲苯（PX）和乙二醇（EG）为基本原料制得，经熔体纺丝和后加工制成的一种合成纤维，分子式为

$$HO\left[CH_2CH_2-O-\overset{O}{\underset{\|}{C}}-\overset{\phantom{O}}{\bigcirc}-\overset{O}{\underset{\|}{C}}-O\right]_n CH_2CH_2OH$$

因为分子结构中含有酯基 $\left[-\overset{O}{\underset{\|}{C}}-O-\right]$，所以常称其为聚酯，所制得的纤维为聚酯纤维。在国外涤纶有不同的称呼。如"特丽纶"（英国）、"达克纶"（美国）、"拉夫桑"（苏联）、"帝特纶"（日本）等。

聚酯纤维虽问世较晚，但由于其具有一系列的优良性能，如断裂强度和弹性模量高，回弹性适中，热定型性优异，耐热和耐光性好，织物具有洗可穿性等，故有广泛的服用和产业用途；石油化工飞速发展，为涤纶生产提供了更加丰富而廉价的原料；加之近年化工、机械、电子自控等技术的发展，使涤纶原料生产、纤维成型和加工等过程逐步实现短程化、连续化、自动化和高速化。目前，聚酯纤维已成为发展速度最快，产量最大的合成纤维品种。也是我国发展最快，产量最高的合成纤维。我国已成为世界生产聚酯纤维的第一大国。

精对苯二甲酸（PTA）或对苯二甲酸二甲酯（DMT）和乙二醇（EG）是制造 PET 的基本原料。其中，EG 可从石油裂解的乙烯制得；而 PTA 和 DMT 的制造技术路线和工艺较为复杂，生产技术路线的选择，关键在于原料的来源。由于来源条件不同，采用的原料及制造方法也各不相同。目前主要用对二甲苯制备 PTA 和 DMT。

从基本原料生产涤纶树脂有四种方法：间歇酯交换缩聚；连续酯交换缩聚；直接酯化法缩聚；环氧乙烷加成酯化缩聚。但从化学反应的原理来分仅有三种方法。因为间歇酯交换缩聚和连续酯交换缩聚，只是在工艺流程、反应设备和反应条件上有差异，反应本质是一样的。

涤纶纺丝和后加工的新工艺和新技术不断涌现，除经典的普通纺丝和常规后加工技术外，又发展出高速纺丝、拉伸变形、空气变形、纺丝连续拉伸一步法等各种新工艺、新技术。

PET 属于结晶性高聚物，其熔点 $T_m$ 低于热分解温度 $T_d$ 因此常采用熔体纺丝法。PET 熔体纺丝的基本过程包括：熔体的制备、熔体自喷丝孔挤出、熔体细流的拉长变细同时冷却固化，以及纺出丝条的上油和卷绕。熔体纺丝过程中，固体高聚物形成初生纤维属物态

变化,即固体高聚物在高温下熔融转变为流动的黏流体,并在压力下挤出喷丝孔,在冷却气流作用下凝固为固态丝条。在纺丝过程中,熔体细流的运动速度连续增加,丝条不断变细,温度逐渐下降,聚合物大分子在拉伸张力作用下不断改变其聚集状态,形成具有一定结构和性质的固态纤维,再卷绕到筒管上或贮放于盛丝桶中。常规纺丝方法获得的低取向度的初生纤维,须再经拉伸、热定型等后处理,才能成为具有实用价值的成品纤维。现代的纺丝技术可将后加工过程并入纺丝工序,成为纺丝—拉伸—卷绕联合的纺丝方法,而获得具有高取向和结晶结构的成品纤维。

目前,聚酯纤维的纺丝成型可分为切片纺丝和直接纺丝两种方法,生产过程见图10-1。

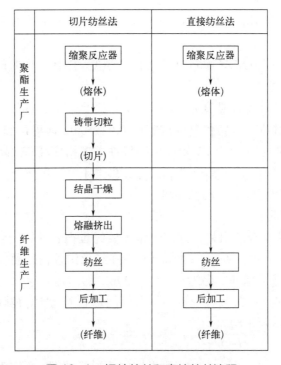

**图 10-1**　切片纺丝和直接纺丝流程

切片纺丝法是将缩聚工序制得的聚酯熔体经铸带、切粒和纺前干燥之后,采用螺杆挤出机将切片熔化成为熔体再进行纺丝。切片纺丝的优点是聚酯工厂和纺丝厂可以分两地建设,灵活性大,但聚酯工厂将熔体冷却铸带切粒后得到切片再包装出厂,到纺丝厂又要拆包干燥,再熔融成熔体,显然是不经济的。

直接纺丝法可省去铸带、切片干燥和熔化过程,将聚合釜中的熔体直接送入纺丝机,这种方法不仅节省投资,降低能耗,而且也省去由于铸带、切粒、包装、运输等工序使切片水分和异物给纺丝带来的麻烦,所以直接纺丝对便于纺丝操作和提高产品质量都是有利的,不但可以提高过程的自动化程度,又能获得高度均匀的产品。但直接纺丝在生产管理方面要求更加严格,调换品种也不太方便。

目前聚酯短纤维大多采用熔体直接纺丝成型法,而长丝则多采用切片纺丝法,以便对熔体质量进行调节。

# 10.1  聚酯短纤维生产

## 10.1.1  直接纺丝熔体输送

来自后缩聚设备的聚酯熔体由出料泵送到熔体输送管线上，熔体经不锈钢的熔体管线输送到纺丝机。熔体输送管线是缩聚及纺丝的衔接系统，其工艺过程控制是很重要的。在熔体输送管道上设置有增压泵、热交换器、静态混合器。熔体在该系统中获得增压，进行热量交换，其熔体温度随纺丝工艺的改变而自动调节，熔体在静态混合器中得到充分均匀地混合，保证进入纺丝箱体的熔体质量均匀。熔体管线上的保温由聚合工序提供热媒循环系统完成。

在熔体输送系统中主要工艺参数有熔体特性黏度、熔体停留时间、熔体压力和温度。

（1）熔体特性黏度

来自聚合工序的熔体特性黏度为 0.62～0.64。对于主产 1.4d 以上的高强低伸型、普通型、中长型、毛型短纤维一般特性黏度控制在 0.62±0.02 即可，当生产 1.4d 以下的高强高模细旦丝时，由于强度高，所以要求高聚物特性黏度相应高些。高聚物的黏度依赖于温度，即随温度变化而波动。熔体温度升高，特性黏度下降，在熔体输送系统中，熔体的温度不必太高，能够达到良好的流动性即可。

（2）熔体停留时间

对于直接纺丝，从聚合的出料口到纺丝箱体要经过很长的输送管线，管线长度一般在40～60m，其熔体的停留时间在 15～20min，而在纺丝组件内还要停留 4～5min。从工艺上讲，要求停留时间越短越好，因为在 280～290℃的熔体温度输送过程中，特性黏度随停留时间的增长而降低，端羧基含量也随停留时间增长而增大，熔体色泽发黄，同时还产生低分子挥发物，均不利于纺丝。

（3）熔体压力

熔体出聚合出料泵的压力为 14MPa，当熔体流过换热器、静态混合器、物态混合器、物料输入管道时，会产生压力变化，即引起压力降，所以在熔体输送系统中需增设一台增压泵来保证熔体进入纺丝组件前具有一定的压力。熔体流经增压泵后，由于流动阻力所致，熔体压力逐渐降低，而计量泵又使熔体压力增加，当熔体从喷丝孔流出后，其压力降至为零。进入组件前的压力一般控制在 2～10MPa。当压力超过 10MPa 时须立即更换组件，组件上机运行时间一般为 4～6 周。

（4）熔体温度

聚酯的熔点为 255～265℃。用于纺丝时，为了获得良好的熔体流动特性，纺丝温度一般控制在 280℃以上。熔体温度的高低与停留时间的长短对熔体的特性黏度有影响。熔体温度越高，停留时间越长，特性黏度下降大，所以对流动着的熔体温度控制是非常重要的。生产中一般采用调节熔体管线上起保温作用的热媒温度和热交换器来达到工艺要求。熔体流经增压泵，其温度将上升 2℃，在以后的管路中，若出现压力损失，即压力差，将导致熔体温度下降约 4℃。

## 10.1.2　聚酯切片的干燥

（1）切片干燥的目的

采用聚酯切片纺丝时，切片的干燥是非常重要的，这是因为铸带切粒后的切片含有大量水分，且切片是无定型的聚合体，软化点较低。这种切片如不经干燥而用于纺丝，在加热熔融时热水解和热降解大；另外由于切片软化点较低，在螺杆挤压进料区容易产生环结阻料。这些会直接影响产品质量和正常生产，因此切片干燥主要有以下两个作用。

① 除去切片中的水分。由于涤纶分子结构中存在酯基，熔融时易水解，使分子量下降，影响纺丝质量，尤其是水分在高温下汽化形成气泡丝，造成纺丝断头或毛丝。目前生产厂一般规定的干燥切片含水率应低于 0.002%。切片含水率的控制不但要求高而且波动范围要小，以保证纺丝工艺稳定。

② 提高切片结晶度和软化点。未干燥切片是无定形结构，软化点较低，在螺杆挤压纺丝进料区很快软化黏结，造成环结阻料，影响正常生产。无定形结构切片在一定温度下会结晶，在结晶过程中，随切片结晶度增加软化点也相应提高，切片由此变得更坚硬，这种干燥切片熔程狭窄，熔融纺丝时熔体质量均匀，同时不会因切片软化不均匀而发生环结阻料现象。如果在生产中采用透明切片即可看到随着切片逐渐加热，原来透明切片变成半透明体，最后成为乳白色的不透明体，此现象就是切片结晶过程的表征，因此切片在加热过程中已由原来的无定形结构变为具有一定结晶度的晶体结构。

（2）干燥原理

切片干燥过程实质上是一个同时进行的传热和传质的过程，并伴随着高聚物结构（结晶）与性质（软化点等）的变化。

① 水分的脱除。切片干燥过程在很大程度上受水分与固体物料结合情况所影响。通常将切片的含水量分为两部分：一种是自由含水量，这种含水量是可被脱除的水分；另一种是平衡含水量，它是与一定干燥条件相平衡的，不能完全脱除的水分。

干燥的关键是减少平衡含水量。切片的平衡含水量与空气介质的相对湿度和温度有关。周围介质的相对湿度愈低；温度愈高，平衡含水量也就愈低。平衡含水量是在一定干燥介质下切片干燥的临界值。所以为获得含水率较低的切片，必须降低干燥介质的含水量，采用较高的干燥温度或采用真空干燥。比如采用加热的减湿压缩空气作为干燥介质。

② 结晶。切片温度超过玻璃化转变温度，无定形区即开始结晶，切片在整个干燥过程中的结晶分别在预结晶和干燥两个阶段完成，预结晶可以防止切片在干燥时接触高温产生黏连。结晶需要一定的温度和时间，在预结晶过程中，为提高效率，采用比较高的温度。但切片一接触高温，无定形区来不及结晶，切片会发生黏连，因此必须在预结晶时使切片翻腾，如进行搅拌或用气流使切片沸腾，避免黏连粒子产生。但在这一过程中，切片互相摩擦和撞击会产生粉末，这些粉末会形成结晶度高的高熔点物，使聚酯熔体的均匀性变差，影响纺丝质量。所以要适当控制搅拌速度或沸腾床的空气流量，减少预结晶时间，以减少粉末的生成。生成的粉末也需通过旋风分离器等设备尽量除去。

（3）干燥工艺过程

干燥方式多种多样，聚酯切片干燥设备分为间歇式和连续式两大类。间歇式设备有真空转鼓干燥机；连续式设备有回转式、沸腾式和充填式等干燥机，亦有用多种形式组合而成的联合干燥装置。聚酯短纤维生产中常采用的有真空转鼓干燥机、预结晶器和充填干燥的组合（如吉玛干燥机、回转充填组合干燥）等。

① 真空转鼓干燥机。设备主体是一带蒸汽夹套的倾斜旋转圆鼓（结构如图 10-2 所示），切片在鼓内被翻动加热，水分蒸发并借助真空系统将水汽抽出。

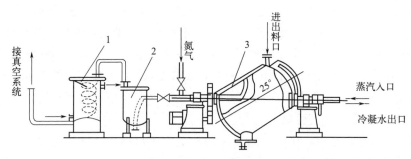

**图 10-2**　VC353 真空干燥机
1—冷却桶；2—除尘器；3—加热夹套

该设备的优点是：结构简单，流程短，干燥质量高，切片特性黏度下降少，可以较低的温度下进行干燥，能耗低，适合易氧化或热敏性的高聚物的干燥；更换切片方便，出料灵活；操作环境好，噪声低。

该设备缺点是：切片干燥周期长，单机产量低，不能连续化生产。切片干燥后产生的粉尘较多；各批切片干燥质量有差异。

该设备一般用于小批量、多品种及一些特种纤维的生产。

② 回转充填组合干燥机。回转充填组合干燥是多级串联干燥机的一种形式，属流化干燥的一种方式，以热空气加热，除了流程连续化外，尚具有产量高和干燥切片质量均匀稳定等特点。该干燥机是回转圆筒式干燥机和充填干燥机两个设备的组合，前者主要起脱水和结晶作用，而后者安装在纺丝机的上方起补充干燥作用，使切片含水进一步降低，并作为纺丝保温料斗，直接将切片由塔内靠自重进入螺杆纺丝机熔体纺丝。

a. 回转充填组合干燥的流程。回转充填组合干燥机由前段切片输送系统、回转干燥机、后段切片输送系统和充填干燥四部分组成，其流程如图 10-3 所示。

第一部分：前段切片输送系统。前段切片输送系统主要由湿切片料仓、罗茨真空泵、旋风分离器和第一切片料斗（料斗Ⅰ）等设备组成。贮仓内的湿切片，经自动调节阀用罗茨真空泵吸收至料斗Ⅰ。通过旋风分离器初步除去粉末。

第二部分：回转干燥机。切片的主要干燥由回转干燥机来完成。该系统主要由回旋阀Ⅰ、卧式回转干燥机及其传动机构、高压风机、加热器和过滤器等设备组成。

在此系统中，含水率约 0.4% 的切片从料斗Ⅰ通过回旋阀Ⅰ，定量地加入回转干燥机中，回转干燥机采用减湿热风进行循环，干燥过程排除少量湿气，补充新的减湿压缩空气。切片与热风顺流接触，切片在转筒内，随着筒体的转动，被筒内的叶片带到上部又落下来。送进的热风推动落下切片前进，在前进中切片被加热升温，以达到切片脱水干燥和结晶的效果。

第三部分：后段切片输送系统。该系统主要由料斗Ⅱ、螺旋送料机、金属探测器、罗茨鼓风机、料斗Ⅲ等设备组成。

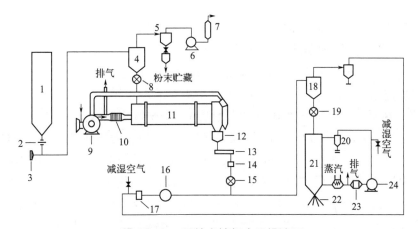

**图 10-3**　回转充填组合干燥流程

1—湿切片料仓；2—闸；3—过滤器；4—料斗Ⅰ；5—旋风分离器；6—罗茨真空泵；7—消音器
8—回旋阀Ⅰ；9—涡轮鼓风机；10—蒸汽加热器；11—回转干燥机；12—料斗Ⅱ；13—螺杆送料机
14—金属探测器；15—回旋阀Ⅱ；16—罗茨鼓风机；17—冷却器；18—料斗Ⅲ；19—回旋阀Ⅲ
20—旋风分离器；21—充填干燥机；22—加热器；23—过滤器；24—涡轮鼓风机

经回转干燥机干燥后的切片，靠自重落入料斗Ⅱ，用螺旋给料器出料。经金属检出器除去金属杂质，通过回旋阀Ⅱ，用罗茨鼓风机产生的气流将切片送至料斗Ⅲ。

第四部分：充填干燥。充填干燥机是用来做补充干燥的。该系统主要由充填塔、高压风机、空气加热器、过滤器、旋风分离器等设备组成。

料斗Ⅲ的切片，经回旋阀Ⅲ定量地送入立式充填塔内。充填塔内不搅拌，高压热风自塔下部鼓入，使塔内切片呈悬浮状，但又不沸腾，保证切片呈活塞流下降，从而使切片在塔内有相同的停留时间，确保切片含水均匀。经充填干燥机补充干燥后切片含水率控制在<0.002%。

b. 回转充填组合干燥工艺。回转充填组合干燥器工艺控制指标见表 10-1。切片干燥工序的最重要的工艺参数是减湿的热风温度和干燥时间。这两个参数的波动将直接影响到切片的含水率和结晶度。

**表 10-1**　回转干燥、充填干燥工艺参数控制

| 工艺参数 | 回转干燥 | 充填干燥 |
|---|---|---|
| 循环风量/(m³/min) | 350 | 12 |
| 循环风压/MPa | 2.25 | 1 |
| 干燥时间/h | 3 | ≈1 |
| 热风入口温度/℃ | 180 | 180 |
| 热风出口温度/℃ | 165 | 130～140 |

③ 吉玛干燥机。德国吉玛公司生产的吉玛干燥机干燥工艺流程采用预结晶装置与充填干燥器相结合。切片先经过预结晶器除去大部分含水（主要是表面吸附水），具有了一定的预结晶度，软化点提高，切片在高温下不易黏连。然后进入充填干燥器，在干燥器内保证足够且均匀的停留时间，充分去除切片水分。

a. 干燥过程。吉玛干燥流程如图 10-4 所示。切片从料仓由脉冲气流输送湿料斗，由回旋阀控制经振动管，定量地输送到卧式沸腾床预结晶器，切片在预结晶器内停留约 10～15min 被加热结晶。预结晶器有两个振动装置，预结晶的切片被送至充填干燥塔，继续干燥，干燥后的热切片被送入挤压机。

b. 干燥热风系统。从充填干燥机排出的热空气一部分经热交换器 4 回收热量后排入大气，另一部分进入风机 10 作预结晶器和干燥机上部使用的循环风。补风为纺丝侧吹风的回风，先经空气冷却器 1，再经除湿器 2 过滤，处理后的空气露点低于−16℃。经热交换器 4 后，由加热器加热至 170±5℃，送入干燥塔底部，用于切片干燥，以低于 1m/s 的速度自下而上穿过干燥塔。主风机送出两路热风：一路经电加热器 11 加热后进入预结晶器，回到旋风分离器 15；另一路经电加热器 9 加热后进入干燥机上部，也回到旋风分离器 15。此处热风含湿量较大，一部分经热交换器排入大气，一部分除尘后重新进入主风机，实现内部循环。

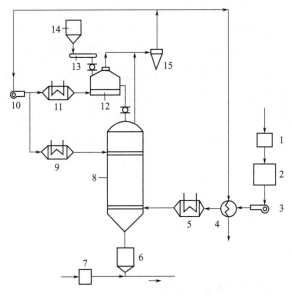

**图 10-4**   吉玛干燥机工艺流程

1—空气冷却器；2—氯化锂除湿器；3—干燥风机；4—热交换器；5—电加热器；
6—干料仓；7—空气除湿器；8—充填干燥塔；9、11—电加热器；10—预结晶风机
12—预结晶器；13—振动管；14—湿料斗；15—旋风分离器；

c. 预结晶器。吉玛预结晶器是沸腾床式，分为前后两个进风区，分别控制风速，使切片的沸腾状态前强（防止粘结，提高效率）后弱（平稳出料）。两台偏心电动机转向相反，产生振动，振动频率为 1140 次/min，振幅最大可达 4mm，床面按一定斜度安装，在振动下，切片按倾斜床面向前移动。调节多孔板 11 的斜度和调节板 6 的高度，可控制切片在预结晶器内的停留时间（如图 10-5 所示）。

由于吉玛干燥机较好地运用了切片干燥的原理，因而具有连续干燥、效率高、干燥质量好且稳等特点。

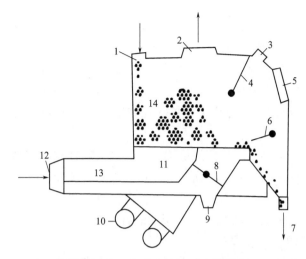

**图 10-5**　吉玛沸腾床式预结晶器

1—进料口；2—回风口；3—视镜；4—挡板；5—人孔；6—料位调节板
7—出料口；8—调节活门；9—粉末出口；10—振动电动机；11—多孔板；
12—热风进口；13—空气柜；14—切片

（4）干切片贮存与输送

干切片的贮存，通常是指将干燥后的切片送入切片料斗贮存，供纺丝用。设置该切片料斗的目的是贮存一定的干燥切片，以保证纺丝能连续进行。因此防止干切片在贮存或输送过程的吸水回湿是十分重要的。为了防止干切片吸水回湿，必须加强对料斗管理。料斗应有良好的密封性，最好通入惰性气体（如干燥氮气）进行保护，用以隔绝空气。

干切片的输送，是指将干切片加入纺前料斗或螺杆挤压机的这一过程。输送的方法有三种：其一由人工直接倒入；其二由干燥机干燥后靠切片自重通过密封管进入纺丝机；其三为气流输送加料。干切片的气流输送采用循环风送式输送，以氮气为保护气流（也有用减湿热空气）把干切片送至纺前料斗。

## 10.1.3　聚酯切片的熔融

熔融是干切片在热作用下转变为液态的过程。切片熔融必须要熔融均匀且过程中避免发生降解，还要防止环结阻料。

（1）熔融方式

聚酯切片的熔融主要有两种形式，一种是炉栅型熔融，另一种是螺杆挤压型熔融。

早在 20 世纪 40 年代炉栅型熔融就用于聚酰胺纤维的生产。这种形式设备结构简单，早期生产聚酯纤维时也用这种形式。但炉栅熔融容易产生死角，传热效率差，停留时间长，对聚酯这样热稳定差、熔体黏度大的原料很不合适，这种生产方法在聚酯生产上已被淘汰。

在聚酯纤维生产中，广泛应用螺杆挤出纺丝机进行纺丝。与炉栅熔融相比，采用螺杆挤压型熔融成纤高聚物，具有若干显著的优点。

① 由于螺杆不断旋转，推料前进，使传热面不断更新，大大提高了传热系数，强化了切片熔融过程，从而提高劳动生产率。

② 螺杆挤出机能强制输送各种黏度较高的熔体。炉栅熔融输送效率随黏度提高而下

降,当黏度超过 100~120Pa·s 时会因熔体流动阻力增加而造成输送困难。而螺杆挤出机尤其适用于高黏度熔体纺丝,且可纺纤度范围广。

③ 螺杆旋转输送熔体,熔体被塑化搅拌均匀,在机内停留时间较短,一般为 5~10min,大大减小了熔体热分解的可能性。

④ 螺杆挤压生产能力大,适合于设备大型化的生产,有利于提高劳动生产率,降低成本,节省投资。

螺杆挤压机的形式多样,按其空间位置分,有立式螺杆和卧式螺杆;按螺杆数目分,有单螺杆及双螺杆;按螺纹头数分,有单头、双头和多头螺杆;按螺距的变化分有等螺距螺杆和变螺距螺杆;按螺槽深度的变化分,有突变、渐变和短区渐变螺杆等等。聚酯短纤维生产中大多采用卧式单头等螺距短区渐变型螺杆。

(2)螺杆挤压机的工作过程

螺杆挤压机主要由螺杆、套筒、传动部分、加料装置、加热和冷却装置等组成。

螺杆是挤压机的主要部件,图 10-6 是短区渐变型螺杆的结构示意图,在涤纶生产中,由于熔化温度范围较窄,通常选用短区渐变螺杆。

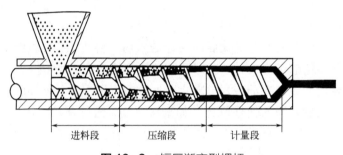

**图 10-6**　短区渐变型螺杆

根据螺杆中物料前移的变化和螺杆各段所起的作用,通常把螺杆的工作部分分为三段,即进料段、压缩段和计量(均化)段。

① 进料段的特点是螺槽较深,而且深度不变。主要作用往里输送固体物料,并使物料预热软化。

② 压缩段的特点是螺槽由深变浅。其作用是熔融切片、压缩混合熔体,并把其中夹带的空气向进料段排出。

③ 计量段的特点是螺槽较浅,且深度相等。作用是均化熔体,并将熔体以一定温度、压力和流量均匀输出。

螺杆的分段并不是绝对的,也可以分为两段,甚至不分段。螺杆各段长度比例与被加工物料的性质有关,可根据生产实践确定。

固体切片从料筒进入螺杆后,首先在进料段被输送和预热,继之经压缩段压实、排气并逐渐熔化,然后在计量段内进一步混合塑化,并达到一定温度,以一定压力定量输送至计量泵进行纺丝。在螺杆挤出机中切片的温度、压力、黏度、物理结构与化学结构等一系列性质和参数都进行着复杂的变化。

在整个挤出过程中,螺杆完成以下三个操作:切片的供给、切片的熔融和熔体的计量挤出,同时使物料起到混匀和塑化作用。按物料在挤出机中的状态,可将螺杆挤出机分成三个区域：固体区、熔化区和熔体区。在固体区和熔体区物料是单相的，在熔化区是两相并存。这和螺杆的几何分段进料段、压缩段和计量段在一定程度上相一致。实际生产中，物料在螺杆挤出机中的状态是连续变化的，不能机械地认为某种变化会截然局限在某段内发生。进料段物料主要处于固体状态，但在其末端已开始软化并部分熔化；而在计量段主要是熔融状态，但在其开始的几节螺距内还可能继续完成熔化作用。

螺杆的这三个功能是彼此联系、不可分割的。对于稳定而均匀运转的螺杆挤出机，必须使螺杆各断面上，固体输送和熔体输送速度之和等于螺杆挤出机的输出能力；且在熔化段的任意断面上输送熔体的能力应等于相应断面上的熔化能力。

因此，要全面地描写挤出过程，必须将固体输送、熔融和计量挤出理论综合成为一个完整的螺杆挤出理论。这样才可能对一台螺杆挤出机的全部操作特性：诸如熔融能力、输出量、功率消耗、压力分布和温度分布等做出符合实际的理论预测。

（3）工艺条件

螺杆挤压机的工艺控制主要是指螺杆挤压机各个不同温度加热区的温度控制。由于螺杆挤压机与纺丝设备通过法兰与弯管相连接（螺杆挤压机通过弯管向纺丝箱体输送熔体，弯管通过法兰与螺杆挤压机相连），所以法兰区和弯管区温度控制也是很重要的。

螺杆是分五个加热区来加热的。螺杆各区温度的排列形式有两种。第一种是由高到低。第二种是由低到高，再由高到低。例如，某厂在 VD406 纺丝机上用熔点为 259℃，特性黏度为 0.668（干燥后）的聚酯切片纺丝时，螺杆各加热区温度（℃）设定如表 10-2：

**表 10-2　不同排列形式的螺杆各区温度设定**

| 加热区 | 不同控温方式下温度设置/℃ | |
| --- | --- | --- |
| | 高—低 | 低—高—低 |
| 一区 | 310 | 292 |
| 二区 | 305 | 295 |
| 三区 | 300 | 298 |
| 四区 | 295 | 295 |
| 五区 | 290 | 292 |
| 法兰区 | 286 | 286 |
| 弯管区 | 286 | 286 |
| 箱体 | 284 | 284 |

生产中多采用低—高—低的排列形式，因为这样的温度分布对防止螺杆"环结阻料"，提高熔融均匀性和减少热降解较有利，而前一种排列形式仅在为了增加螺杆熔融量时采用。下面就第二种温度排列形式加以详述。

① 冷却区的温度。本区位于螺杆进料段预热区的前半部，主要作用是为了防止加料口到预热区温度过高时切片过早软化黏结，造成"环结阻料"。同时，也可以保护螺杆传动部分不受加热的影响而运行异常和减少寿命。该区温度一般控制在 50～100℃。

② 预热区的温度。预热区位于螺杆加热一区和加热二区的前半部。预热区的作用是把切片加热到接近聚合物熔点，为切片的压缩、熔融作准备。因此该区的温度一般控制在比熔融区温度低 4~15℃范围内。温度过高会使切片过早熔化，影响压缩段的压缩，并易引起熔体和切片一起黏附在螺杆表面,阻碍进料,即发生"环结阻料"现象。但温度太低,也会造成预热区向熔融区过渡的温差太大,不利于切片在熔融区充分熔融。

③ 熔融区的温度。对于短区渐变螺杆来说，熔融区位于第二加热区后半部和第三加热区。该区的主要作用是将切片完全熔融，并靠挤压排出夹带在物料中的气体。因此该区温度应是螺杆各区温度中最高的，熔融区温度的选择很重要，一方面它直接影响切片的熔融质量，另一方面它又是制定各区温度的参考。一般将该区温度控制在高于聚合物熔点25~35℃范围内。

④ 计量区的温度。计量区位于螺杆的第四加热区和第五加热区。该区的主要作用是将已熔化好的熔体进一分混合均匀，并定量地将熔体以一定压力输送到箱体中的各纺丝位。计量区的温度一般比熔融区低 2~5℃。

⑤ 法兰和弯管区的温度。这两区的主要作用是输送熔体，对温度的要求只是对熔体进行保温。但因法兰区和直管区散热较多，通常温度与计量区相同或低 1~2℃。应当指出的是，法兰区和弯管区的温度在开车时一定要高，因为其内一般有凝固的熔体，在升温时要迅速熔融较困难。

## 10.1.4　聚酯纤维纺丝成型

聚酯纤维成型过程是聚合物熔体在一定压力下喷出喷丝板,冷却固化及受力形变的过程。该过程中，熔体细流的运动和性质发生连续不断的变化，运动速度连续增加，丝条不断变细，温度逐渐下降，聚合物大分子不断改变其聚集状态，熔体细流逐渐凝固成低预取向的初生纤维。

（1）纺丝工艺流程

自聚酯装置缩聚反应器经增压泵或自螺杆挤出机熔融后送来的聚合物熔体,在熔体过滤器内滤去机械杂质和熔融不良物（也有不经熔体过滤器的），再经熔体分配管进入纺丝箱体,在箱体内经纺丝计量泵以恒定量通过纺丝组件的过滤层后,从喷丝板细孔中挤出,挤出的熔体细流经空气冷却成丝条,丝条经上油轮上油,若干根丝条汇集成束后,再经牵引辊、喂丝轮喂入盛丝桶内,盛丝桶放在往复装置上作有规律的往复运动,使丝束按一定的规则铺在盛丝桶内。图 10-7 所示的 VD 型短纤维熔融纺丝工艺是典型的螺杆熔融挤出纺丝机工艺流程,如果采用熔体直接纺丝则不需要螺杆挤出机,而是将来自缩聚装置的熔体经增压后,经熔体管道直接与纺丝箱体相连接,纺丝箱体及其后的流程则与图 10-7 大致相同。

（2）纺丝机结构

纺丝机主要由纺丝箱体、计量泵纺丝组件、冷却吹风装置、卷绕成条装置等组成。

① 纺丝箱体。纺丝箱体内装有至各纺丝部位的熔体分配管、计量泵及纺丝组件,熔体分配管的布置必须保证熔体自分配头到达各纺丝部位的流经时间相等和压力降相等,以减少各部位纺出纤维的质量差异。

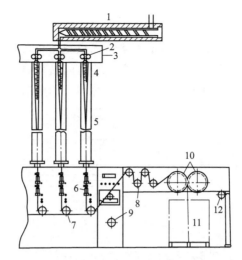

**图 10-7**　VD 型短纤维熔融纺丝工艺流程

1—螺杆机压机；2—计量泵；3—纺丝箱体；4—纺丝组件；
5—纺丝筒；6—油轮；7—卷绕辊；8—牵引辊；9—废丝辊
10—喂入轮；11—条筒；12—废丝辊

纺丝箱体的保温方法很多，通常来讲有两种方法，第一种采用通过电加热加热箱体中的热媒，热媒对箱体进行保温。第二种是采用热媒蒸发器产生的气相热媒进行循环加热进行保温。VD 型纺丝机及其他一些生产能力较小的纺丝箱体就采用第一种方式；而 HV 型纺丝机和直接纺丝的纺丝箱体的保温则采用第二种方式。

所以可以定义，纺丝箱体的主要作用是通过等长的熔体分配管将熔体分配到各个纺丝位，并对熔体分配管、计量泵和纺丝组件进行补充加热以保温。

② 计量泵。进入纺丝箱体的熔体，经熔体分配管分配给每个纺丝位的计量泵。计量泵的作用是定量地、均匀地把熔体送入纺丝组件。

计量泵一般采用齿轮泵，见图 10-8。其工作原理是：当一对齿轮啮合转动时，在熔体吸入口处形成负压，熔体就从吸入口进入，并充满二个齿轮的齿谷，齿谷间的熔体在齿轮的带动下紧贴着"8"字孔内壁回转近一周后送到出口，由于出口容积的不断变化，而将流体形成一定的压力挤出，进入纺丝组件。

③ 纺丝组件。纺丝组件是喷丝板、熔体分配板、熔体过滤材料及组装套的结合件。其基本结构包括两部分：一部分是喷丝板、熔体分配板和熔体过滤材料等零件；另一部分是容纳和固定上述零件的几个组装套。

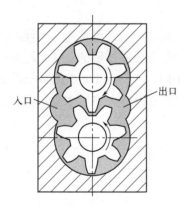

**图 10-8**　计量泵工作原理

纺丝组件是熔体纺丝成型前最后通过的一组构件，除确保熔体过滤、分配和纺丝成型的要求外，还应满足高度密封、拆装方便和固定可靠的要求。纺丝组件的作用一是过滤熔体，去除熔体中可能夹带的机械杂质与凝胶粒子，防止堵塞喷丝孔眼，延长喷丝板的使用周期；二是使熔体能充分混合，防止熔体发生黏度的差异；三是把熔体均匀地分配到喷丝板的每一小孔中去形成熔体细流。生产上使用的高压纺丝组件如图 10-9 所示。高压纺丝组件与普通纺丝组件在结构上基本相同，主要区别在于有较多的和较高目数的过滤介质，以形成较大的阻力来产生高压。高压组件各个部件应加厚或加强，保证高压时不发生形变。高压纺丝的优点是熔体在高压下流过纺丝组件时，形成较大的压力降，产生较大的剪切作用，使机械能瞬时转化成热能，熔体温度均匀上升，黏度下降，从而改善熔体流动性能，提高产品的质量，因此适用于高黏度、热稳定性较差的熔纺高聚物纺丝。

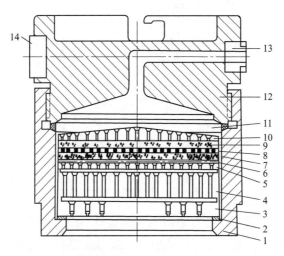

**图 10-9**    高压纺丝组件

1—喷丝板座；2—铝垫圈；3—喷丝板；4—耐压板；5—滤网托板；
6—组合多层海砂（0.85mm、0.425mm、0.25mm）；7—分配板；8—密封圈；
9—压盖；10—铝垫圈；11—熔体进口接头 12—压力传感接口；
13—定位块；14—包边滤网（400 孔、6000 孔、10000 孔）

　　喷丝板是化纤生产中使用的高精度密度标准件，是纺丝过程中带关键性的机件。喷丝板的形状有圆形和矩形两种。圆形喷丝板加工方便，容易密封，所以使用比较广泛。矩形喷丝板主要用于纺制短纤维。

　　喷丝板上喷丝孔的几何形状直接影响熔体的流动特性，从而影响纤维成型。喷丝孔通常由导孔和毛细孔两段构成，除纺异形丝的喷丝孔外，毛细孔都是圆柱形的，导孔则有圆筒漏斗形、圆筒平底形、圆锥形和双曲面形等。依次见图 10-10（a）～（d）。最常见的是圆形导孔，其加工最方便；但为了控制熔体流动的切变速率和获得较大的压力差来源，还是圆锥形和双曲面形导孔为好，但其加工较困难。

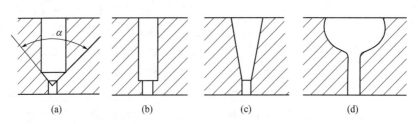

**图 10-10**    喷丝孔的几何形状喷丝板

　　喷丝板孔数一般有 400～70000 孔，目前国内常用的有 900、1120、1260、2200、4100孔等。增加孔数是短纤维增加产量的有效途径，为了保证冷却均匀，应注意孔间距不能太小（最小孔间距约为 2.2～2.3mm）。喷丝板孔眼的排列方式首先应考虑必须使各根纤维都有均匀一致的冷却条件；且应使熔体流动分配均匀，这样才能保证出丝均匀，透风良好，这对多孔短纤维喷丝板尤为重要；还应考虑孔眼增多不使喷丝板强度削弱。孔眼的排列有同心圆、菱形、星形等形式。

采用均匀的环形吹风十分重要。特别是采用中心空气外吹的环吹风形式。目前国外已有 4000 孔以上的大喷丝头。

④ 冷却吹风装置。熔体从喷丝板喷出后主要受两个因素的作用，一是力的作用——丝条拉伸变细；二是冷却条件的作用——熔体细流转变为固体丝行。实际上这两个作用是同时进行的，原理比较复杂，这里仅从冷却成型的角度来介绍一下初生纤维形成的过程。

按熔体细流冷却成型的过程，大致可将纺丝分成三个区域，即熔融区、凝固区和冷却区。如图 10-11 所示。

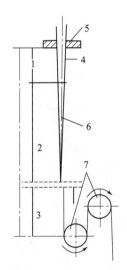

**图 10-11　纤维成型过程**
1—熔融区；2—凝固区；3—冷却区；4—膨化区；
5—喷丝板；6—丝条；7—导丝盘

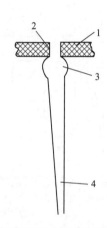

**图 10-12　熔体出喷丝孔时的膨化现象**
1—喷丝板　2—喷丝孔　3—膨化现象　4—丝条

a. 熔融区。该区是指离喷丝极大约 10mm 的区段，聚合物温度在熔点以上。在此区域内，聚合物刚出喷丝板时，由于高聚物的高弹特性，会出现膨化现象。所谓膨化现象是指熔体细流刚出喷丝孔时，直径突然胀大。如图 10-12 所示。生产中不希望出现这种现象，因为熔体细流的膨化现象会导致初生纤维的纤度不匀、熔体破裂以及熔体与喷丝板剥离性能差等。因此在纺丝成型时要尽量减少膨化现象。过了膨化区直径最大处，熔体细流被迅速拉长变细，其变化速度最快。在该区由于温度较高，大分子解取向占主导地位，而受拉伸取向作用较小。

b. 凝固区。在该区中由于空气的冷却作用，熔体细流的温度迅速下降，并逐步凝固成丝条。熔体细流凝固的地方叫作固化点。固化点离喷丝板的距离约 400～600mm。在凝固区聚合物由黏流态向玻璃态转变，丝条被拉长的速度下降，但由于温度的降低大分子解取向的趋势减小，而大分子受拉伸取向的作用增大。

c. 冷却区。丝条从凝固温度继续被冷却到接近室温。此时丝条的直径和拉伸速度基本不变，形成稳定的初生纤维（生产中常称卷绕丝或原丝）。

丝条的冷却形式采用风冷，冷却装置主要由吹风窗及甬道组成。吹风窗有侧吹风和环吹风两种形式。侧吹风是指冷空气从单面垂直吹向对条，这种冷却方式丝条会被吹偏离于垂直位置而产生变曲，甚至相互碰撞而黏结成并丝。而环形吹风能够克服这些缺点。环吹风装置是指冷空气从丝条的周围吹向丝条，构成环形的吹风面，有利于丝条冷却均匀性。也就是说：环吹与侧吹相比，其有冷却效果好、单丝间纤度均匀和适合多孔纺丝的特点。因此在涤纶短纤维生产中应用广泛。

侧吹风装置只适用于生产纤度较低的长丝，具体内容将在长丝生产中介绍，本部分内容只介绍环吹风。

目前环吹风装置主要有外环吹风和内环形吹风两种，如图 10-13 和图 10-14 所示。

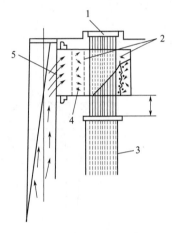

图 10-13    外环吹风装置

1—喷丝板；2—多孔环状板；3—提拉套筒；
4—吹风环；5—过滤材料

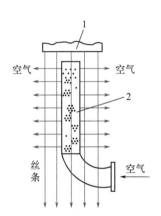

图 10-14    内环吹风装置

1—喷丝板；2—多孔圆筒

内环式吹风装置用于 2000～70000 孔大型喷丝板以生产短纤维，它是在圆形喷丝板中间的无孔区，自下方插入一个圆筒，圆筒系多孔材料组成，冷却空气自中心向外吹，不仅节省能源而且也提高了纤维质量。

甬道的作用在于保证纤维不受损坏并继续冷却，通常是由铝制圆筒形或矩形管做成的。甬道长度 3.2～7m。

⑤ 卷绕成条装置（简称为卷绕装置）

卷绕装置主要包括给湿上油部分、导丝卷绕系统和卷绕受丝装置。其主要作用是将纺丝来的丝条拉伸变细、给湿上油，并将每个纺丝位的丝条合束喂入盛丝桶。

a. 给湿上油。成型的丝条经纺丝室和甬道冷却固化后，几乎是完全干燥的，为避免产生静电，并进行正常的卷绕，必须先行给湿和上油。初生纤维上油的目的是消除丝条在运行过程中由于摩擦产生的静电，并起润滑和增加丝条间抱合力的作用，从而使丝条能顺利地进行卷绕和后加工。

b. 导丝系统。导丝系统主要由导丝盘和牵引辊等组成。

导丝盘的作用是导丝并改变每个卷绕部位丝条的运行方向，以便丝条顺利进入卷绕束之中。导丝盘也称为纺丝盘，所谓纺丝速度就是指导丝盘的线速度。纺丝速度是纺丝成型过程中的重要参数，对丝条张力、丝条运动速度和温度分布有重要影响。

牵引辊的主要作用是拖动丝束向前运行。

c. 卷绕受丝装置。涤纶短纤维卷绕采用的是大卷绕受丝装置，主要由喂入轮、盛丝桶和成型往复运动装置组成。

喂入轮的外形像一只齿轮，一般由铝合金制成。从牵引辊出来的丝束通过一对相互啮合的喂入轮将丝束握持喂入盛丝桶。生产中常把导丝盘，牵引辊和喂入轮的速度称为"三辊"速度，控制好"三辊"速度对稳定卷绕张力和提高卷绕丝的质量很有意义。

盛丝桶一般由铝板加工而成，常用的一般有圆形和方形，盛丝桶的大小主要根据生产能力和操作条件而定。

成型往复运动装置一般为复合运动机构，丝条在盛丝桶中的成型就是两种运动叠加的结果。

（3）纺丝工艺条件的选择与控制

纺丝成型是涤纶短纤维生产中最关键的工序，其卷绕丝质量的好坏将直接影响后加工生产是否能顺利进行，最终影响成品纤维的质量。因此，纺丝工艺条件的选择与控制是涤纶纤维生产中的关键。切片纺丝和直接纺丝因方法不同需关注的工艺参数也不尽相同。

① 切片纺丝。

a. 温度。选择纺丝温度的依据：因为熔融纺丝时聚合物必须熔化但不能分解，所以纺丝温度（$T_s$）应选择高于聚合物熔点（$T_m$）和低于聚合物的分解温度（$T_d$），即 $T_m < T_s < T_d$。聚酯的熔点一般为258～265℃，分解温度在300℃左右，所以纺丝温度必须选在这个温度范围内。聚合物的黏度也是选择纺丝温度的依据之一。纺丝时要求熔体有较好的流动性和均匀性，因此在聚合物黏度较高时，应选择较高的纺丝温度，反之，应选择较低温度。一般为了使熔体有较好的流动性和均匀性，纺丝温度的低限应高出熔点10℃左右。

除了依据聚合物的熔点和黏度外，在选择纺丝温度时还要考虑加热装置的特点、切片粒子的大小和挤出量等方面的因素。一般当切片熔点高、黏度高、挤出量大以及切片粒子大时应选择较高的纺丝温度，反之应稍低些。

前面已经讲到，纺丝箱体的作用是对熔体分配管、计量泵和纺丝组件进行保温和补充加热。熔体在箱体中停留的时间较长，一般为1～1.5min，因此箱体温度对熔体的质量影响较大。如果温度过高，热降解大，熔体从喷丝板喷出时的升华物也会增多，这些升华物会部分附着在喷丝板的表面，引起熔体黏板而形成浆块和注头丝。

b. 泵供量。计量泵每分钟吐出熔体的质量（克）为泵供量。当纺丝速度和喷丝板孔数确定后，泵供量增加，卷绕丝纤度增大，冷拉伸倍数稍增，对卷绕丝的质量无明显影响。然而，每个纺丝位之间泵供量的均匀性对涤纶生产却有很大的影响。如果每个纺丝位之间泵供量相差很大，那么位与位之间的卷绕丝的粗细就不一样，较粗的丝在后加工拉伸过程中有可能拉伸不足，造成纤度过大或僵丝；而较细的丝在拉伸中会被拉断，造成毛丝缠辊。同一个纺丝位在不同时间里泵供量不均匀也会造成上述问题。

泵供量的均匀性主要取决于计量泵转速、螺杆机头压力（或螺杆转速）的稳定以及计量泵自身的均匀性。因此在生产中控制好计量泵转速、螺杆机头压力以及根据计量泵流量对计量泵进行分组使用是很有必要的。

c. 纺丝速度。即卷绕速度，它是影响卷绕丝预取向度的重要因素。同样的冷却条件下，纺丝速度越高，纺丝线上速度梯度也越大，同时丝束和冷却空气的摩擦阻力提高，由于这两个因素导致卷绕丝预取向度提高。其表现为双折射增加，后拉伸倍数下降。经验数据表明，纺丝速度每提高 100m/min，初生纤维的最大拉伸倍数约降低 0.1。若纺丝速度低，丝束张力小，卷绕时丝束发生跳动，稳定性较差，且易发生绕辊。

d. 丝条冷却成型条件。该条件影响卷绕丝的预取向度和不匀率，从而影响后拉伸性能，所以冷却成型条件的选择和控制非常重要。控制冷却成型的方法是对喷出纺丝板的熔体细流进行强制吹风冷却。冷却的工艺条件，应根据熔体黏度、纺丝速度和纺丝孔数等来制定。涤纶纺丝冷却比较缓和。在冷却成型时，可不考虑晶体的生成，仅考虑预取向和不均率。吹风的形式主要为环形吹风。

为了克服侧吹风丝束冷却内外侧不匀，断面不匀率大和疵点多的缺点，短纤维纺丝采用环形吹风冷却的工艺。环形吹风的风速和风温对卷绕丝双折射和不匀率的影响，与侧吹风有类似规律，即随风速和风温提高，双折射和不匀率下降，但达到一定值后又上升。因为过低的风速不能穿透到丝束内层，而被丝条带走，平行于丝条运动；当风速过高时，四周的气流达到中心后尚有余，致使在丝束中心部分发生湍流，丝束混乱干扰，并出现大量硬头丝，所以要求风速仅达丝束中心即可。

环形吹风送风均匀，几乎没有并丝，卷绕丝不匀率下降。环形吹风对涤纶短纤维纺丝是很重要的。

② 直接纺丝。直接纺丝过程中，熔体从后缩聚釜经历几十米的熔体管道送至纺丝箱体。熔体在管道中的流速呈抛物线状分布，这种流动形式导致管道中心熔体的流速比管壁的熔体流速要快。由于其流速不同而产生熔体的质量差异，将影响纺丝质量。为了获得优良的短纤维，在熔体输送过程中，保证熔体质量均匀稳定是十分重要的。为此，常在输送管道中装置静态混合器，以使中心部分的熔体和管壁部分的熔体达到混合交换，保证质量均匀和稳定。

熔体输送的工艺条件有熔体接头压力、熔体中间贮槽的液位控制和熔体温度。熔体接头压力是指熔体输送泵出口的熔体进入纺丝箱体之前的熔体压力，正常时，其压力一般在 2.45MPa 左右。最低不得低于 1.6MPa，否则丝条不匀率升高，影响纺丝质量。熔体中间贮槽液位的控制非常重要，如液位控制波动较大，将会直接影响纺丝质量，并在贮槽内壁液位波动处产生"结皮"现象，其"结皮"经长期高温热氧化降解而形成交联结构的凝胶，凝胶的存在给纺丝和后拉伸带来困难，因此中间贮槽的液位必须严格控制。熔体温度会影响熔体在管道中的流动性能，较低的熔体温度，熔体流动性能差；较高的熔体温度会发生热降解，所以，通常在输送过程中熔体温度控制在 275～280℃。

直接纺丝最关键的温度是纺丝箱体温度，一般比切片纺丝温度稍低，为 285～290℃，如控制不当会出现注头丝，影响纺丝。在纺丝过程中，一方面要控制好缩聚工序的工艺条件，使熔体黏度均匀稳定；另一方面要据管道熔体压力，随时注意调节缩聚釜排料螺杆转速，以保持纺丝熔体压力的稳定以利纺丝正常进行。直接纺丝另一关键是熔体的过滤，由于熔体中杂质较多，常引起纺丝注头，为此，必须注意纺丝头过滤材料的组装。

## 10.1.5　后加工设备和工艺流程

卷绕丝虽已凝固成型，但取向度和结晶度很低，基本是无定形结构，不具有纺织加工性能，亦无使用价值。后加工是把卷绕丝通过拉伸、卷曲、热处理和切断等工序，使纤维结构和表面形态发生改变，从而具有良好的物理性质，以便适合纺织加工的需要。

刚成型的卷绕丝由于取向度低，强度很小，仅 1cN/dtex（1cN/dtex=91MPa）左右，而伸度高达百分之几百，无实用价值。所以卷绕丝还必须进行拉伸，提高分子排列的有序性，使纤维获得足够的强度和合适的伸度，以适应各种用途。

经拉伸后的纤维强度虽高，但由于内应力较大，在热作用下会发生收缩，尺寸稳定性不好。为了提高其热稳定性必须进行热定型。至于采用何种热定型方式要根据用途而定。

为适合与其他天然或化学纤维混纺，在后处理过程中纤维必须进行卷曲，以增加纤维间的抱合力及成纱强力。再经上油以防止静电，提高可纺性，最后经切断制成一定长度的成品。

（1）工艺流程简介

短纤维后加工主要由集束、拉伸、定型、卷曲、上油、切断和打包等工序组成。图 10-15 及图 10-16 为两种典型的后加工工艺流程图。

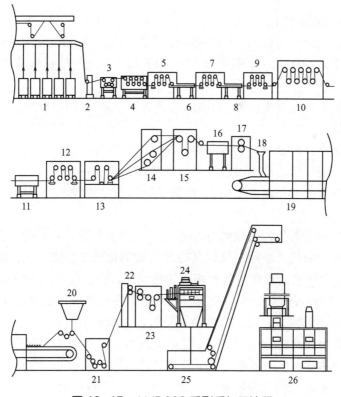

**图 10-15** LVD802 系列后加工流程

1—集束架；2—导丝架；3—浸油槽；4—八辊导丝机；5—道七辊；6—一道水浴；
7—二道七辊；8—二道水浴；9—三道七辊；10—紧张热定型；11—油冷器；
12—四道七辊；13—上油机；14—收束架；15—张力架；16—卷曲预热；17—卷曲机；
18—喂丝器；19—松弛热定型；20—出丝架；21—喷油水机；22—捕结器；
23—张力架；24—切断机；25—皮带输送机；26—打包机

集束架下有四排盛丝桶分成两组交替使用，即其中两排供拉伸用，另两排空桶换成满筒后待用。

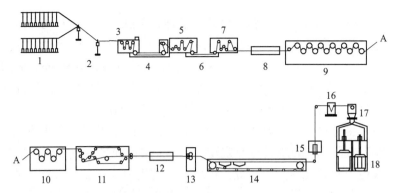

**图 10-16**　LHV 系列后加工流程

1—集束架；2—导丝架；3—丝束整理装置；4—油剂浴桶；5—第一牵引机；6—水浴拉伸槽；
7—第二牵引机；8—蒸汽加热箱；9—第三牵引机；10—定型机；11—叠丝机；12—蒸汽预热箱；
13—卷曲机；14—丝束冷却输送机；15—喷油水机；16—张力机；17—切断机；18—打包机

从桶内引出来的未拉伸丝通过导丝环、张力调节器、导丝器等使各丝束的张力均匀一致并最终汇集成三片均匀薄丝片送去拉抻。

拉伸前丝片在油浴内加热到 35~45℃，分两段进行拉伸，第一段拉伸丝片在 70℃ 热水或油浴中被拉伸 3.0~3.2 倍，细颈消失后进行第二段拉伸，第二段拉伸是在热箱内用过热蒸汽将丝片加热到 90℃ 以上，拉伸 1.03~1.13 倍，第三拉伸机辊筒表面线速度一般称为拉伸速度。

拉伸后的纤维受热会发生收缩，必须通过热定型以消除因拉伸产生在纤维内部的残余应力并促进结晶化。

上油是为了防止纤维在后加工过程中因摩擦而产生静电，拉伸上油后的丝片经叠丝机将三片叠成一片，使宽度适应于卷曲机后，丝片喂入卷曲机。

卷曲机由一对卷曲轮和填塞箱构成，由叠丝机送来的整齐丝片在填塞箱内受挤压呈上下波曲，即卷曲。

从卷曲机出来的卷曲丝片温度约 100℃ 左右，为了不使卷曲度受到影响，LHV 型卷曲机在将丝片送往切断机之前用空气将其冷却到玻璃化转变温度以下，而 LVD 型则是先经松弛热定型后，再在室内暴露一段距离后送去切断。切断前丝片不应紊乱，否则将出现超长、倍长纤维，因此设有张力调节装置。同时丝束在输送时，如果空气中相对湿度过低则有可能产生静电而缠辊，为此设有喷油水装置，必要时使用。

丝束切断成短纤维再进行称量打包。根据对纤维力学性能的不同要求，拉伸和热处理可采用不同的组合方式。对于高强高模型纤维通常采用两段拉伸加紧张热定型工艺；对于低强高模型纤维可采取一段拉伸加紧张热定型工艺，对于低强高伸型纤维采用一段或两段拉伸加松弛热定型工艺，对于中强中伸型纤维采用两段拉伸加半紧张热定型工艺。

（2）集束

集束是涤纶短纤维后加工的第一道工序，集束的好坏将直接影响后拉伸能否顺利进行。

① 集束的作用。目前涤纶短纤维后加工丝束的总纤度一般在数十万 dtex 和上百万 dtex 之间，而纺丝下来的卷绕丝纤度一束只有几万 dtex 和十几万 dtex。集束的作用就是为满足后加工生产的需要．将许多束卷绕丝按工艺要求合到一起，以均匀的张力、一定的

丝束宽度进入拉伸机。

② 集束的工艺要求。包括卷绕丝的存放时间、集束总纤度和集束张力。

a. 卷绕丝的存放时间　刚从纺丝下来的卷绕丝（亦即初生纤维）由于成型时受到外力的作用，预取向度高，如果立即进行后拉伸，会出现断头和缠辊现象，存放（也称平衡）一段时间后，纤维的内应力将减小或消除，预取向度下降，纤维的拉伸性能得到改善。

图 10-17 是涤纶卷绕丝的双折射随存放时间变化的关系曲线。（双折射可以反映纤维平均取向度的大小），从图中可以看到，双折射的变化主要发生在存放初期的 8h 之内。生产中存放时间一般控制在 8～24h 为宜。时间过长会使丝束由于油水挥发而干燥发毛，影响后拉伸性能。卷绕丝的存放应在恒温恒湿条件下进行，一般要求存放（平衡）间的温度为(24±2)℃，相对湿度在 70%～75%。

b. 集束总纤度。集束总纤度应视具体设备加工能力而定，主要取决于拉伸机、卷曲机和切断机的生产能力。集束总纤度太高，超出设备的生产能力，引起成品纤维物理指标降等，如超长、倍长纤维增多等。集束总纤度太低，也会造成卷曲毛边和卷曲不匀，影响成品纤维的质量。一般将集束总纤度的变动范围控制在±5%。

c. 集束张力。进入拉伸机的各小股丝束要求松紧一致，张力均匀，整个丝束平整。如果张力不一致，在拉伸时会影响纤维的强度、伸长和纤度的均匀性。集束张力控制的原则是既要保证丝束拉紧，又不使丝束产生预拉伸。集束张力可通过调节集束架上的张力辊的位置以及八辊导丝机的速度进行控制。

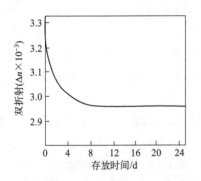

**图 10-17**　涤纶卷绕丝双折射与存放
　　　　　　时间的关系

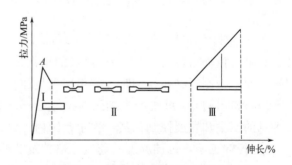

**图 10-18**　涤纶卷绕丝拉伸曲线

（3）拉伸

拉伸是涤纶短纤维生产中最重要的工序之一，通常被称为"二次成型"。拉伸的主要作用是提高卷绕丝的取向度，使纤维获得较高的强度及合适的伸长，从而赋予纤维良好的力学性能。

① 拉伸过程。过程中关注的要素有拉伸方式，拉伸加热介质和拉伸曲线。

a. 拉伸方式。拉伸方式有一次拉伸和两次拉伸。一次拉伸优点是设备简单，并可提高拉伸速度，但一次拉伸应力大，所得纤维均匀性较差；两次拉伸的应力分布合理，拉伸过程比较缓和，纤维均匀性好。同时两次拉伸又可提高纤维的拉伸倍数，使纤维能获得较高的强度和较低的伸长。目前国内涤纶短纤维后加工基本上都采用间歇集束二次拉伸的工艺路线。

b. 拉伸加热介质。拉伸介质在工业上大多采用水（或油剂溶液）和蒸汽。其优点是对纤维起膨润增塑作用，可降低拉伸温度和拉伸应力，提高纤维的拉伸性能。拉伸介质第一、第二段均用水时，优点为：传热均匀，毛丝不易暴露，缠辊现象减少，操作方便，从产品质量看有手感软，弹性较差的感觉，同时，拉伸速度有一定限制。拉伸介质第一段为水（或油剂溶液），第二段为过热蒸汽时，温度易于调节，管理方便，可提高加热温度，有利于第二次拉伸，产品弹性较好，但加热均匀性略差，生产中易产生毛丝。

c. 拉伸曲线（亦称应力应变曲线）。拉伸是纤维在持续外力作用下发生形变直径变小，长度增大的过程。拉伸曲线是对这个过程中力和形变之间关系的直观描述。

在室温条件下，取一根卷绕丝用手慢慢拉伸，开始纤维并没有什么变化，但当拉力增加到一定程度时，可以发现纤维上的某一点首先开始变细，而两端仍保持原来的粗细，这一现象被称为"细颈"现象。细颈产生的位置称"拉伸点"或"拉伸区"。随后用同样的拉力继续拉伸纤维，纤维的变细部分将逐渐向两端延伸，最后使整根纤维全部变细，且均匀一致。继续增加拉力到一定时候，纤维就发生断裂。因此可以说纤维的拉伸过程，就是细颈现象产生、发展和消失的过程。拉伸曲线如图10-18所示。

从图10-18可以看出。拉伸过程可粗略分为三个阶段。

Ⅰ段：拉力增加很快，但纤维粗细基本不发生变化，只有百分之几地均匀伸长，因此不容易观察到，这一段的峰点 $A$ 叫"屈服点"，对应点的应力（单位面积上的力）称"屈服应力"。

Ⅱ段：细颈产生和发展阶段，此时纤维伸长很大，而拉力保持不变。未拉伸的纤维截面积与细颈截面积之比，定义为自然拉伸比。通俗地讲，自然拉伸比即为细颈结束时的拉伸倍数。

Ⅲ段：纤维细颈结束，并被继续均匀拉伸，拉力逐渐增大，直到纤维断裂时的拉伸倍数称为最大拉伸倍数，不难理解，纤维的正常拉伸倍数应选择在自然拉伸倍数和最大拉伸倍数之间，否则纤维在拉伸时，将出现未拉伸丝或断丝。

应该指出的是，纤维产生细颈的拉伸是一个不均匀的拉伸过程，因此在生产中，尽量使细颈的产生和发展控制在某一狭小范围内，这是拉伸工艺制定的关键所在。

② 拉伸工艺。拉伸温度、速度、倍数及拉伸点的控制是重要的工艺参数。

a. 拉伸温度。选择的原则是要高于纤维的玻璃化转变温度。因为在玻璃化转变温度以下，纤维的大分子"链段"处于"冻结"状态，拉伸应力大，毛丝多，纤维质量不一致。但温度也不宜选太高，拉伸温度太高使拉伸应力太小，纤维只发生粗细变化，而取向度和结晶度很小，所得纤维的强度较低。涤纶卷绕丝在无定形结构（非晶态）时，玻璃化转变温度为69℃，因此一级拉伸温度应控制在70～80℃。二级拉伸温度应比一级拉伸温度高20℃左右（水浴），若用蒸汽浴加热，二级拉伸温度可提高到130～150℃。二级拉伸温度的升高是因为经一级拉伸后，纤维已发生了一定程度的取向和结晶，玻璃化转变温度也随之提高的缘故。

b. 拉伸速度。是指第三道七辊拉伸机的速度。在拉伸倍数不变的情况下，提高拉伸速度可提高生产能力。但拉伸速度太快，纤维内应力增加，对拉伸不利，且纤维干热收缩率增大。生产中，通常在提高拉伸速度时，适当提高拉伸温度，可改善上述不利情况。

c. 拉伸倍数。是指纤维受拉伸后的长度与原长度之比。生产中纤维的拉伸是通过两道拉伸机之间的不同速度实现的。从图10-19中可以看到，当拉伸速度（$V_2$）大于喂入速度（$V_1$）时，纤维即被拉伸。两道拉伸机的线速度之比，称为名义拉伸倍数。对于两级拉伸来说，第一级拉伸倍数就是第二道拉伸机的线速度与第一道拉伸机的线速度之比。即

$$第一级拉伸倍数（R_1）=\frac{第二道拉伸机线速度V_2}{第一道拉伸机线速度V_1} \tag{10-1}$$

同样，第二级拉伸倍数就是第三道拉伸机的线速度与第二道拉伸机的线速度之比，即

$$第二级拉伸倍数（R_2）=\frac{第三道拉伸机线速度V_3}{第二道拉伸机线速度V_2} \tag{10-2}$$

不难理解，纤维的总拉伸倍数为第三道拉伸机线速度与第一道拉伸机线速度之比，即

$$总拉伸倍数（R）=\frac{第三道拉伸机线速度V_3}{第一道拉伸机线速度V_2} \tag{10-3}$$

各道拉伸机之间是靠一长边轴连接，集体传动的。第一道拉伸机和第二道拉伸机的速度可由变速器单独进行调节，以改变拉伸倍数，但各级拉伸倍数一旦确定，各道拉伸机的速度将同步升降。

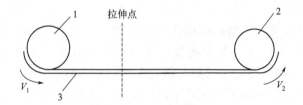

**图 10-19**　卷绕丝拉伸

1—第一道拉伸机辊筒（喂入辊）；2—第二道拉伸机辊筒（拉伸辊）；3—丝束

前已述及纤维的总拉伸倍数应介于自然拉伸倍数和最大拉伸倍数之间，若拉伸倍数小于自然拉伸倍数，则纤维拉伸时"细颈"不能完全结束，仍存在许多未拉伸丝；而当拉伸倍数达到最大拉伸倍数时，纤维就要发生断裂。其次拉伸倍数的选择还要考虑到成品指标的要求，如纤度、强度和伸长等。一般当要求成品纤维的强度高、伸长低、纤度小时，拉伸倍数应选择得高一些。生产中较常用的确定纤维总拉伸倍数的公式为：

$$总拉伸倍数（R）=\frac{卷绕丝纤度}{成品纤维名义纤度K} \tag{10-4}$$

式中，$K$ 为纤维在拉伸过程中的滑移系数，$K$ 值一般取 0.80～0.90。

关于一级拉伸倍数与二级拉伸倍数的分配，经验表明，当一级拉伸倍数占总拉伸倍数的 80%～90% 时，拉伸效果较好。例如某厂在纺制 1.67dtex（1.5d）普通棉型纤维时，总拉伸倍数为 4.5，一级拉伸倍数为 3.83，二级拉伸倍数为 1.175，其成品的强度为 4.85cN/dtex（5.5g/d），伸长为 32%。

d. 拉伸点的控制。拉伸点（区）即细颈产生的位置图 10-19 所示，生产中希望拉伸点（区）范围越小越好，一般在 2～3cm 以内，并且要固定，这对稳定拉伸过程、减小纤维不匀率和减少毛丝都很重要。拉伸点的稳定主要与拉伸速度和拉伸温度有关。生产中拉伸速度发生微小变化，会导致拉伸点的前移或后移。拉伸速度的稳定是容易控制的，而拉伸温度的稳定除了要控制加热介质的温度外，还要及时移走纤维在拉伸过程中产生的热量，

通常采用导热性较好的加热介质即可解决这个问题。生产中也有采用第一台拉伸机最后一个辊筒内通恒温冷却水的方法，及时移走纤维在拉伸时产生的热量，保证拉伸点不向辊筒上移。

另外，卷绕丝双折射的大小、干热收缩率的高低以及直径不匀率的大小，对拉伸点的位置也有较大的影响。一般为卷绕丝的双折射大，干热收缩率高或直径不匀率大时，将会使纤维的拉伸点发生外移，严重时会造成拉伸缠辊和毛丝增多。因此生产中控制好卷绕丝的质量对稳定拉伸过程乃至整个后加工生产是非常重要的。

（4）紧张热定型

紧张热定型机是为生产高强低伸型纤维而设置的。在生产其他规格的涤纶短纤维时则不需要此设备。

① 紧张热定型的过程。经拉伸后的纤维，虽然获得了较高的取向度，但结构仍不稳定，在随后的加工过程中纤维的大分子遇热将发生解取向，使纤维强度有一定的降低。通过紧张热定型，纤维将发生一定程度的结晶。使取向结构得以固定，从而使纤维获得较高的强度和较低的伸长。从纺织行业的观点来看，高强低伸型纤维的意义不仅在于断裂强度高、伸长低，而且还在于10%定伸长强度（纤维伸长10%时所对应的强度）高。因为纺纱厂通常用涤纶短纤维与棉花混纺，而棉花的断裂伸长一般在10%～15%，强度在2.65～3.01cN/dtex（3～3.5g/d），因此要求涤纶在伸长达到10%时，强度也要达到2.65cN/dtex（3g/d）以上，这样才能使涤纶更好地与棉花配合，获得具有良好性能的纱线。普通型涤纶短纤维10%定伸长强度一般在1.32～1.76cN/dtex（1.5～2.0g/d），高强低伸型涤纶短纤维的10%定伸长强度在2.21～3.53cN/dtex（2.5～4.0g/d），紧张热定型是在对丝束施加拉力的条件下进行的热定型，拉力来自第四道拉伸机与第三道拉伸机间的速度差。热定型的热量来自热定型机辊筒内的加热介质，常用的加热介质有联苯和蒸汽，其中蒸汽加热比较均匀，容易控制，并且有利于改善操作环境，因此在生产中应用比较多。

目前国内使用较多的是九辊和十三辊紧张热定型机。以VD861紧张热定型机为例，全机由辊筒、加热系统、传动机构及机罩组成。该机共有九个辊筒，按上四下五交叉排列，尺寸为$\phi746.5mm \times 1000mm$。辊筒内充一定压力的蒸汽（也有的充入联苯，用电热棒加热），使辊筒表面产生高温。通常将九辊分为两组，前四辊为干燥辊，主要用于除去拉伸后丝束中所带的水分，并提高丝束温度。后五个辊为热定型辊，主要作用是使纤维发生结晶。

② 紧张热定型的工艺参数。紧张热定型的工艺参数主要是温度和时间。定型温度通常选在涤纶结晶速度最快的温度范围，一般在160～10℃。在此温度范围内，温度升高，纤维强度高，伸长小，沸水收缩率下降。但温度超过200℃时，由于纤维结晶区开始部分熔融，定型效果反而下降。生产中一般将前四个辊温度设定为110～120℃，后五个辊温度设定为160～190℃。

热定型的时间主要与紧张热定型机的速度以及辊筒温度设定有关，一般控制在8～12s。

（5）卷曲

① 卷曲的目的。经拉伸后的涤纶短纤维虽然获得了较高的强度和一定的伸长，但其表面光滑挺直，截面呈圆形，纤维抱合力极差，仍不适合进行纺织加工。为了提高涤纶短纤维的可纺性，使其具有与天然纤维类似的自然卷曲形状，必须进行卷曲加工。纤维的卷曲程度一般以卷曲度或卷曲数表示，通常对涤纶短纤维的卷曲数要求为：棉型为5～7个/cm；

毛型为 3～5 个/cm。

通过卷曲，不但可以提高纤维的摩擦系数，增加纤维间的抱合力，提高纱线强度，而且由于卷曲增加了纤维的弹性，还能使纤维具有良好的手感和保暖性能。

② 卷曲的过程。合成纤维的卷曲有机械卷曲法和化学卷曲法两种。机械卷曲法是在热水或水蒸气加热下，通过机械挤压卷曲。纤维内部结构变化不大，因此卷曲稳定性较差。而化学卷曲法是通过改变纤维的内部构造，使其自然产生卷曲。例如，利用两种收缩性不一样的高聚物，纺制复合纤维，这种纤维在成型或热处理时，由于两种组分在一根纤维的两侧所产生的应力不同，而发生弯曲，这种化学式的卷曲效果也比较理想，但由于这两种组分复合喷丝技术比较复杂，目前在生产实际中应用得还比较少。

目前涤纶短纤维生产中采用较多的是机械卷曲法。常用的填塞式卷曲是机械卷曲的一种（图 10-20），卷曲过程如下：

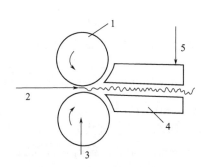

**图 10-20　填塞式卷曲**
1—卷曲轮；2—丝束；3—压缩空气；
4—卷曲箱；5—重锤

待卷曲的丝束被一对回转的卷曲轮夹持，送入卷曲箱中，当卷曲箱被丝束充满时，后面输入的丝束将受到阻碍而产生弯曲，即卷曲。

卷曲轮是卷曲机的关键部件，一台卷曲机有两个卷曲轮，即上卷曲轮和下卷曲轮。上卷曲轮固定，下卷曲轮由压缩空气加压，两卷曲轮间的压力称为卷曲主压力。两卷曲轮的作用就是将丝束夹持喂入卷曲箱，夹持力的大小由压缩空气阀门调节。在卷曲机侧板和卷曲轮端面之间装有侧面板，目的是防止卷曲时丝束偏离卷曲轮，造成轧丝或磨损。

卷曲轮的后面是上下两把卷曲刀，其作用是将卷曲轮上的丝束铲下。在卷曲刀两侧由箱体侧板及阻力门等组成卷曲箱（又称填塞箱）。卷曲箱中的阻力门由压缩空气或重锤加压，这个压力称为背压力。丝束在卷曲箱中受阻而发生弯折，当丝束推力大于卷曲箱的阻力时，丝束即从卷曲箱的尾部吐出，完成卷曲过程。

另外，丝束在进入卷曲机前，还要经过重叠架将几股丝片叠在一起，使之与卷曲轮的宽度相一致。同时还要经过张力架调节张力并通过预热箱进行加热，这几台设备与卷曲机一起组成了纤维的卷曲系统。

③ 卷曲工艺。卷曲丝束的总纤度、卷曲温度、卷曲丝束的张力和卷曲压力是重要的工艺参数。

a. 卷曲丝束的总纤度。卷曲丝束的总纤度与纤维的卷曲度有密切的关系。若丝束总纤度过高，丝层就厚，纤维的卷曲度下降，卷曲效果差；反之，如果丝束总纤度过小，由于丝层太薄，也会造成进丝不匀，引起卷曲后丝束毛边和卷曲度均匀性差，因此丝束的总纤度应保持恒定。

b. 卷曲温度。涤纶短纤维的卷曲要在高于玻璃化转变温度的条件下进行。因为此时纤维在外力作用下易发生变形，从而获得一定的卷曲效果。卷曲温度包括卷曲丝束预热温度和卷曲箱中丝束温度。卷曲丝束预热温度一般指蒸汽预热箱的温度。卷曲丝束预热温度通常控制在 80～90℃。对于高强低伸型纤维，由于其玻璃化转变温度高，刚性大，除了

第10章

卷曲前预热温度控制适当高一些（100～130℃）外，通常还要控制卷曲箱中的丝束温度，方法是通过卷曲机的侧板小孔喷射蒸汽，对丝束进行加热。

c. 卷曲丝束的张力。卷曲丝束进入卷曲机前的张力对卷曲效果有较大的影响。张力过大，会造成丝束在卷曲轮间打滑，引起进丝速度的波动；若丝束张力过小，易造成丝束不稳定，使卷曲不均匀。通常在卷曲前设置了一道丝束张力松紧调节装置，即三辊张力机，对丝束张力进行调节，同时起保护设备的作用。

d. 卷曲压力。生产普通型涤纶短纤维时，卷曲主压力一般控制在 245.2～294.2kPa，背压力在 196.1kPa 左右。对于高强低伸型纤维主压力要相应提高到 343.2kPa 左右。卷曲箱的压力控制要适当，一般来说，卷曲箱压力越高，纤维卷曲数越多。

（6）松弛热定型

① 松弛热定型的作用。松弛热定型是丝束在自由状态下进行的热定型。其主要作用有：降低纤维的含水率，使成品纤维达到标准含湿量；消除纤维在拉伸和卷曲过程中产生的内应力，从而降低纤维的热收缩率，提高尺寸的稳定性。

② 松弛热定型的过程。目前在涤纶短纤维生产中常用的松弛热定型机有链板式和圆网式两种。现以链板式松弛热定型机为例，简单介绍松弛热定型的过程。

链板式松弛热定型机由喂丝装置、载丝装置和热风系统等组成。全机共分三个区，十个单元。靠近进丝方向的三个单元为烘干区，中间六个单元为热定型区，靠出丝方向的一个单元为冷却区。各区间设有过渡区及隔板，以分隔和稳定各区的温度和气流。

松弛热定型的过程为：卷曲后的丝束由输送带送至松弛热定型机的入口处，借助 J 形喂丝装置，将丝束垂直送到松弛热定型机的链板上。链板载着丝束等迅速通过烘干区、热定型区和冷却区。在烘干区和热定型区，循环风由每个单元的风机送入主室，经上部加热器加热后吹向丝束，丝束在无张力条件下，受热自由松弛，使内应力得以消除。热风透过丝束和链板后，经过滤网返回风机吸口循环使用。冷却区也有一台风机鼓入自然冷风，对丝束进行冷却，以便于进行切断。

③ 松弛热定型的工艺。松弛热定型的主要工艺条件是温度和时间。干燥区一般为 110～115℃，热定型区为 120～130℃。干燥定型时间控制在 15～45min。生产中干燥定型时间和温度可以相互配合进行调节。一般随着干燥定型温度的提高，干燥时间可相应地缩短。如果时间一定，随着温度的提高，纤维的强度略有下降，伸长和纤度稍有增加，热收缩率降低。反之，如果温度一定，随着时间的延长也有同样效果。

（7）切断和打包

① 切断的目的。为了使涤纶短纤维能良好地与棉花、羊毛和其他短纤维混纺，需将从松弛热定型机出来的连续丝束切成一定长度的短纤维。纺织行业常用的有如下几种长度。

a. 棉型纤维：要求切断长度（名义长度）为 25～38mm。主要用于与棉花混纺。

b. 中长纤维：切断长度为 51～76mm，主要用于与黏胶纤维或其他短纤维混纺。

c. 毛型纤维：要求切断长度为 75～150mm。主要用于与羊毛等混纺。

② 切断过程。切断机常用的有沟轮式和转轮式两种。

a. 沟轮式切断机。从松弛热定型机出来的丝束，经捕结器（检测丝束的结头）、曳引机和张力架后，由切断机上部一对回转的导丝压辊喂入切断机。在切断机丝束入口装有喇叭口，喇叭口的顶端靠近沟轮的接触点。当丝束顺着喇叭口进入切断机时，被一对沟轮夹持住，丝束在沟轮上有两个夹持点，切断刀水平旋转从沟轮的槽中通过，在两夹持点间将丝束切断。切断后的短纤维，顺着沟轮下的通道落入风管，被风送到打包机。若采用皮带输送，则切断后的短纤维经皮带输送，计量送入打包机。

沟轮式切断机切断丝束带有冲击性，丝束总线密度越高，冲击越强烈，有刀尖角的刀具虽可减少冲击，但丝束和刀刃之间的机对滑动，刀刃易发热，降低了刀具的耐磨性，影响刀具的使用寿命。由于刀具对丝束的冲击和刀具的迅速变钝，使纤维的切断长度偏差增大。沟轮式切断机如图 10-21 所示。

b. 转轮式切断机。随着加工速度、丝束总线密度和产品质量要求的不断提高，上述沟轮式切断机的缺点变得越来越明显。这种机构的刀盘上最多装 6 把刀，工作效率低，如用提高加工速度的办法来提高生产率，则沟轮和刀盘的转速将增大，机构工作的稳定性变差，故其切断速度受到了限制。

转轮式切断机（也称压轮式或罗姆斯切断机），它有一大直径的刀盘和一与其保持一定距离的压轮。刀盘上径向安装众多刀片，刀片的刀刃向外，刀刃间的距离即为纤维的切断长度。工作时，进入切断机的丝束预先经过张力装置，以均匀的丝束张力连续地绕在刀盘外周，丝束层越绕越厚，当厚度大于刀盘和压轮之间的间隙时，压轮把丝束压向刀刃，绕在刀盘上的内层丝束被刀刃割断，切断后的短纤维从刀盘内侧被抛出，切断速度最高达 260m/min。转轮式切断机如图 10-22。

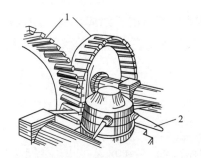

图 10-21　沟轮式切断机
1—沟轮；2—回转刀盘

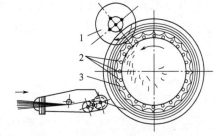

图 10-22　转轮式切断机
1—压轮；2—刀片；3—刀盘

③ 打包。打包是涤纶短纤维生产的最后一道工序。打包就是将松散的短纤维打成一定质量、一定体积的包装，以便运送出厂。

切断后的纤维输送方式，一是风送式，二是皮带输送式，三是自落式。

风送式会使纤维得到开松，但纤维在输送管路中容易发生纠缠，这是纺织加工所不希望的。同时风送使纤维过于蓬松，增加了打包机的预压次数。但风送式是管道封闭式输送的，一般来讲，工作环境较好。

皮带输送式可以避免风送式的缺点，但皮带夹送纤维开松度不够，而且因为输送过程中的静电，易给工作环境带来落地棉，常会造成棉絮污染环境的现象。现在有的厂家已把整个输送带由铝板制作的罩子密封，在铝罩和输送带之间用帆皮包覆，以防纤维飞散。为了减少帆布上黏附纤维，新的帆布表面需用细砂布打光，并上蜡或喷涂一层清漆。输送带上也要防止黏附纤维，表面要求光滑平整。因此，每隔 2～3 个月，输送带表面要涂擦一次滑石粉或硅油。在胶接皮带时，要注意胶接质量，以防皮带两侧周长不等或者黏接后皮带歪斜不正，造成皮带在运转中跑偏。

自落式是将切断机安装在打包机上方，切断后的纤维直接落入打包机进行打包的方式，该方式解决了风送和皮带输送式存在的问题。切断后的纤维经皮带输送（或经管道风）至打包机顶部，再落入称量斗进行分批称量。称量后的纤维落入料仓进行预压（即将纤维分层压紧）。预压次数和称量数相同。当纤维达到一定量后提起箱体，并将箱体绕中心轴旋转180°至主压头下（这时候是两只丝箱交换位置，空丝箱继续进行收集工作，继续上述的称量及预压过程）。预压后的纤维落箱后，在主压油缸的作用下，纤维被进一步强制压紧至所需大小的体积，再用铁丝把包捆紧，卸压后由推包气缸顶出捆紧的纤维包，最终送至中间库存放。

# 10.2 聚酯长丝生产

聚酯长丝的生产原理和短纤维相仿，但由于长丝制品直接以纱线的形式用于机织或针织，其纤度根据不同用途的要求有一定的限制，这就给长短丝加工带来了不少差异，特别是后加工方法采用完全不同的形式。

在涤纶生产中，长丝的工业化生产比短纤维起步晚，但长丝增长速度超过短纤维，目前已占涤纶总产量的 42%，我国也正在大力发展涤纶生产，其中长丝的发展速度同样十分迅速。

（1）分类

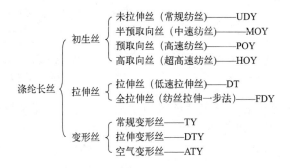

（2）涤纶长丝规格表示方法及其意义

涤纶长丝的规格变化主要是指一束丝粗细的变化及含有单根纤维数量。涤纶长丝一般表示为×× D/×× F 或×× dtex/×× F。以"150D/30F"为例来说明其意义："150D"表示涤纶长丝的纤度为150旦，"30F"表示的意义一束长丝中含有30根单丝，英文字母"F"表示"根"的意思。因而"150D/30F"表示的意义就是这种规格的涤纶长丝纤度为 150旦，整根丝束中含有 30 根单丝。同理"120dtex/48F"表示这种规格的涤纶长丝纤度为120dtex，整根丝束中含有 48 根单丝。

（3）涤纶长丝生产的工艺路线（针对切片纺）

根据涤纶长丝纺丝速度的高低，可以将其分为普通纺、高速纺及超高速纺三种不同的工艺路线。

① 普通纺。普通纺（亦称常规纺）是最初生产涤纶长丝的方法。涤纶长丝生产，因规模较小，一般都采用切片纺。它的纺丝速度范围为 1000～1500m/min，其基本的工艺流程为：

聚酯切片→干燥→纺丝卷绕→原丝平衡→牵伸→复丝→包装出厂

或

聚酯切片→干燥→纺丝卷绕→原丝平衡→牵伸→复丝→平衡→变形加工→变形丝（成品）

涤纶长丝的普通纺工艺流程长，产量低，用该方法制取的初生纤维还会受放置时间的影响和限制。但目前涤纶长丝的普通纺在国内仍占有一定比例。

② 高速纺丝。涤纶长丝的高速纺是在普通纺的基础上发展起来的生产方法。它的纺速范围一般为 3000～4000m/min。其工艺流程为：聚酯切片→干燥→纺丝卷绕→变形加工→变形丝。

用高速纺丝制取的卷绕丝，其取向度较高，一般称为预取向丝，其英文字母代号为 POY。

高速纺丝同普通纺比较具有下列优点：

a. 纺丝速度高，产量大。纺丝机的产量在一定条件下与纺丝速度有很大关系。由于高速纺的纺丝速度比普通纺丝高出好几倍，因此，纺丝机的产量可以大幅度的提高。

b. 工艺流程短，投资少，产品的成本低。由普通纺制取的卷绕丝，其取向度较低，若要将其加工成变形丝，必须经过专门的拉伸，使其变成全取向的复丝，才能用于进一步变形加工。而高速纺制取的卷绕丝，因其取向度较高，则可以直接在拉伸变形机上一步制成变形丝。这样，对于制取涤纶变形丝来讲，高速纺可以省去牵伸工序，从而使工艺流程大大缩短，设备及厂房投资降低，最终使产品的成本也降低。

c. 初生纤维（卷绕丝）的存放性能和运输性能得到了改善。由高速纺制取的卷绕丝结构比较稳定，在存放过程中，结构变化较小，因此，可以长时间贮存，一般可以存放 3个月，并且便于运输。而普通纺制取的卷绕丝，最多能放置 5d，并且对存放条件的要求也很高，也不便于运输。

d. 产品的质量得到了改善。由于高速纺的设备和工艺更为先进、合理，因此其产品的质量比普通纺有了改善，特别是产品各项指标的均匀度及底色均匀度都得到了提高。

由于高速纺具有上述优点，在国外得到了迅速发展。近十几年，我国也大量引进了国外的高速纺生产设备和技术，其产量已超过普通纺。

③ 超高速纺。超高速纺是相对高速纺丝来讲的，它是一种纺丝速度比高速纺更高的生产方法，其速度范围为 5000～6000m/min。

超高速纺的工艺流程为：聚酯切片→干燥→纺丝卷绕→全取向丝。

由超高速纺丝生产的全取向丝（FDY），具有与普通纺或高速纺牵伸以后得到的复丝一样的性能，并且由于设备更先进、工艺更合理，因此，其生产的产品质量要优于一般方法制得的复丝。

由于超高速纺可经纺丝卷绕一步法生产出全取向丝，因此，对于生产复丝来讲，它比普通纺和高速纺减少了一个牵伸工序。因其纺丝速度很高，产量也大幅度提高。可以说，超高速纺是生产涤纶长丝的最佳工艺路线。

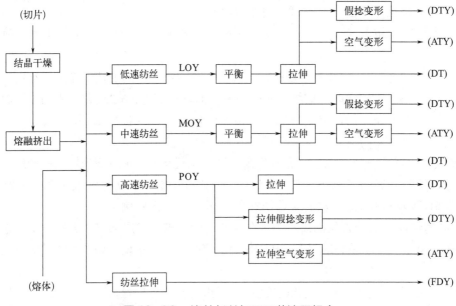

**图10-23**　涤纶长丝加工工艺流程组合

④ 长丝加工工艺流程组合。长丝品种很多，作用服用和装饰用织物的长丝主要有拉伸丝（DT 和 FDY）和变形丝。变形的加工方法较多，采用较多的是假捻法生产拉伸变形丝（DTY）及空气喷射法生产空气变形丝（ATY）。其流程组合见图10-23 所示。

## 10.2.1　聚酯切片的干燥

与纺制涤纶短纤维相同，为了保证涤纶长丝的生产正常进行，必须对聚酯切片进行干燥以除去切片中的水分，提高切片的结晶度与软化点。

涤纶长丝的生产规模一般比短纤维小，因此对于干燥设备的生产能力要求不如短纤维高，但对切片含水率，粉末的多少及含水均匀性等仍然要求比较严格。

切片的干燥方式有多种方式，目前使用的主要干燥方式有：真空转鼓干燥、回转式干燥、流化床干燥，充填式干燥以及组合式干燥等。这些干燥形式各具优缺点，但从生产实践上看，以切片预结晶与主干燥分离的组合干燥形式效果为好。干燥形式的不同决定了其工艺流程和工艺控制也稍有差异，但大致的工艺过程基本相同。因在短纤维中已介绍了主要的干燥设备，这里就不再重述，吉玛干燥设备是现在长丝生产中应用较多的基本类型。

## 10.2.2　聚酯切片的纺丝与卷绕

（1）纺丝工艺流程

在实际生产中，纺丝与卷绕划为同一工序，称为纺丝工序。从切片熔融到形成初生纤维的全部过程都发生在这个工序。因此，纺丝工序是聚酯长丝生产非常重要的工序。

尽管高速纺与普通纺因纺丝速度和设备配置不同而使工艺流程稍有差异，但其基本过程和原理是相同的。纺丝工序主要包括：①聚酯熔体的制备；②熔体分配、过滤及从喷丝孔喷出，形成熔体细流；③熔体细流的拉长、变细和冷却固化；④初生纤维上油给湿及卷绕。

① 普通纺丝工艺流程。典型的普通纺丝工艺流程见图 10-24。

干燥后的切片，靠自重落入螺杆挤压机 2 中。在螺杆挤压机中，切片经加热和挤压后变成熔体，并以一定的压力、温度和流量从螺杆头部被挤出；挤出的熔体，通过纺丝箱体 3 中的熔体分配管路，被分配到各纺丝部位；在各纺丝位中，熔体计量泵 4 计量后，以一定的压力、温度和流量进入纺丝组件 5，经过和均化后，再从组件中的喷丝板孔中喷出熔体细流；熔体细流在恒温恒湿的侧吹风装置 6 作用下凝固成型，通过纺丝甬道 7 后，经上油轮 8 给湿上油，经下导丝盘 10，上导丝盘 9 控制到一定的张力，以恒定的速度卷绕在由摩擦辊 11 驱动的筒管上，形成具有一定卷绕形状和质量的卷绕丝筒子 12。

② 高速纺丝工艺流程。高速纺丝的纺丝工艺过程如图 10-25 所示。

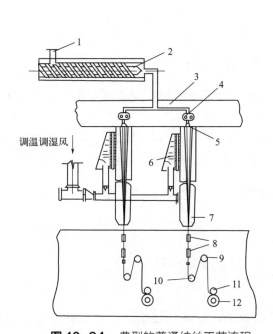

**图 10-24**　典型的普通纺丝工艺流程

1—切片进口；2—螺杆挤压机；3—纺丝箱体；4—熔体计量泵；
5—纺丝组件；6—侧吹风装置；7—纺丝甬道；8—油轮；
9—上导丝盘；10—下导丝盘；11—摩擦辊；12—卷绕丝筒子

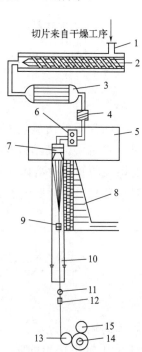

**图 10-25**　高速纺丝工艺流程

1—切片进口；2—螺杆挤压机；
3—熔体预过滤器；4—熔体静态混合器；
5—纺丝箱体；6—熔体计量泵；7—纺丝组件；
8—侧吹风装置；9—油喷嘴；10—纺丝甬道；
11—吸丝器；12—断丝感应器；13—辅助槽筒；
14—卷绕丝筒子（筒管架）；15—摩擦辊

干燥后的切片，靠自重落入螺杆挤压机 2 中。在螺杆挤压机中，切片经加热和挤压后变成熔体，并以一定的压力、温度和流量从螺杆头部被挤出；挤出的熔体，首先通过熔体预过滤器 3 滤去大部分杂质后，再经熔体静态混合器 4 混合均匀，然后被分配到纺丝箱体 5 中的各纺丝部位；在各纺丝位中，熔体计量泵 6 计量后，以一定的压力、温度和流量进入纺丝组件 7，在纺丝组件中再次被过滤和均匀后，从纺丝组件的喷丝板中喷出熔体细流；

熔体细流在恒温恒湿和一定流速的侧吹风装置 8 的作用下凝固成型；经过油喷嘴 9 上油以后，通过纺丝甬道 10 进入高速卷绕机中，由筒管架 14、摩擦辊 15、辅助槽筒 13 等组成的卷绕装置，以恒定的速度将丝条卷绕在筒管上，形成一定卷绕形状和质量的预取向丝筒子。

（2）切片的熔融过程

纺丝熔体的制备过程也就是切片的熔融过程。与聚酯短纤维生产切片熔融设备一样，聚酯长丝生产过程的切片熔融也采用螺杆挤压机。

切片在螺杆中与短纤维生产过程中一样经历三个过程，即①固体切片的输送和预热；②受热、挤压和熔融；③熔体的计量和混合。这三个过程分别在螺杆的进料段、压缩段和计量段来实现。

普通螺杆的结构示意图见图 10-26。

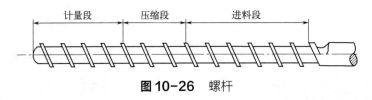

**图 10-26    螺杆**

目前高速纺使用的纺丝机其螺杆结构与普通纺的螺杆结构稍有不同。高速纺用的螺杆的头部带有混炼头，其结构见图 10-27。

带有混炼头的螺杆对熔体的搅拌混合作用比一般螺杆效果好，它不仅能使熔体质量得到改善，而且有利于螺杆挤出能力的提高，其工作原理同一般螺杆是相同的。

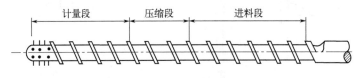

**图 10-27    带混炼头结构螺杆**

（3）熔体的输送、过滤与喷丝

从螺杆挤压机中挤出的熔体要喷成丝条，需要经过输送、过滤和计量的过程，相关过程也是纺丝的重要组成部分，由于高速纺和普通纺设备配置略有不同，上述过程也稍有差异。

① 普通纺。

a. 纺丝箱体与熔体的分配及温度控制。熔体自螺杆挤出后，要经过熔体管路分配至各纺丝位的计量泵和纺丝组件。采用纺丝箱体对几个纺丝位进行集体保温，纺丝箱体内，装有至各纺丝部位的熔位分配管、计量泵、纺丝组件、保温座及加热介质等。图 10-28 是国产 VC406A 纺丝箱体结构示意图。

国产 VC406A 纺丝箱体的熔体分配管路采用辐射式。熔体经管路到达箱体后，经过熔体分配头后进入熔体支管 2 再到各纺丝位，每个纺丝位有一个针形阀 3，其作用是在每个纺丝位计量泵更换前后控制熔体流的开闭。熔体经针形阀之后，进入计量泵 4，经计量泵计量后进入纺丝组件 6，在纺丝箱体中熔体的流向为：熔体分配头→各纺丝位的熔体支管→针形阀→计量泵→纺丝组件。

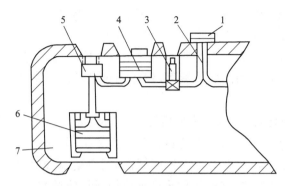

**图 10-28**　VC406A 纺丝箱体结构

1—分配头；2—熔体支管；3—针形阀；4—计量泵；5—温度、压力监测端；6—纺丝组件；7—加热介质

　　国产 VC406A 纺丝机的箱体加热，是将加热介质（联苯+联苯醚）加入箱体中，然后用安装在箱体中的电热棒加热联苯与联苯醚的混合物，用加热的气液两相共存的联苯与联苯醚对熔体管路、计量泵及组件进行加热和保温。

　　b. 熔体的计量。实际生产过程中，纤维的纤度是由单位时间内熔体的供给量与纺丝速度两个因素决定的。因此要纺制一定规格的长纤维，必须保证准确的熔体供给量。熔体供给量的微小波动，将会造成纤度和其他指标的波动。因此，涤纶长纤维生产不仅要求熔体供量准确，而且要求波动要小。实际生产中熔体的计量是靠计量泵来完成的。计量泵的工作原理在涤纶短纤维生产中已详述，见 10.1.4 节，故不复述。

　　c. 熔体的过滤和喷丝。对于普通纺来讲，一般熔体过滤和最后喷出熔体细流的过程都是在组件里发生的。纺丝组件是喷丝板、熔体分配板、熔体过滤材料和组装套的结合件。其作用一是将熔体进行过滤，去除熔体中可能夹带的机械杂质和凝胶粒子，防止喷丝孔堵塞，提高纤维质量；二是使熔体充分混合，减小熔体黏度的差异；三是把熔体均匀地分配到喷丝板的每一小孔中去，形成熔体细流；四是使熔体获得良好的流动性能。

　　② 高速纺。

　　a. 熔体的预过滤。在高速纺丝设备中，一般都在熔体从螺杆挤压机挤出之后，进入纺丝箱体之前，安装连续式熔体过滤器。设置熔体过滤器的目的是对熔体进行预过滤。

　　在普通纺纺丝设备中一般没有熔体的预过滤，杂质的过滤全部都由组件的过滤材料来完成，这样不仅使组件的更换周期缩短（一般 7～15d），而且由于组件内压力的迅速增加造成丝条各项不匀率的增加和纺丝过程不稳定。为了延长纺丝组件的更换周期，保证纺丝过程的稳定和产品质量的均一，高速纺生产中一般都增加了熔体预过滤器。使用熔体预过滤器以后，组件的更换周期一般可达 3 个月以上。

　　高速纺丝过程由于增加了熔体预过滤器，并且一般是由一个大螺杆向若干个纺丝箱体供给熔体，使熔体输送管路加长，熔体在管路中的停留时间相应加长，这会使熔体在输送管路中的温度、黏度等差异变大。为了增加熔体的均匀性，一般在熔体预过滤器与纺丝箱体之间的熔体管路中增加了熔体静态混合器。静态混合器的作用是通过对熔体的搅拌使其混合均匀，以提高成品纤维的均匀性。

　　熔体输送管路采用联苯锅炉所产生的循环联苯蒸气进行保温和加热。

b. 熔体的分配与温度控制。经过过滤和混合后的熔体同普通纺丝过程一样,也是通过纺丝箱体的分配管路分配到各纺丝位的。高速纺丝箱体的作用与普通纺是一样的,一是对熔体进行分配,二是对熔体进行保温和加热。

高速纺丝箱体的加热形式与国产普通纺丝箱体不同。高速纺一般是将联苯+联苯醚在联苯锅炉中加热变成一定压力的联苯蒸气,然后通过循环的联苯蒸气对箱体及输送管路进行加热和保温。

c. 熔体的计量与喷丝。高速纺也使用计量泵对熔体进行计量。计量泵的原理与普通纺相同,所不同的是高速纺用的一般是四叠泵或六叠泵。

高速纺纺丝组件的作用与普通纺大致相同,不同点是:高速纺的纺丝组件一般为方形,喷丝板也是方形的,而普通纺则是圆的,并且高速纺组件的过滤材料的容量没有普通纺大。这是由于高速纺的熔体已进行了预过滤,因此组件的过滤负荷也相应减小的缘故。

(4)冷却成型

侧吹风时,空气直接吹在纤维还未完全凝固的区域,并与纤维呈垂直方向,故传热系数高,冷却效果好。但往往不够均匀,尤其是单纤维根数较多时,位于侧吹风通风侧和背风侧的冷却条件差异较大,因此侧吹风装置只适用于生产纤度较低的复丝。

由于聚酯长丝生产中每锭的中丝根数较少,一般采用侧吹风对丝条进行冷却的方式。侧吹风质量的好坏对纤维各项不匀率指标影响非常严重。熔体的冷却和成型过程除了要求侧吹风有合适的风速、风温和风湿条件外,还要求侧吹风的风速分布合理且稳定,外界野风对丝条的扰动要尽可能小(侧吹风装置如图10-29所示)。

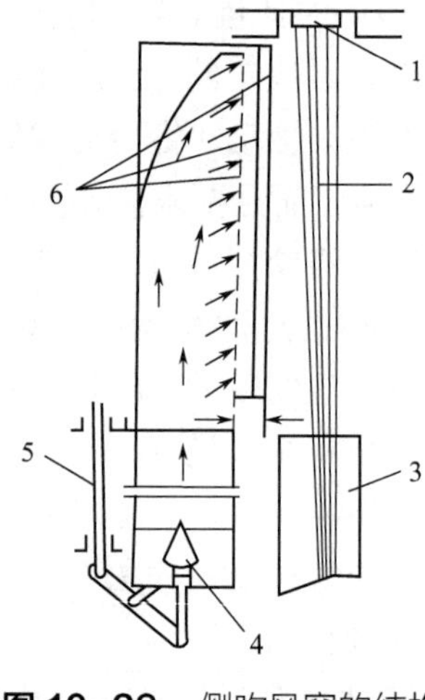

(5)上油

在化学纤维的制造过程和后加工过程中,都要求纤维具有一定的表面性能,如抗静电性、平滑性和抱合性等。涤纶长丝生产过程中上油目的亦是提高纤维表面性能。

图10-29  侧吹风窗的结构
1—喷丝板;2—丝束;3—甬道;4—风量调节阀;
5—调节丝杆;6—过滤材料

在聚酯长丝的生产过程中,上油有两种方式,一种是油轮上油,另一种是油嘴喷油。前者适用普通纺的生产过程,后者用于高速纺生产过程。高速纺使用喷油方式的最大优点是能够减少纺丝张力,有利于纺丝成型和卷绕。

(6)卷绕

在卷绕工序,普通纺和高速纺共同的基本任务有以下两点:

① 以恒定的速度从纺丝位拉出已冷却凝固的丝条。通常所说的纺速就是指卷绕丝筒子表面的线速度,也可说是驱动卷绕丝筒子转动的摩擦辊的线速度(如图10-30所示),熔体细流被拉伸并形成一定的结构,其力的主要来源是卷绕或者说是摩擦辊的转动。卷绕丝的纤度值也是由卷绕速度和泵供量两个因素共同确定的,因此纺丝速度是纺丝过程的最重要的参数之一。

② 将初生纤维卷绕成一定形状和质量的丝筒子。初生纤维的后加工,要求必须把初

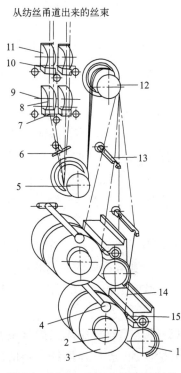

从纺丝甬道出来的丝束

**图 10-30**　VC406 卷绕机结构

1—摩擦辊；2—筒管及筒管架；3—卷绕丝筒子；4—筒管架手柄；5—下导丝盘；6—分丝棒；7—下油盘；8—下油轮；9—压丝棒；10—上油盘；11—上油轮；12—上导丝盘；13—导丝棒；14—横动箱；15—往复导丝器

生纤维卷绕成便于运输、容易退绕和接头以及定量的卷绕丝筒子，这个任务就是由卷绕机构来完成的。

普通纺聚酯长丝生产过程中，卷绕工序还有对丝束进行上油给湿的任务。

在卷绕方面，普通纺和高速纺的差别有如下几个方面。

a. 纺丝速度及卷绕丝取向度的差别。高速纺丝的纺丝速度范围为 3000～4000m/min，而普通纺的速度范围为 800～1500m/min。由于其纺丝速度的差别，使初生纤维的结构也有很大不同。普通纺丝由于其纺丝速度低，其初生纤维的取向度也很低，并且无结晶发生，一般称为未拉伸丝，简称 UDY。而高速纺由于其纺丝速度较高，相应的初生纤维的取向度较高，其初生纤维被称为预取向丝，简称 POY。

b. 卷绕丝的性能与用途不同。由于高速纺与普通纺制取的卷绕丝的结构不同，因此它们的性能和用途也不同。高速纺制取的卷绕丝，结构较稳定，一般不受存放时间和条件的限制，并且能够直接在高速拉伸变形机上加工成变形丝；而普通纺制取的卷绕丝，其结构不太稳定，易受存放时间和条件的限制，并且需要经过牵伸以后，才能去变形机加工。

c. 卷绕设备的结构和精度要求不同

与普通纺卷绕设备相比，高速纺卷绕设备的结构和精度要求更高一些。由于高速纺过程速度快，所以设备结构相对复杂一些，要求精度更高，卷绕速度更快。

（7）纺丝的主要工艺条件

纺丝过程就是聚酯长丝初纤维的形成过程。因此，纺丝工艺条件的好坏，不仅影响纺丝过程能否顺利进行，而且对初生纤维质量及其后加工性能有决定性的影响。实际生产中，就是通过控制纺丝的工艺条件，使纤维获得所需要的性能。

① 螺杆各区温度的选择。目前国内对于螺杆各区温度的选择和控制大部分是根据生产实践经验来制定的。采用较多的是各区温度分布由低到高，再由高到低的形式，这样的温度控制对于防止螺杆"环结阻料"，实现熔融均匀，减少热降解比其他形式更有利。

普通纺和高速纺所用的螺杆的尺寸和结构是不同的。目前普通纺使用的螺杆尺寸较小，挤出量也较小，螺杆头部不带有混炼装置；而高速纺正好与其相反。所以高速纺与普通纺螺杆各区温度的选择和控制也稍有差异。一般普通纺螺杆各区温度设定大部分采用低高低的形式，平均温度设定也偏低。而高速纺螺杆各区温度的选择，目前采用的方式较多有从高到低、低高低的设定形式，还有一种方式为平稳式（即各区温度设定值相同）。并且高速纺螺杆各区温度普遍比普通纺高。

对于螺杆各区温度的设定，不论高速纺还是普通纺，不论采用何种形式的温度控制，都要求实际温度波动小。温度的波动不仅会影响螺杆的正常工作，而且会影响挤出熔体的质量及熔体从喷丝板喷出时的温度。

② 熔体温度。也称纺丝温度，是指熔体出喷丝板前的温度。

适当地提高熔体温度，可使熔体的流动黏度降低，熔体的均匀性提高，从而使卷绕丝具有良好的拉伸性能，并且使成品的断裂强度和伸长都有提高的趋势；过高的熔体温度则会使纺丝过程聚酯的热降解加剧，造成板面不良，注头丝、浆块及毛丝增多，并使成品纤维的不匀率增加。若熔体温度太低，不仅使成品纤维的断裂强度及断裂伸长降低，而且纺丝困难，异状丝增多，纤维的均匀性差，板面不洁加剧。

纺丝过程中的熔体温度除了与熔体从螺杆挤出时的温度有关外，主要由纺丝箱体的温度确定。一般纺丝箱的温度比熔体温度要高出 $0 \sim 12℃$，这主要与箱体的保温状况有关。

高速纺丝过程的熔体温度，一般是通过调节联苯蒸气的温度来控制的，普通纺一般通过调节纺丝箱体的加热温度来控制。

③ 熔体的吐出量。俗称丝供量，是指纺丝过程中每分钟从喷丝板中喷出的丝条的质量。它是衡量单个喷丝头产量的标志。当纺速一定时，吐出量增加，卷绕丝的纤度会增加。改变吐出量是调节卷绕丝纤度的主要手段之一。吐出量可以通过调整计量泵转速来调节。

④ 冷却条件。纺丝过程的冷却条件主要包括地吹风的风量、风温和风湿。

风量是指每个侧吹风装置所吹出的冷却风的流量。在实际生产中，因为每个侧吹风风窗的面积一定，因此，一般通过测定和控制风速来达到控制风量的目的。

风量越大，丝条的冷却越快。吐出量增加时，相应地风量也要增加。

涤纶长丝生产过程中，风量大小的确定一方面要考虑丝条的冷却效果，另一方面要使野风干扰尽可能小，野风干扰的结果，会使卷绕丝的不匀率增加。一般风量稍大些，会减少野风干扰。但风量太大，也会造成丝束的剧烈摆动，使丝条的不匀率增加。

风量的大小及其波动对长纤维的条干不匀率、染色均匀性等有直接影响。

表 10-3 说明了普通纺生产过程中风量对纤维的纤度不匀率和染色均匀性的影响。

表 10-4 说明了吹风速度对 POY 条干不匀率及纺丝断头率的影响。

在实际生产中，普遍纺和高速纺的例吹风速度是根据纺丝品种、纺丝状况和卷绕丝质量等多方面因素综合确定的。一般对于纺制 150D/30F 的聚酯长丝来讲，普通纺的侧吹风速度一般选择在 $0.3 \sim 0.5\text{m/s}$ 之间，而高速组的风速选择在 $0.4 \sim 0.7\text{m/s}$ 之间。

**表10-3　风量对聚酯长纤维质量的影响**

| 冷却风量/（m³/min） | 1 | 1.0 | 2.0 | 3.0 | 4.0 | 5.0 |
|---|---|---|---|---|---|---|
| 染色不均率[①]/级 | 2.0 | 2.0 | 2.0 | 3.5 | 4.0 | 3.5 |
| 纤度不均率/% | 1.38 | 1.21 | 0.78 | 0.69 | 0.62 | 0.73 |

① 染色不均率依据色卡用人工比较等级，级数越低，染色均匀性越差。

表10-4　吹风速度对 POY 条干不匀率和纺丝断头率的影响

| 吹风速度/（m/s） | 0.3 | 0.4 | 0.48 | 0.60 | 0.65 | 0.70 | 0.72 |
|---|---|---|---|---|---|---|---|
| 条干不匀率 U/%[①] | 0.85 | 0.82 | 0.82 | 0.70 | 0.76 | 0.82 | 0.82 |
| 纺丝断头率 | 5 | 0 | 0 | 0 | 0 | 0 | 2 |

①U是表示条干不匀率的一种指标，其数值越大，表示条干不匀率越大。

### 10.2.3　聚酯长丝的牵伸

（1）牵伸的意义

牵伸是普通纺聚酯长丝生产必不可少的一个工序。不论聚酯长丝的高速纺还是普通纺，其主要生产品种都是聚酯变形丝。由于普通纺生产的聚酯卷绕丝取向度很低，在性能上表现为强度低、伸长大，无使用价值。另外还由于其取向度低，玻璃化转变温度也很低，无法用于变形加工。但这种卷绕丝经过牵伸以后，能够使纤维中的大分子和结构单元的取向度大幅度提高。同时，伴随着热处理过程的进行使纤维能够获得令人满意的断裂强度、断裂伸长指标和其他力学性能。牵伸以后的复丝就可以用于纺织加工或变形加工了。

通过高速纺制取的卷绕丝不需要专门的设备进行牵伸，将其卷绕丝（即POY）直接在拉伸变形机上进行变形加工，即可一步制成变形丝。对于生产聚酯变形丝来讲，高速纺与普通纺比较，可以省了牵伸工序。但若以生产复丝作为最终出厂产品，不论高速纺还是普通纺都需要对卷绕丝进行牵伸。

（2）牵伸工艺流程

如图 10-31 所示，由普通纺丝后得到的卷绕丝筒子，被放置在可移动的卷绕丝台车 1 上。在牵伸以前，要将上述卷绕丝在恒温恒湿的条件下，放置平衡 4h 以上。平衡好的原丝，连同原丝台车被送到牵伸机上方的原丝架中，原丝经过原丝架的取出导丝器 3，张力导丝器 5 以及横动导丝器 6，进入喂入罗拉 8，

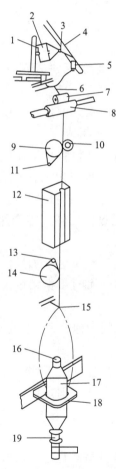

图10-31　VC443A 型牵伸加捻机牵伸加捻工艺流程
1—卷绕丝台车；2—卷绕丝筒子；3—取出导丝器；4—摆臂；5—张力导丝器；6—横动导丝器；7—上压辊；8—喂入罗拉；9—热盘；10—侧压辊；11—分丝转子；12—热板；13—分丝转子；14—牵伸盘；15—卷绕导丝器；16—筒管；17—成品筒子；18—钢领板；19—锭子

第 10 章

喂入罗拉与上压辊 7 一面握持丝束，一面以一定的速度供丝，然后丝条在热盘 9 和分丝转子 11 上绕 8 圈以后，经热板 12 进入牵伸盘 14。由于热盘被加热到一定温度，并以喂入罗拉的一定倍数的速度转动，使丝条能够在热盘和喂入罗拉之间获得一定的预张力后而得到均匀加热。侧压辊 10 以一定的压力压在热盘上，使丝条的牵伸点得到固定。进入牵伸盘的丝条，在牵伸盘和附近的分丝转子 13 上绕 4 圈。牵伸盘以热盘的一定倍数（3～5倍）的速度旋转，使丝条连续地被牵伸，并且在热板槽中得到热定型。丝条从牵伸盘出来后就变成具有一定断裂强度、断裂伸长等力学性能的复丝。它通过卷绕导丝器 15 后，由于锭子（筒管 16 的支撑体和驱动体）和钢丝钩（图中未画出）的旋转，钢领板 18 的上下运动，被卷绕在成品筒管 16 上。

卷绕成一定形状和质量的复丝筒子 17 经过表面剥取以后被送去分级检验，根据生产需要一部分包装出厂，一部分送去进一步变形加工。

（3）牵伸加捻机简介

以 VC443A 型牵伸加捻机为例。VC443A 型牵伸加捻机是与国产 VC406A 型纺丝机相配套的设备。卷绕丝的牵伸及热定型，成品的卷绕成型全部在该机上完成。

① 原丝架。位于牵伸机的上方，是带有摆臂的框架。原丝放入原丝架后，按锭位对准，卷绕丝从丝筒子上引出后，经取出导丝器和张力导丝器后进入牵伸系统（参见图 10-31）。

② 牵伸及热定型机构。牵伸机的牵伸及热定型机构由喂入罗拉与上压辊、横动导丝器、热盘、侧压辊、热板、牵伸盘及传动系统、电气系统等组成。

VC443A 为双区热拉伸加捻机。所谓双区拉伸，是将拉伸倍数分配在两个拉伸区内完成。拉伸由各盘（辊）间的速度差产生的张力实现，拉伸倍数即为二者的线速度之比。喂入罗拉和热盘之间是预拉伸区，拉伸倍数较低，在 1.003～1.006 之间，实际上起稳定张力，保证热拉伸均匀的作用；热盘和牵伸盘间为主拉伸区，通过侧压辊固定牵伸点，在热板槽中获得热定型。

③ 卷绕成型机构。牵伸机的卷绕成型机构用来完成对丝条进行加捻，并将牵伸后的丝条卷绕成具有一定质量的双锥形丝筒子。卷绕成型机构由锭子、钢领板及传动系统和控制系统组成。

复丝需要有一定的捻度。其加捻的目的是增加单丝之间的抱合力，防止抽丝现象发生。复丝在牵伸时所加的捻度很低，一般称为弱捻丝和无捻丝。

从拉伸盘引出的拉伸丝，经卷绕系统上部中心处的导丝器和上下移动着的钢领上的钢丝圈后，被卷绕在旋转的筒管上。丝条的加捻是由回转锭子和在固定钢领上滑动的钢丝圈相互作用来实现的。钢丝圈转一圈，丝条就得到一个捻度。

（4）牵伸的工艺控制

① 预张力倍数。卷绕丝的主要牵伸过程发生在牵伸盘与热盘之间，但在牵伸之前必须施加一定的预张力。其目的一是缓和、纾解丝条在退绕过用中形成的张力差异，另一方面是为了使丝条在热盘上得到均匀加热。如果丝条在牵伸之前不加预张力或预张力很低，则会因为丝条在热盘上分距紊乱或不稳定，而使丝条在热盘上受热不匀。但是，预张力又不能太大，若预张力太大，就会出现提前冷牵伸或牵伸点的波动，其结果会导致成品指标不匀率的增加。

预张力倍数的大小是通过调节热盘与喂入罗拉之间线速度之比来达到的。VC443A 牵伸加捻机的预张力倍数有 1.003、1.004、1.006 三档，可以根据工艺要求选择。

② 牵伸倍数。在 VC443A 牵伸机中，牵伸倍数是指在主牵伸区实现的，即指牵伸盘与喂入罗拉之间线速度的比值。牵伸倍数是牵伸过程中最重要的参数之一，它的大小不仅影响牵伸成品的质量，而且还影响牵伸过程能否顺利进行。

牵伸倍数提高，成品的断裂强度提高，断裂伸长降低，同时，成品的沸水收缩率上升，上染率降低。牵伸倍数过高，牵伸过程中的绕辊率、断头率增加。牵伸倍数一般选择在卷绕丝的自然拉伸倍数与最大拉伸倍数之间。

③ 热盘温度。是丝条的拉伸温度。热盘温度也是牵伸过程最重要的参数之一，热盘温度的高低，对成品的物理指标和牵伸过程影响也很大。

热盘温度太低，不仅使成品的物理指标下降，而且牵伸断头率、绕辊率增加；热盘温度提高，成品的沸水收缩率降低；热盘温度过高会使成品的物理指标及其均匀性恶化，甚至使丝条熔断而无法牵伸。对普通纺卷绕丝来讲，热盘温度控制的最佳区域一般在 80～85℃之间。

④ 热板温度。热板的作用是消除纤维在牵伸过程中产生的内应力，对纤维起定型作用。因此，热板温度的高低决定了纤维定型的质量。试验表明，随热板温度的提高，牵伸成品的沸水收缩率下降，上染率降低，并且在 180℃左右定型效果最好。因此，一般牵伸过程中热板的温度都选择在 180℃左右。

⑤ 牵伸速度。是指牵伸盘的出丝速度。牵伸速度的高低直接影响牵伸机的产量。牵伸速度越高，牵伸机单台产量越高。同时牵伸速度的变化对牵伸成品的质量也有一定的影响，试验证明，牵伸速度提高，成品纤维的上染率提高，牵伸速度对成品沸水收缩率的影响较为复杂，它的影响还与采用的热板温度的高低有关。

牵伸速度除了影响产量和成品质量外，还对牵伸过程的断头率、绕辊率产生影响。牵伸速度一般是根据牵伸过程的断头率、绕辊率、设备状况及成品质量综合考虑决定的。

（5）POY 的牵伸工艺

POY 一般用于直接变形加工而制成变形丝，但也有的工厂使用 POY 加工成少量的复丝，这就需要牵伸。POY 的牵伸过程及牵伸设备与普通。纺卷绕丝基本相同，只是在几项主要工艺参数上稍有差异。

① 不需要平衡，可直接上机牵伸。因为 POY 的取向度较高，结构比较稳定，因此随着存放时间的存放条件的变动，其结构变化很小。所以 POY 可以不用平衡。纺丝以后所得到的卷绕丝筒子，可以直接上机牵伸。

② 牵伸倍数。由于高速纺的纺速较高，卷绕丝的预取向度也较高，因此，其剩余拉伸倍数比普通纺的卷绕丝大大降低，牵伸过程选择的牵伸倍数也较小。一般普通纺的卷绕丝的牵伸倍数在 3～4.5 之间。而 POY 的牵伸倍数一般在 1.3～1.8 之间。牵伸倍数的大小对牵伸过程和成品质量的影响同普通纺卷绕丝的牵伸过程是相似的。

③ 热盘温度。因 POY 的取向度高，因此，其玻璃化转变温度也相应提高。所以，牵伸时，热盘温度也要相应提高。一般 POY 在牵伸时，热盘温度较普通纺卷绕丝要高出10～20℃。

④ 热板温度。由于 POY 本身取向度较高，因此，在相同条件下其成品的沸水收缩率

也较高。为了降低其成品的沸水收缩率,牵伸过程中热板的温度可以比普通纺卷绕丝牵伸过程高些。

⑤ 其他控制参数。POY 牵伸过程中的其他控制参数对牵伸过程及成品指标的影响,同普通纺卷绕丝牵伸过程是相似的。

## 10.2.4　聚酯长丝的变形加工

（1）变形加工概述

牵伸以后得到的复丝,虽然具有一定的使用价值,但由于其表面光滑,没有卷曲性和蓬松性,因此,它不论在隔热、保暖方面,还是在织物外观方面都不能满足人们的需要。可以通过一定的加工方法,使合成纤维获得一定的蓬松性和卷曲性。一般把赋予纤维卷曲性和蓬松性的加工方法称为变形加工。经过变形加工的长纤维被称为变形丝。

变形加工的方法很多,发展较快。目前,适于聚酯长丝后加工的变形加工方法主要有三种:一是假捻法;二是空气变形法;三是假捻+空气变形法。

聚酯变形丝根据其加工方法的不同,主要可以分为以下几类。

① 高弹丝。属于高伸缩和高蓬松性的弹力丝,通常采用单区加热假捻法生产。但聚酯变形丝中这种变形丝的生产量和用途较少。

② 低弹丝。属于低伸缩、高蓬松性的弹力丝。主要采用双区加热假捻法生产。聚酯变形丝主要是这种类型,它的用途极广,生产量最大。

③ 空气变形丝。是通过空气变形法生产的一种变形丝。空气变形法是利用空气喷射的紊流效果,使纤维的单丝形成不规则的纠结丝圈,从而赋予纤维蓬松性的加工技术。由这种方法加工成的变形丝,是由各根单丝之间互相紧密交络抱合的丝体和由许多分布在表面的细小丝圈组成的,具有优良的纺短纱的风格。

④ 低弹网络丝。这种变形丝是在同一设备中用双区加热假捻法生产的低弹丝,再经空气喷射处理制成的。它不仅具有优于低弹丝的纺毛风格,而且可以简化纺织加工的工艺流程,是很受欢迎的一种变形丝。

本节的内容以介绍低弹丝生产及空变丝生产为主。

（2）低弹丝的生产

聚酯弹力丝是一种典型低弹丝,其生产是利用聚酯纤维的热塑性,通过假捻法生产出来的。

① 生产原理。假如把一缕丝的两端固定,在丝条的中间施以加捻,这样在加捻点的上、下两段丝条上就形成了捻向相反,捻数相同的捻度[图 10-32（a）]。此捻度在两端固定不移动时,常为 $n+(-n)=0$, 如图 10-32（b）所示。如果丝条以一定的速度 $v$ 输送时,则握持点以前的捻度为 $n/v$, 握持点以后的捻度为 $(-n/v+n/v)=0$（即当丝条由上向下移动时,一旦丝条导出加捻点后,丝条在上段获得的加捻,即在下端被解捻至零）,整个丝条实际上没有得到捻度,故称为假捻,假捻原理如图 10-32（c）所示。

为什么通过假捻能够使纤维获得卷曲性和蓬松性呢?这正是由于纤维具有热塑性的缘故。在加捻点上端,由于丝条在受热的状态下（第一热箱加热）被加捻,使纤维发生卷曲，丝束的这种卷曲结构经冷却之后得到了固定。当丝束移开加捻点之后，虽然丝条被解捻了，但它的卷曲结构还是没有改变，相反通过解捻之后倒使纤维形成了膨松状态，这种膨松状态的丝束经过进一步加热之后（第二加热箱加热），其内应力得以消除，尺寸稳定性得到了提高。这样就得到了所期望的低伸缩性和高蓬松性的变形丝了（即低弹丝）。假捻法生产低弹丝的原理如图 10-33 所示。

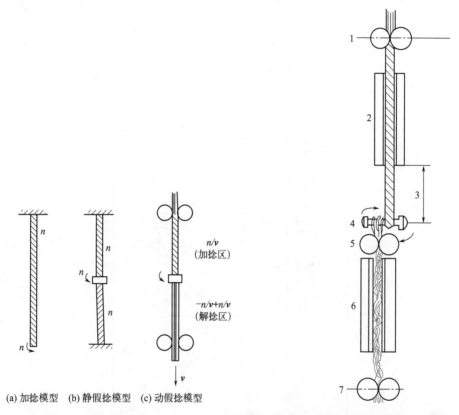

(a) 加捻模型　(b) 静假捻模型　(c) 动假捻模型

**图 10-32**　假捻模型　　　　**图 10-33**　假捻法生产低弹丝的原理

1—喂入罗拉；2—第一热箱；3—冷却区；4—假捻装置；
5—中间罗拉；6—第二热箱；7—出丝罗拉

在上述通过假捻法生产涤纶低弹丝的过程中，用于对丝条加捻的装置，目前主要有转子式和摩擦盘式两种。转子式假捻是最早使用的弹力丝的加工方法，它是通过转子握持丝条，靠其自身的转动，使丝条获得加捻，其特点是假捻过程中丢捻较少，成品质量较均匀，但不能适应高速加弹的需要。而摩擦盘假捻是随着弹力丝加工速度的提高发展起来的，它是利用其边缘对丝条的摩擦力，靠其转动对丝条进行加捻的，它的突出特点就是能适应高速加弹的需要，但同转子式比较起来有易丢捻和损伤纤维的缺点。它一般用于对 POY 丝的拉伸加捻过程。

② 转子式假捻工艺流程及工艺参数。目前，国内加工复丝的转子式假捻设备大都是国产 VC473B 型假捻机，它用于普通纺制取涤纶低弹丝。

a. 工艺流程。VC473B 型假捻机的结构如图 10-34 所示。复丝加工成低弹丝的工艺流程如下：经牵伸之后得到的复丝，在恒温恒湿的条件下放置 24h 以后，被送入假捻设备的原丝架上。复丝筒子 1 经各导丝器和切丝器 4 进入喂入罗拉 2，喂入罗拉与其上面的皮圈以一定压力握持丝条，并以一定的速度向中间罗拉 10 喂入丝条。在中间罗拉与喂入罗拉之间，丝条在被第一热箱 3 加热到一定温度，由转子式假捻装置 8 进行假捻。假捻后的丝条在冷却区 5 冷却，使其卷曲结构得到固定，然后以一定速度由中间罗拉 10 输出。中间罗拉 10 上面同样有一皮圈与中间罗拉 10 一起握持丝条，防止丝条打滑。假捻后的丝条，从中间罗拉 10 出来后，被送入第二热箱 12 进行热定型。在第二热箱 12 中，假捻后的丝条的内应力得到进一步松弛，尺寸稳定性得到了提高，然后丝条经出丝罗拉 14、断丝探测器 15、辅助罗拉 13 进入卷绕上油系统。出丝罗拉 14、辅助罗拉 13 都用皮圈以一定压力握持丝束。丝束从辅助罗拉 13 出来后，经上油罗拉 9 进行上油，然后由卷绕装置卷绕成规定形状和质量的低弹丝筒子。

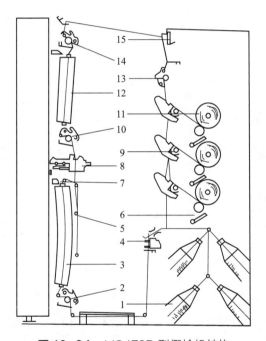

**图 10-34**    VC473B 型假捻机结构

1—复丝筒子；2—喂入罗拉；3—第一热箱；4—切丝器；5—冷却区；6—吸丝管；7—吸烟装置；8—转子式假捻装置；
9—上油罗拉；10—中间罗拉；11—卷绕机构；12—第二热箱；13—辅助罗拉；14—出丝罗拉；15—探测器

b. 工艺参数。假捻过程的主要工艺参数包括假捻度、温度（第一热箱温度和第二热箱温度）、张力（假捻张力、解捻张力）以及时间（加热、冷却、定型）。因为这四个参数的英文字头都是用"T"表示，因此简称为四"T"。

假捻度是指每米长度的纤维上丝条打圈的个数，通常用捻数/米来表示。

不同纤度的品种，最适合的假捻度不同。通常细旦丝假捻数比粗旦丝要多。在一定范围内，假捻度增加，纤维的伸缩性和卷曲性增大，卷曲多而细。但假捻度过大，纤维的强力下降，断头率增加。

第一热箱温度是指用于纤维假捻变形的温度。温度越高，纤维的卷曲性和蓬松性越好。温度过高，纤维的强度下降，能发生丝条黏结，假捻的断头率增加，染色均匀性下降。

第二热箱温度是假捻后丝条的定型温度。第二热箱温度升高，成品沸水收缩率降低。

第一热箱和第二热箱的温度差，影响低弹丝的全卷曲率及卷曲稳定性。温差越大，全卷曲率和卷曲稳定性越高。一般第二热箱温度低于第一热箱 10～30℃。

假捻张力分加捻张力和解捻张力。前者是指丝条进入转子之前的张力，解捻张力则是指丝条离开转子时的张力。在假捻张力的控制上，一方面要求加捻张力和解捻张力有一合适的值，另一方面则要求解捻张力与加捻张力比值要在合适的范围内。一般要求解捻张力在 0.19～0.30cN/dtex，解捻张力与加捻张力的比值一般在 3.0～3.5 之间。解捻张力与加捻张力的比值是衡量运转稳定的尺度。

时间指加热时间、定型时间和冷却时间。加热时间指丝条在第一热箱内的停留时间，定型时间是指丝条在第二热箱中的停留时间。加热时间和定型时间是由加热器的长度和丝条的加工速度决定的。冷却时间是指丝条在冷却区的停留时间。在 VC473B 假捻机中，冷却时间可以通过调节冷却区长度加以控制。

③ 摩擦盘式拉伸假捻工艺流程及工艺参数。拉伸假捻法按其拉伸和假捻的结合方法可分为两类，一是拉伸和假捻分别在两个区域内完成，称为二步拉伸假捻。由于这种方法的拉伸过程发生在假捻区外，所以也称外拉伸法、另一类是拉伸和假捻不仅在同一台机器上完成，而且发生在同一时间、同一区域内，这种方法称为一步法拉伸，由于拉伸就在假捻区完成，所以也称为内拉伸法。图 10-35 为外拉伸与内拉伸假捻法示意图。

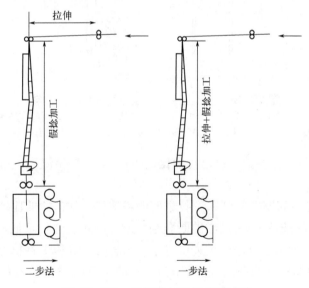

**图 10-35** 外拉伸与内拉伸假捻法

a. 拉伸假捻工艺流程。

图 10-36 为西德巴马格公司制造的 FK$_6$M—700 型拉伸假捻机的结构示意图。下面以该机为例介绍拉伸假捻工艺流程。

由高速纺丝后得到的 POY 筒子 2 被放入可转动的原丝架 1 上，原丝由喂入罗拉 4 与其压辊握持，以一定速度，经原丝架中的导丝器和切丝器 3 被拉出。然后丝条经第一热箱 5、冷却板 6、摩擦盘假捻装置 7 进入中间罗拉 8。由于中间罗拉的线速度比喂入罗拉快一定倍数，丝条在中间罗拉与喂入罗拉之间获得一定倍数的牵伸。与此同时，丝条由假捻装置在此区间进行加捻和解捻。在丝条的拉伸假捻过程中，由第一热箱把丝条加热到一定的温度，以使纤维得到充分变形，丝条的加捻变形主要发生在其加热区域内。被拉伸加捻的丝条经冷却区后，其卷曲结构得到了固定，然后从加捻装置出来后被解捻，初步形成了具有蓬松性和伸缩性的拉伸变形丝。丝条从中间罗拉 8 出来后，经第二热箱 9，进入出丝罗拉 10。在第二热箱 9 中，丝条以较松弛的张力进行定型处理，使其变形过程中产生的内应力得到进一步消除，尺寸稳定性得到提高。中间罗拉 8 和出丝罗拉 10 都附有皮圈，以一定的压力握持丝条。经过定型处理的变形丝从出丝罗拉出来后，经断丝感应器 11，由上油罗拉 12 对丝条进行上油，上油后的丝条由卷绕装置卷绕成规定质量和形状的 DTY 成品丝筒子 14。

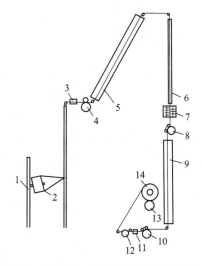

**图 10-36**　FK₆M—700 型拉伸假捻机的结构

1—原丝架；2—POY 筒子；3—切丝器；4—喂入罗拉；5—第一热箱；6—冷却板；7—摩擦盘假捻装置；8—中间罗拉；9—第二热箱；10—出丝罗拉；11—断丝感应器；12—上油罗拉；13—摩擦辊；14—DTY 成品丝筒子

b. 拉伸假捻主要工艺参数。包括拉伸比、$D/Y$、第一热箱温度、第二热箱温度以及假捻温度。

a）拉伸比是指中间罗拉与喂入罗拉之间的线速度之比。拉伸比增加，成品纤度变细（在 POY 纤度不变的条件下），纤维的断裂强度增加，断裂伸长降低。拉伸比增加，加捻张力和解捻张力均会增加。拉伸比过大或过小，成品的毛丝和未解捻丝均会增加。拉伸比很大程度上取决于 POY 丝的取向度。一般 POY 的纺速在 3000～3600m/min 范围内，拉伸比约 1.4～2.0。

b）$D/Y$ 是指摩擦盘表面的线速度（$D$）与纤维离开摩擦盘的线速度（$Y$）之比。$D/Y$ 是决定摩擦盘假捻工艺中假捻度的参数。在 $D/Y$ 比值一定范围内，假捻度随 $D/Y$ 比值增加而增加；但 $D/Y$ 增到一定程度，假捻度随 $D/Y$ 增加而下降。$D/Y$ 的大小还会影响解捻张力与加捻张力的比值，$D/Y$ 增加，解捻张力与加捻张力比值减小。除此之外，还将影响成品丝的物理指标。所以，$D/Y$ 的选择，应依据解捻张力与加捻张力的比值、假捻度及成品质量情况综合考虑确定，一般在 2.0～2.5 之间选择。

c）第一热箱温度是指丝条拉伸假捻的加热温度。该温度必须满足拉伸假捻过程纤维充分变形的需要。温度高，纤维的卷曲性和蓬松性均提高。但过高，会使纤维脆弱，产生毛丝和僵丝，也会使成品质量下降。第一热箱温度的高低与原丝的取向度有关。因为 POY 的取向度低于复丝，因此 POY 拉伸假捻过程的第一热箱温度一般要比复丝假捻过程低。

d）　第二热箱温度是指变形丝的定型温度。该温度高，成品纤维的沸水收缩率降低，尺寸稳定性提高，成品纤维的全卷曲率和卷曲稳定性下降。当第一热箱温度确定以后，第二热箱的温度应选择在低于第一热箱 10～30℃ 范围内。

e）　假捻张力包括加捻张力和解捻张力。加捻张力是丝条进入摩擦盘之前的张力，解捻张力是丝条出摩擦盘后的张力。在拉伸假捻过程中，对假捻张力（包括加捻和解捻张力）的要求及张力比的要求同一般假捻过程是相似的，只是要求的假捻张力的数值和比值的最佳范围不同。拉伸假捻过程中假捻张力要比一般的假捻过程高 0.1cN/dtex 左右，而解捻张力与加捻张力的比值的适宜范围在 1.0～1.3 之间。

（3）空气变形丝（ATY）的生产

空气变形法又称空气喷射变形法。通过空气喷射法加工的变形丝与假捻法加工的变形丝相比，其外观完全不同。假捻变形丝具有螺旋形的卷曲和较好的弹性，但其织物不能改变合成纤维特有的闪光、蜡感、透气性差、易起球等缺点。而空气变形丝的表面则具有稳定的丝圈，其织物具有较高的蓬松性及抗起球性，而且克服了上述弹力丝织物的缺点，尤其加工工艺流程比加工短纤维丝工艺流程短，设备又简单，经济效益也高。

空气变形丝可以根据产品开发的要求，选择不同的原丝（颜色、纤维以及单丝纤度）、超喂率、空气压力、加工速度及喷嘴型号等来制成不同规格及外观的变形丝。如制成仿短纤、仿毛、仿麻、仿绸等天然纤维的风格丝，能满足消费者对不同面料、款式与装饰用品的要求。

① 空气变形原理。空气变形主要通过空气变形喷嘴来实现。图 10-37 以杜邦 Taslan 空气喷嘴为例介绍基本原理。原丝条进入喷嘴被气流吹开、吹乱，随后在加速送丝管（文丘里管）中被加速。离开喷嘴前，各根单丝大体保持平行，但离开喷嘴时，丝条即进行 90° 的转折，生成大小不同弯曲的弧圈。由于超喂而出现一定长度的自由丝段，在丝条发生交缠的同时，在弯折点上方发生网络，形成空气变形丝的基本结构。根据对产品的不同要求，在空气变形机的其他机构中可进行热定型或割丝圈，使丝条表面产生类似短纤丝的绒毛。

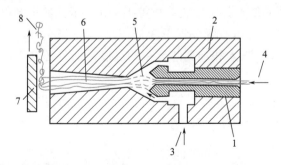

**图 10-37**　杜邦 Taslan 空气变形喷嘴结构
1—导丝针；2—外壳；3—压缩空气入口；4—原丝入口；
5—紊流室；6—加速送丝管；7—挡气板；8—空气变形丝

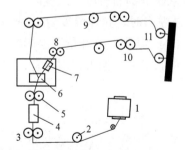

**图 10-38**　POY 加工成 ATY 的工艺流程
1—卷绕；2—上油；3—第三罗拉；4—热箱；
5—第二罗拉；6—空气喷嘴；7—喷水；
8—第一喂入罗拉；9—热锭；10—"O"形罗拉；11—芯纱

② 空气变形丝的加工过程。图 10-38 为将 POY 加工成 ATY 的工艺流程示意图。每两根 POY 从空气变形机丝筒架上引出，先后经过"O"形罗拉 10、热锭 9、第一喂入罗拉 8，期间被加热完成剩余牵伸，然后芯丝进入给湿装置经水湿润，同皮芯合股以不同超喂进入空气喷嘴 6 交络起圈，再经稳定区给丝以一定能力，将线圈变小并使之稳定。然后在热箱 4 内加热定型，以降低沸水收缩率。再经上油 2，卷绕成 ATY 丝筒 1，每个丝筒重 4kg，经织袜染色、抽样物检、分级称重装箱出厂。

总的来说，以 POY 为原丝生产 ATY 经过拉伸区、变形区、稳定区、热定型区和卷绕区五个操作区。其区域示意流程如图 10-39 所示。

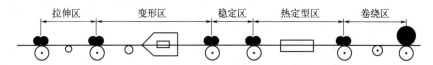

**图 10-39**　POY 原丝加工成 ATY 丝区域示意流程

拉伸区：以两组 POY 喂入输送辊，进行加热拉伸，生产有芯花色丝。

变形区：在空气喷嘴之前装设水喷嘴，以使丝得到良好的润湿，保证变形加工的稳定性；此水喷嘴能根据需要调节给湿量。

稳定区：在稳定区内丝被拉伸约 5%～15%，因此可增加变形丝的稳定性，减小丝圈的尺寸。但实际生产中，在稳定区大多拉伸约 4%～6%。

热定型区：热定型配有 1.5m 长的加热器。丝条以超喂进入热定型区，在低张力下热定型，这有助于降低收缩率，进一步改善丝的力学稳定性，以避免喷气变形丝在后加工中退卷困难。

卷绕区：热定型后的喷气变形丝经过上油装置，然后选择适当的卷绕能力进行卷绕，以使成型的卷绕筒子在后加工中具有最佳的退卷特性。

③ 空气变形丝生产的工艺参数。空气变形的工艺参数主要有拉伸倍数、拉伸温度、给湿量、空气压力、超喂率和热定型温度。

a. 拉伸倍数和温度。拉伸倍数主要取决于 POY 的纺丝速度。对于纺丝速度为 3000m/min 左右的 POY 拉伸倍数选为 1.7 左右。在一定的拉伸倍数下，拉伸温度对 ATY 的沸水收缩率有影响。温度高，沸水收缩率低。其定性关系如图 10-40 所示。当牵伸倍数为 1.7 左右时，拉伸温度为 130～140℃时，沸水收缩率近于 3%。

b. 给湿量。给湿量不但影响丝束的拉伸张力和加工热丝束的温度，而且还会影响空变丝的收缩率。给湿量对拉伸能力的影响如图 10-41 所示：

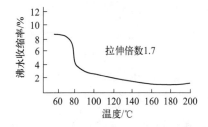

**图 10-40**　温度和沸水收缩率的定性关系

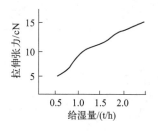

**图 10-41**　给湿量对拉伸张力的影响

给湿量增加，拉伸张力增加，变形效果增加。给湿量大的丝变形时的丝温要提高，这样的丝条收缩率和定型效果都比给湿量低的为好。给水量的大小，由丝条的张力、加工速度、丝条纤度、变形超喂率而定。张力要求高，纤度大，加工速度快、超喂率大，给湿量就应大。一般最佳给湿量常为每锭位 1～1.5L/h。

c. 空气压力。空气压力的变化会引起气流状态（如气流强度、速度、梯度等）的变化，使空气变形丝的变化过程发生变化。提高空气压力，丝圈变大，丝的纤度变大，相应强度下降。降低空气压力，不但终因变小，而且数量减少，不匀率增大。因此，空气变形压力通常为 0.8～1.0MPa。

d. 超喂率。随着变形区和定型区超喂率增大，喷气变形丝的蓬松性越强，越均匀。超喂率过低，则不利于丝条的缠结成圈。超喂率过大，丝条表面毛圈过大，条干松散，毛圈的绕结牢固程度降低，均匀性和稳定性变差，给织造和后处理带来困难。通常，变形区和定型区的超喂率分别在 25% 和 5% 左右。稳定区与卷绕区的超喂率分别控制在 5% 和 1%。

超喂率对空气变形丝的风格也起着决定性的作用。对于两股喂入原丝，超喂率相同时，得到并列型空气变形丝。超喂率不同时，则得到包芯丝。在某些机型上，可有规律地改变超喂率，使丝圈大小发生周期性变化，产生粗细间隔丝。若喂入不同颜色的原丝时，还可生产出各色间隔丝。

e. 热定型加热器温度和定型时间。原丝经变形后如果不经热处理，则其沸水收缩率可达 8% 甚至更高。这样在染色和后加工整理过程中会出现大幅度的收缩变形。喷气变形丝经过一定时间松弛热定型以后，可使其弹性强度降低，稳定性升高，丝圈直径减小，丝圈数量减少，变形丝表面变得有规律且光滑，沸水收结率明显降低，在后加工具有更均匀的针织和机织张力，使织物外观均匀。

变形丝的定型效果在加热器长度一定的前提下，主要取决于丝条的行走速度和加热器的温度。定型温度越高，丝的应变越大，强度下降越大、沸水收缩率下降越大，变形的稳定性增强。因此一般定型温度为 190～230℃。丝的行走速度增加，热处理时间减短，喷气变形的结构稳定性降低，沸水收缩率增加，丝的强度下降少。通常纤度为 55～77dtex 丝条，速度最高达 700m/min；167～330dtex 的丝条，速度为 500～600m/min；770dtex 以上的丝条，速度为 300m/min；若两股 330dtex 的丝条，其单丝纤维在 3dtex 以下时，加工速度为 550m/min。实际生产经验数据：ATY 品种的加工速度可选定为 350m/min。

# 第11章 聚酰胺纤维

聚酰胺纤维是指其分子主链由酰胺键联结起来的一类合成纤维。各国的商品名称各不相同，如我国称聚酰胺纤维为"锦纶"，美国称为"尼龙"，苏联称为"卡普隆"，德国称"贝纶"，日本称"阿米纶"等。

聚酰胺纤维一般可以分为两大类。一类是由二元胺和二元酸缩聚而得；另一类是由$\omega$氨基酸缩聚或由内酰胺开环聚合而得。

第一类由二元胺和二元酸缩聚而得的通式为：

$$\left[ HN(CH_2)_x NHCO(CH_2)_y CO \right]_n$$

另一类是由$\omega$氨基酸缩聚或由内酰胺开环聚合而得，通式为：

$$\left[ NH(CH_2)_x CO \right]_n$$

聚酰胺纤维的原料，是由石油化学工业、煤化学工业和农副产品的综合利用三方面所提供的。本章着重介绍聚酰胺66（尼龙）这一品种的生产工艺过程。

## 11.1 聚酰胺纤维高速纺丝

除特殊类型的耐高温和改性聚酰胺纤维以外，其他各种聚酰胺纤维均采用熔体纺丝法成型。由于一般聚酰胺是热塑性树脂，有明显的熔点，其熔融温度低于分解温度，因此可采用螺丝杆挤压机进行熔融纺丝。

聚酰胺纤维主要以切片熔融纺丝法为主，在生产上也有采用连续缩聚直接纺丝的。现在对于长丝品种以切片纺丝法为多。

20世纪70年代后期，聚酰胺的熔融纺丝技术有了新的突破，即由原来的常规纺丝发展为高速纺丝（制POY）和高速纺丝-拉伸一步法（制FDY）工艺。

熔体纺丝的速度长期以来仅为1000～1500m/min的水平。称为常规纺。随着科技的进步，对提高纺丝速度的研究已取得新的进展，熔融纺丝机的卷绕速度向高速（3000～4000m/min）发展，所得的卷绕丝由原来结构和性能都不太稳定的未取向丝（UDY）转变为结构和性能都比较稳定的预取向丝（POY）。聚酰胺纤维的结构与聚酯不同，为了避免卷绕丝在卷装上发生过多的松弛而导致变软、崩塌，故其相应的高速纺丝速度必须达到

4200～4500m/min。

进入 20 世纪 80 年代后，随着机械制造技术的进一步提高，在聚酰胺纤维生产中已成功地应用高速卷绕头（机械速度可达到 6000m/min）一步法制取全拉伸丝（FDY）。

聚酰胺纤维熔体纺丝的原理及生产设备与聚酯纤维基本相同，只是由于聚合物的特性不同而造成工艺过程及控制有些差别。从国内外生产发展情况看，聚酰胺纤维的常规纺已逐步为高速纺丝所取代，因此本部分内容着重介绍聚酰胺纤维高速纺丝的工艺过程，以聚酰胺 66 纤维为例，其高速纺丝生产工艺流程如图 11-1 所示。

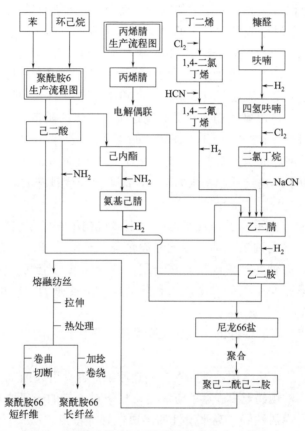

**图 11-1**　聚酰胺 66 纤维高速纺丝生产工艺流程

（1）聚酰胺纤维高速纺丝的工艺和设备特点

① 对切片含水和熔体纯度的要求。与常规纺相比，高速纺丝时，由于高速运行的丝条与空气间的摩擦力较大，因此，丝条在到达卷绕装置时张力比常规纺丝时大得多。这时，如果丝条中含有气泡或较大直径的机械杂质，在高的张力下，就容易因应力集中而产生单丝断裂，形成毛丝，影响卷绕丝质量。因此高速纺丝对切片中的含水量和机械杂质含量有更严格的要求。

一般要求高速纺丝时聚酰胺切片含水必须小于 0.08%，熔体中不允许有 6μm 以上的杂质存在。但由于熔体中不可能十分纯净，因此一般要求采用熔体预过滤器以除去杂质。熔体预过滤器安装在螺杆挤出机出口至纺丝箱体入口之间的熔体分配管路上，其形式多为列管式，其过滤介质一般为拆装方便的多层金属网管或烧结金属元件。使用熔体过滤器可使熔体内的杂质大大减少。

②  对纺丝设备的要求。聚酰胺高速纺丝的卷绕速度较高，要求每个纺丝头的吐液量比普通纺丝的吐液量大得多，为此需增加螺杆挤出量和提高纺丝熔体的均匀性。

当选定螺杆直径 $D$ 及长径比 $L/D$ 后，可通过增加螺纹深度、适当减少计量段螺杆与筒间隙或提高螺杆转速等手段增加螺杆的挤出量。

此外，在螺杆计量段之前，装置带有销钉状结构的混炼头（见 10.2.1 节涤纶长丝生产中该部分内容及图 10-28），可提高熔体黏度、温度的均匀性和稳定性。在高速熔体纺丝过程中，当物料通过混炼头时，未熔融的固相（极少量）可被粉碎细化，细小的固相颗粒分散在液相熔体中，及时吸收熔体过多的热量而迅速熔化，造成高速出料的可能，因而提高了挤出量。同时，液相熔体因传热给固相而又达到了降低熔体温度的要求。混炼头上的销钉状结构能增加熔体流动的阻力，加剧物料摩擦和剪切作用，有助于提高熔融速率。此外，混炼头销钉又打乱熔体流动，减少物料温度和压力的波动，还能破碎和排除熔体中残留的气泡，从而有利于挤出量的稳定和提高高速挤出熔体的质量。

③  丝条的冷却和上油方式。由于高速纺丝的速度快，丝条在空气中冷却停留时间短，为了加强冷却效果，满足成型的需要，高速纺丝时应适当加高纺丝吹风窗的高度，有时也适当增大吹风速。由于高速纺丝丝条张力较大，故不会因风量增大而引起丝条摆动影响其质量。

高速纺丝的上油方式不同于常规纺丝。其上油机构不在卷绕机板面上，而在纺丝窗下方的甬道入口处，采用油嘴上油。油剂经齿轮泵送至喷油嘴，精确地控制送油量，以保证丝条含油均匀，并使各根单丝抱合在一起，减少丝条与空气的接触面，这样，在高速运转时，可减少丝条与空气的摩擦阻力和降低丝条上的张力，以保证高速卷绕的顺利进行。

油嘴的材质可使用耐磨性好的二氧化钛陶瓷或三氧化二铝陶瓷，在油嘴与丝条接触部分，要求十分光滑。

高速纺丝中，丝条与其导丝系统间存在高速摩擦，容易引起油剂的油膜破裂，所以对油剂性能的要求也比常规纺丝高。除了应满足常规纺对油剂的一般要求外，所用油剂还必须具有油膜强度高，耐热性好，高平滑性和渗透性好等特点。

（2）聚酰胺高速纺丝拉伸一步法工艺

该工艺（FDY 工艺，生产全拉伸丝）是在 POY 工艺基础上发展起来的崭新工艺。由于它是在同一机台上完成高速纺丝、拉伸和蒸汽定型，因此这一工艺简称为 H4S（high speed—stretch—set—spinning）技术。

①  生产流程。图 11-2 为聚酰胺全拉伸丝（FDY）生产流程图，来自切片料斗的切片进入螺杆挤出机 1，切片在挤出机内通过热能和机械能使之熔融、压缩和均匀化，聚合物熔体经螺杆末端的混炼头流向熔体分配管 2，进入纺丝箱体 3，经纺丝箱体、喷丝板压出而成为熔体细流，并在骤冷室的恒温、恒湿空气中迅速凝固成为丝条，经喷嘴上油后，丝条离开纺丝甬道 4，被牵引到第一导丝辊 5，以一定的高速将丝条从喷丝板拉下，得到预取向丝（POY）。丝条自第一导丝辊 5 出来后被牵引到第二导丝辊 6，并通过改变两导丝辊的速度比来调节所要求的拉伸比，丝条最后经过第三导丝辊 7，以控制一定卷绕张力和松弛时间，然后进入卷绕装置，在卷绕机的上方配有交络喷嘴，在喷嘴中通入蒸汽或热空

气，使丝条交络并热定型，成品丝卷绕在筒管上，满卷的丝筒落下后经检验、分级和包装，便得到聚酰胺长丝 FDY 产品。

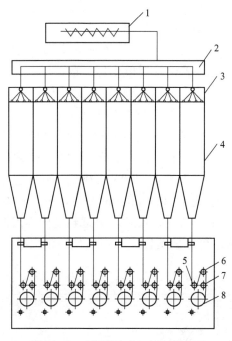

**图 11-2**　聚酰胺 FDY 生产流程
1—螺杆挤出机；2—熔体分配管；3—纺丝箱体；4—纺丝甬道；
5—第一导丝辊；6—第二导丝辊；7—第三导丝辊；8—高速卷绕头

② 全拉伸丝生产工艺。聚酰胺 FDY 设备与聚酯类同，参见 10.2.2 节。本节着重讨论纺丝过程中，各主要工艺参数对成品丝质量的影响。

a. 纺丝温度。聚酰胺熔体的纺丝温度主要取决于聚合体的熔点和熔体黏度。纺丝温度必须高于熔点而低于分解温度，聚酰胺 6 和聚酰胺 66 的熔点分别为 215℃和 255℃，而两者的分解温度相差不大，大约 300℃，为此聚酰胺 6 的纺丝温度可控制在 270℃，聚酰胺 66 则控制在 280~290℃。由于聚酰胺 66 的熔点与分解温度之间的范围较窄，因此纺丝时允许温度波动范围更小，对纺丝温度的控制要求更为严格。

聚酰胺的熔体黏度随分子量增大而增大；在分子量相同的情况下，熔体黏度随温度升高而减小。聚酰胺 6 的熔体黏度还与低分子物含量及水含量有关，因此在选择纺丝温度时应考虑这些因素。

纺丝温度选择是否恰当，直接影响到纤维的质量和纺丝过程的正常进行。纺丝温度过高，会使聚合物的热分解加剧，造成分子量降低和出现气泡丝，并因熔体黏度太低而出现毛细断裂，形成所谓"注头"。当纺丝温度过低时，则使熔体黏度过高，增加泵输送的负担，往往出现漏料，而且使挤出物胀大现象趋于严重，甚至出现"熔体破裂"现象，还会出现硬头丝，使后拉伸时断头增加，甚至不能拉伸，对纤维的质量造成不良影响，因此生产上应严格控制好纺丝温度。

b. 冷却条件。纺丝时应选择适当的冷却条件，并保证其稳定、均匀。避免受到外界条件的影响，从而使熔体细流在冷却成型过程中所受的轴向拉力保持稳定。对于一定的冷却吹风装置（FDY 机目前多采用侧吹风），冷却条件主要指冷却空气的温度、湿度、风量、风压、流动状态及丝室温度等参数。通常冷却吹风使用 20℃左右的露点风，送风速度一般为 0.4～0.5m/s，相对湿度为 75%～80%，冷却吹风位置上部应靠近喷丝板，但注意不能使喷丝板温度降低，以保证纺丝的顺利进行。

c. 纺丝速度和喷丝头拉伸倍数。熔体纺丝时纺丝速度很快，比通常的湿法纺丝和干法纺丝速度高数倍甚至数十倍。若纺丝速度太慢，卷绕张力太小，丝条就不能卷绕到丝盘上，所以纺丝速度必须有下限值。目前高速纺丝已达到 4000～6000m/s，甚至更高，由于熔体纺丝法的纺丝速度很高，喷丝头拉伸倍数也较大。

卷绕速度和喷丝头拉伸倍数的变化给卷绕丝的结构和拉伸性能带来影响。喷丝头拉伸倍数越大，剩余拉伸倍数就越小。图 11-3 显示了聚酰胺和聚酯卷绕丝剩余拉伸倍数与纺丝速度的关系。可以看出，纺丝速度在 2000～3000m/min 之前，剩余拉伸倍数随纺丝速度的增加而迅速减少，当纺速高于 3000m/min 之后，剩余拉伸倍数变化较为缓慢。该点可作为高速纺丝与常规纺丝的分界点，当纺丝速度超过此界限时，就能有效地减小后（剩余）拉伸倍数。FDY 机通过第一导丝辊的高速纺丝和第二导丝辊的补充拉伸，便可获得全拉伸丝（FDY）。

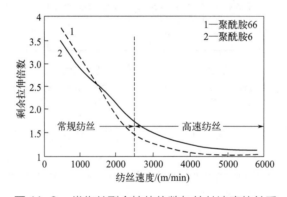

**图 11-3**　卷绕丝剩余拉伸倍数与纺丝速度的关系

d. 上油。高速纺丝上油比常规纺丝上油更为重要，它直接影响纺丝拉伸卷绕成型工艺的正常进行和丝条的质量，特别是丝条与机件的高速接触摩擦，更容易产生静电，引起毛丝和断头，因此要施加性能良好的纺丝油剂。

常规纺丝采用油盘上油，但对于高速纺丝，油盘上油不但均匀性差，而且油滴会飞离油盘，因此 FDY 工艺中采用上油量比较均匀的齿轮泵计量、喷嘴上油法。由于 FDY 已具有相当高的取向度和结晶度，所以在卷绕机上上油效果欠佳，故喷嘴上油的位置设在吹风窗下端。

高速纺丝所用的油剂有多种类型，但基本均由润滑剂、抗静电剂和乳化剂三种组分组成。润滑剂目前多使用 $C_9$～$C_{18}$ 的脂肪酸酯，抗静电剂则常用阴离子型或非离子型表面活性剂。为了使润滑剂和抗静电剂均匀混合，加入乳化剂是必要的，乳化剂的选择是根据其对润滑剂和抗静电剂的乳化能力及其热板残渣、电压及摩擦性能而定。此外，对丝条的含油量也有一定的要求。当油剂含量过少时，表面不能均匀地形成油膜，摩擦阻力增大，集束性差，易产生毛丝；但含量过多，则会使丝条在后加工过程中造成油剂下滴及污染加剧。

一般用于机织物的丝条含油量为 0.4%～0.6%，用于针织物的则可高达 2%～3%。

　　e. 拉伸倍数。FDY 工艺是将经第一导辊的预取向丝（POY）连续绕经高速运行的辊筒来实行拉伸的，拉伸作用发生在两个转速不同的辊筒之间，后辊筒速度大于前辊筒，两个辊筒的速度比即为拉伸倍数。一般而言，纺制聚酰胺 FDY 的第一导丝辊速度可达 POY 的生产水平（4000～4500m/min），而拉伸的卷绕辊筒速度高达 5500～6000m/min。对于不同的聚合物，拉伸辊筒的组数、温度及排列方式也有所差异，对聚酯来说，由于其玻璃化转变温度（$T_g$）相对较高，两组辊筒均要加热，第一导丝辊控制为 70～90℃，以使丝条预热，第二导丝辊则为 180℃左右。而聚酰胺因为 $T_g$ 比较低，模量也稍低，所需的拉伸应力相应较小，故可采用冷拉伸形式，但根据设备型号和生产品种的不同，采用第一导丝辊不加热或微热，第二导丝辊进行加热的形式，以实现对纤维的热定型。

　　聚酰胺纤维的强度随着拉伸倍数的增加而提高，伸度则相应降低，但拉伸倍数如果超过临界限，则纤维内的大分子因承受不了强大的拉力而发生滑移和断裂，使取向度和强力下降，因此拉伸倍数要考虑成型丝条的性质。对于已具有一定取向度的预取向丝，其剩余拉伸比较小，所以聚酰胺 FDY 艺的拉伸倍数一般只有 1.2～1.3 倍。

　　f. 交络作用。FDY 过程的设计，是以一步法生产直接用于纺织加工的全拉伸丝为目的，考虑到高速卷绕过程中无法加捻的实际情况，故在第二导丝辊下部对应于每根丝束设置交络喷嘴，以保证每根丝束中每米有约 20 个交络点。除了赋予交络以外，喷嘴的另一个作用是热定型，为此在喷嘴中通入蒸汽或热空气，以消除聚酰胺纤维经冷拉伸后存在的后收缩现象。

　　丝束经交络后，便进入高速卷绕头，卷绕成为 FDY 成品丝。原则上卷绕头的速度必须稍低于第二导丝辊的转速，这样可以保证拉伸后的丝条得到一定程度的低张力收缩，获得满意的成品质量和卷装。聚酰胺 FDY 的卷绕速度一般为 5000m/s。

# 11.2　聚酰胺纤维后加工

　　根据产品的用途和品种，聚酰胺纤维的后加工工艺和设备有所差异。本节将介绍聚酰胺长丝、弹力丝生产工艺及设备。

## 11.2.1　聚酰胺长丝后加工

　　普通长丝又称低速拉伸丝（DT），它是由常规纺的未拉伸丝（UDY）或高速纺的预取向丝（POY）在拉伸加捻机上经拉伸和加捻（或无捻），制取的具有取向度、高强力、低伸长的长丝，用以适合纺织加工的需要。由高速纺丝拉伸一步法制得的 FDY 丝也属普通长丝。

　　目前聚酰胺长丝的生产多采用 POY-DT 工艺，即以高速纺的 POY 为原料，在同一机台上（拉伸加捻机又称 DT 机）一步完成拉伸加捻作用。

（1）后加工工艺流程

POY-DT 工艺流程如下：

POY 丝筒→导丝器→喂入罗拉→热盘→热板→拉伸盘→钢丝圈→加捻→卷线筒管→DT 丝

从图 11-4 可看出，卷绕丝从筒子架引出，经导丝器、给丝罗拉到达拉伸盘，在给丝罗拉和拉伸盘之间进行冷（或热）拉伸，从拉伸盘引出的拉伸丝，再经导丝钩和上下移动着的钢领板，被卷绕在筒管上，并获得一定的捻度，成为拉伸加捻丝。

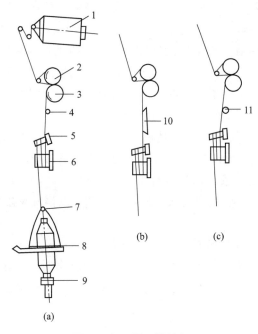

**图 11-4**　单区拉伸机

1—未拉伸丝筒子；2—上压辊；3—给丝罗拉；4—拉伸棒；5—分丝棒；
6—拉伸盘；7—导丝钩；8—钢领板；9—锭子；10—加热板；11—热锭

（2）拉伸与加捻

① 拉伸加捻工艺。在聚酰胺长丝后加工过程中，拉伸是一个关键工序。拉伸工艺路线及参数的选择原则应考虑两个方面的问题：一方面，根据不同的使用要求，确定工艺路线和参数，使纤维根据用途不同而具有适当的力学性能和纺织性能，如强度、延伸度、弹性、沸水收缩率、染色性等；另一方面，还必须从实际操作的实施和控制的可靠性、经济指标等来决定，同时要尽量减少纤维在拉伸过程中的断头率，否则将严重影响纤维的质量与产量，妨碍后加工过程的正常进行。

如果纤维的拉伸应力已接近于断裂强度，那么在拉伸时很容易被拉断。因此，在拉伸过程中，应尽可能降低拉伸应力，以减少拉伸断头率和提高拉伸倍数。由聚酰胺纤维的拉伸特性，获得一定的拉伸倍数所需拉伸应力，随温度升高而减小，即随着温度的升高，可以用较小的外力，获得较高的拉伸倍数。此外，进行热拉伸可以消除纤维在加工过程中由于机械作用所产生的内应力。另一方面，提高温度也有利于取向和结晶的正常发展。但温度太高，解取向增大，取向度反而降低。由此可知，在提高拉伸倍数、减少拉伸断头率方面，热拉伸比室温拉伸优越。

### 11.2.2　聚酰胺弹力丝后加工

现代的聚酰胺弹力丝生产多采用假捻变形法，由于聚酰胺纤维的模量较低，织物不够挺括，因此产品一般以高弹丝为主。高弹丝的生产仅使用一个加热器，这是与低弹丝生产工艺最大的区别。

用摩擦式拉伸变形法生产聚酰胺高弹丝，用图 11-5 所示的装置进行，其工艺流程如下：

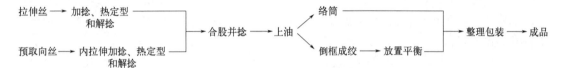

将合股并捻的变形丝直接络筒或成绞，以便于染色。成绞后的合股丝呈自由状态置于恒定温湿度条件下，平衡 24h，使松弛加缩和稳定弹性。对筒装变形丝的存放时间应尽量减短，以减少不必要的弹性损失。

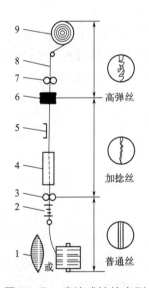

**图 11-5　摩擦式拉伸变形**
1—原丝；2—张力器；3—喂入辊；4—热定型器；
5—冷却器；6—摩擦式假捻器；7—输出辊；8—变形丝；
9—变形丝卷绕筒子

原丝 1 连续通过张力器 2，以伸直状态进入喂入辊 3 进行加捻，再通过热定型器 4，使其受热定型。然后，已加捻并定型的丝条进入摩擦式假捻器 6 与输出辊 7 之间的解捻区，因丝条在高捻度下定型，因此解捻后的丝成为螺旋状的集合体，具有高弹性。经热定型再解捻的丝，会发生与解捻方向相反的转矩，其转矩在针织加工时，由于丝松弛而缠结，这会影响针织加工的正常进行。因而对于针织用变形丝，需将捻向不同的两束丝合捻，以抵消其转矩，而用于机织加工的高弹丝，则不需合股并捻。为了增加丝条的抱合力和手感，也可考虑合股后再加捻。用于针织的合股丝，经后加捻则可使转矩稳定，消除紧点和未解捻等弊病，且其外观漂亮。并捻后的后加捻对于增加丝条的抱合力是不可缺少的，但为了保持蓬松性，后加捻数最好少一些。后加捻数视纤度而定。

现代假捻变形的合股工序在同一机台上完成，在一个部件上同时安装捻向相反的两个假捻器，可同时得到两束捻向相反的变形丝，经过输出辊合股后卷绕于筒管上。这既减少了工序，又提高了生产率，可得到优质的合股变形丝。

# 第 12 章　聚丙烯纤维

聚丙烯纤维也是合成纤维中的一个重要品种，在我国的商品名称是丙纶。它是以石油精炼中所得到的丙烯为基本原料制得等规聚丙烯树脂，经熔融纺丝和后加工制成的一种合成纤维。工业丙纶纺丝方法一般有两种，一种是熔体纺丝法，一种是膜裂纺丝法。纺丝用的聚丙烯必须是等规聚丙烯（熔点为 164~172℃），具有高度的结晶性。丙烯均聚过程可采用下式表示：

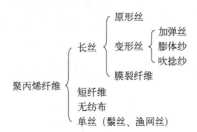

聚丙烯纤维具有强度高、弹性好、耐磨损、耐腐蚀、不起球、干湿强度相同的优点，尤其是质地轻于各种纤维，被称为"梦幻纤维"。由于聚丙烯纤维具有许多的优良性能，它以多种纤维的形式出现在市场上，得到了广泛的应用。主要形式如下：

$$
聚丙烯纤维
\begin{cases}
长丝
\begin{cases}
原形丝 \\
变形丝
\begin{cases}
加弹丝 \\
膨体纱 \\
吹捻纱
\end{cases} \\
膜裂纤维
\end{cases} \\
短纤维 \\
无纺布 \\
单丝（鬃丝、渔网丝）
\end{cases}
$$

## 12.1　聚丙烯纤维的熔体纺丝

和聚酯纤维、聚酰胺纤维一样，聚丙烯可以用熔体纺丝法制得长丝和短纤维。

由于成纤聚丙烯具有较高的分子量和较高的熔体黏度，熔体的流动性差，故需采用高于聚丙烯熔点 100℃左右或更高的挤出温度（熔体温度），才能使其熔体具有必要的流动性并顺利进行纺丝。

纺制长丝时，卷绕丝收集在筒管上，经热板或热辊后拉伸 4~8 倍。生产特殊要求的纤维时，可选用高拉伸比，拉伸温度在 90~130℃范围内。在拉伸之后立即进行热定型。即在同一台机器上用热板或热辊将纤维再一次加热至要求的温度，使纤维收缩至预定的长度。

纺制短纤维的喷丝板采用 500 孔或更多的孔数，初生纤维集束成几十万至几百万 dtex 的丝束，在蒸汽箱中于 100~130℃下拉伸，拉伸倍数较长丝为低，通常仅为 3~4 倍。拉伸后的丝束进行卷曲，然后进行松弛热处理，最后经切断成为棉型或毛型短纤维。

（1）纺丝

聚丙烯纤维的纺丝设备和聚酯、聚酰胺纤维相似，但也有其特点。通常使用单螺杆挤出机，螺杆为单头螺纹、等螺距。螺杆仍分为三段，即进料段、压缩段和计量段。压缩段不需要很长，但很有效，为改进流体的流动，最小的压缩比为 2.8。计量段须在确保恒定的流动和熔体压力下，可以尽可能短些，以免聚合物熔体在设备中停留时间过长，这是与聚酯或聚酰胺纺丝机用的螺杆不同之处。挤出机螺杆的长径比 $L/D$ 为 20～26。

虽然等规聚丙烯是结晶的，但仍然像其他热塑性高聚物那样容易挤出成型。改变纺丝条件可获得一定取向度和结晶度的纤维。要得到高强度的纤维，必须进行高倍拉伸，以提高纤维的取向度和结晶度。

① 纺丝温度。是纺丝过程的重要工艺参数。

聚丙烯纺丝时，螺杆各区的温度控制如下所述，一、二区为预热和部分熔融区，三、四区为主要加热熔融区，五区为均化和计量区。若欲提高熔体黏度，可将一、二区温度降低；而欲降低熔体黏度时，则将一、二区温度提高。由于聚丙烯的热氧化降解活化能远小于热降解活化能，而在一、二区因切片或熔体间存在较多的空气，故升高一、二区温度易导致热氧化降解。

树脂的分子量增大，纺丝温度也要相应提高。聚丙烯具有较高的特性黏数和熔体黏度，若在较低纺丝温度下，势必引起取向和结晶同时发生，并形成高度有序的单斜晶体结构；若在较高的纺丝温度下，由于在结晶发生前具有较大的流动性，初生纤维的预取向度低，且形成了不稳定的碟状液晶结构，可以采用较高的后拉伸倍数，从而获得高强力纤维。

② 冷却成型条件。成型过程中冷却速度对聚丙烯纤维质量有很大影响。若冷却较快，纺丝得到的初生纤维结构是不稳定的碟状液晶结构；如缓慢冷却，则得到的初生纤维是稳定的单斜晶体结构。

随着成型条件不同，初生纤维内的晶区大小也不同。当丝室温度较低时，成核速度增大，由于晶核数目增加，晶区尺寸减小。

在成型过程中，增大吹风量、降低丝室温度或在纺鬃丝时用冷却浴使熔体细流骤冷，初生纤维的密度就有所下降。当吹风温度为 30℃ 时，在距喷丝板 48cm 处几乎完全凝固。吹风温度愈高，则凝固距离愈大。

在实际生产中，丝室温度以偏低较好。采用侧吹风时丝室温度可为 35～40℃，环形吹风时可取 30～40℃，送风温度为 25℃，风速 0.3～0.4m/s。

③ 喷丝头拉伸。拉伸不仅使纤维变细，且对纤维的后拉伸及纤维结构有很大影响。若喷丝头拉伸过大，导致初生纤维产生稳定的单斜晶体结构，从而使后拉伸不易进行。聚丙烯纺丝时，喷丝头拉伸倍数一般以 60 倍左右为宜，这样得到的卷绕丝具有较少稳定结构，后拉伸较易进行。

④ 挤出胀大比。聚丙烯纺丝时，由于其熔体黏度较大，且非牛顿性强，故挤出胀大比 $B_o$ 要比聚酯大。当 $B_o$ 增大时，熔体细流拉伸性能逐渐变坏，且往往随之产生熔体破裂，使初生纤维表面发生破坏，有时呈锯齿形和波纹形，甚至生成螺旋丝。若纺丝速度过高或纺丝温度偏低，甚至超过临界切变应力时，就出现熔体破裂现象，影响产品质量，或使卷绕不能正常进行。随着熔体温度降低或聚丙烯分子量的增大，挤出胀大比增大。

适当提高纺丝温度，控制适宜的分子量，且使喷丝孔径适当大一些（0.4mm），以及增大喷丝孔长径比（$L/D_0$ 值大于 2），可以减小细流的膨化和防止发生熔体破裂。

由于聚丙烯纺丝时挤出胀大比 $B_0$ 较涤纶和锦纶纺丝时大，黏度也较大，所以可纺性比较差，纺丝温度需比其熔点高出很多才能使熔体流动。生产上有时需要采用熔融指数（MI）较低而分子量较高的聚丙烯切片，其纺丝温度高达 280℃；否则因胀大比大而且黏度也大，造成大量断头而不可纺。因此往往在聚丙烯切片中加入分子量调节剂、增塑剂、稳定剂等来改善聚丙烯纤维的可纺性和纤维的性能。

（2）拉伸

熔纺制得的聚丙烯初生纤维结晶度约为 33%～40%，其双折射约为 $1×10^3$～$6×10^3$。具有不稳定的碟状液晶结构时，拉伸会使结晶度增加，且结晶度随拉伸温度提高而增大，而拉伸比增加时，则结晶度下降。

聚丙烯纤维的后拉伸温度以 120～130℃为宜，当分子量在 $1×10^5$～$3×10^5$ 时，在此温度下拉伸性能好，结晶速度也最高。拉伸时所需的张力随温度而变化，冷拉伸过程中的张力要比热盘拉伸高一些，且冷拉伸比热拉伸有更大的颈缩倾向。

聚丙烯纤维的拉伸速度一般偏低些为好，这是由于过高的拉伸速度会使拉伸应力大大提高，纤维的空洞率增加，因而增加拉伸断头率。

卷绕丝放置时间延长，纤维的结晶度有所增加，尤其在开始的数小时内变化显著，在 24h 后变化就趋于平缓。

国内聚丙烯短纤维拉伸，一般第一段拉伸温度为 60～65℃，拉伸倍数 3.9～4.4 倍；第二段拉伸温度为 135～145℃，拉伸倍数 1.1～1.2 倍，总拉伸倍数棉型为 4.6～4.8 倍，毛型为 5.0～5.5 倍。

（3）热定型

在松弛状态下进行热定型，聚丙烯纤维的结晶度有所提高，由 51% 提高到 61% 左右。实践表明，聚丙烯纤维的热定型温度以 120～130℃左右为宜，热定型温度升高，纤维结晶度增大。

由高分子量的聚丙烯制得的长丝具有很好的尺寸稳定性，拉伸取向后沸水收缩率为 10% 左右，经热定型后可降低至 3% 以下。

# 12.2　聚丙烯纤维的膜裂纺丝

熔体纺丝法制取的聚丙烯纤维常作为廉价的纺织用纤维，但这种纤维的性质远不如聚酯、聚酰胺纤维。聚丙烯纤维作为衣着用纤维时，有染色困难、耐气候老化性差、吸湿性低等缺点，加之熔体纺丝生产方法投资较大，影响了聚丙烯纤维的发展。因此有必要寻找新的途径，以求更方便又廉价地将聚丙烯加工成纤维。膜裂纺丝法就是应用较好的一种方法。这种膜裂纤维生产方法具有工序简单、消耗定额低、产量高等特点，且对原料要求不高，甚至聚合物中填充 40% 有机物时，仍能进行膜裂加工。聚丙烯膜裂纤维具有比重轻、强度高。耐腐蚀、绝缘性能好等优点，可代替棉麻织物及其他化纤织物，用作帆布、过滤布、包装袋布及各种工业用绳等。

膜裂纤维包括割裂（切割）纤维和撕裂纤维。早在 20 世纪 30 年代，通过拉伸聚氯乙烯薄膜，看到了生产割裂和撕裂纤维的可能性。之后，到 60 年代，由于等规聚丙烯的工业化生产，终于为由薄膜制取纤维的工业化开辟了广阔的前景。在 1964 年生产了捆扎用的聚丙烯膜裂纤维制品，并由薄膜原纤化制得了纺织用纤维及地毯用纱等。

### 12.2.1　割裂纤维

割裂纤维（扁条或扁丝）是将聚合体挤出或吹塑得到聚丙烯薄膜，通过具有一定间隔的刀具架，切割得到 2.5～6mm 宽和 20～50μm 厚的单轴拉伸的扁丝，细度约为 110tex 左右，主要用于代替过去用黄麻制作的包装袋，且具有聚丙烯所特有的耐腐烂和轻便等优点。这种聚丙烯割裂扁丝也应用于地毯衬底织物，由于它可以耐受橡胶硫化时的温度条件，故可用于簇绒地毯的支撑用织物。割裂纤维的生产方法包括成膜工序、切割工序、拉伸工序、热定型工序和卷绕工序过程。

（1）成膜工序

割裂纤维（扁条或扁丝）是将挤出吹胀的管状薄膜通过 T 型机头挤出平膜，再用刀片切割成扁带，然后经单轴拉伸，得到 55～165tex 左右的扁丝。虽然这种割裂扁丝可以制得比 55tex 更细，但由于这种长丝的截面形状，使用它编织或针织的产品相当粗糙，柔性和覆盖性也较差，因此限制了它的应用。国外生产这类产品主要用作地毯底布、编织袋、工业织物以及绳索等。从成膜工艺对产品性能的影响来看，平膜挤出法生产的膜制备的割裂纤维纤度较均匀，但手感及抗冲击性稍差；吹塑薄膜法制膜后生产的纤维优点是产量高，手感好，但产品的纤度不够均匀，对以后的编织工序及产品性能影响较大。中小型割裂纤维设备大多采用平膜挤出法生产的膜，若采用 $\phi$90mm 以上的挤出机时，为充分发挥挤出机效率，可采用吹塑薄膜法制备的膜。

（2）切割工序

国外主要采用同轴刀片切割法，割刀为厚约 0.25mm 的不锈钢单面刀片，刀片间用酚醛片隔开。根据扁丝宽度要求，可组成多种间距规格的刀架。切割器应安装在使薄膜处于张力状态的位置，以确保扁条精确地被切割。

（3）拉伸工序

拉伸工序包括加热拉伸和辊筒拉伸两种方式，其中加热拉伸扁条普遍采用热空气循环加热烘箱进行加热，通过几个短的烘箱串联成一个长的组合式烘箱，在每个烘箱中空气是对称循环的，其优点是能防止空气吸入或吹出，空气循环路程较短，温度较均匀，并能采用较小的风机取得较大的循环速度，且能达到预定的温度梯度，同时维修方便，可随时更换备用烘箱。

辊筒拉伸可在薄膜未经切割的状态下进行拉伸，而在薄膜边缘附近不发生收缩，有利于生产厚包装袋。在全部幅宽上进行拉伸的薄膜，其力学性能比拉伸扁条稍低，而热收缩率不能降得更低，因而不适宜用来生产如地毯底布这类要求承受较高温度的制品，而特别适用于生产编织经线和经编织物。辊筒拉伸方式有两种，一种是单间隙拉伸，薄膜是在仅有几毫米宽的间隙中拉伸，可用来生产编织带、薄膜带和包装用扁条。另一种是多间隙拉伸，薄膜在两个主动辊之间及几个被动辊间隙中拉伸，要使拉伸间隙尽量地小，以保证薄膜在整个宽度上均匀定向，且膜边不增厚。

（4）热定型工序

热定型可采用与拉伸相同的加热设备，这对收缩率较低的产品十分重要，定型温度应比拉伸温度高 5～10℃，但也有定型与拉伸采用不同加热形式的。一般要求预收缩率为 5%～8%，这样可使扁丝的沸水收缩率降至 3% 以下，自然回缩率降至 0.2% 左右。

（5）卷绕工序

为适应高速纺丝要求，卷绕装置也必须是高速运转的，这就要求卷绕部分具有自动换筒装置和扁丝空气抽吸装置，这样才能保证连续高速操作。国外大多采用卧锭式卷绕装置，由单锭马达传动，每个卷轴上可卷装两个丝卷。

## 12.2.2  撕裂纤维

撕裂纤维或称原纤化纤维，是将挤出或吹塑得到的薄膜，经单轴拉伸，使聚合物大分子沿拉伸方向取向，在轴向强度有很大提高，与此同时，垂直于拉伸方向（横向）的强度则下降很多，然后对薄膜施以外力，即通过针辊或齿辊等破纤装置，将薄膜开纤，再经物理、化学或力学作用使开纤薄膜进一步离散成纤维网状物或连续长丝。另外，还有一种方法是在薄膜拉伸前，先在其表面压纹，或先挤出一种异形薄膜，然后经后拉伸和机械处理得到类似复丝一样的纤维，这可看成是介于割裂纤维和撕裂纤维之间的一种成纤方法。撕裂纤维生产的关键是薄膜的原纤化，通常有无规则机械原纤化、可调节机械原纤化和化学机械原纤化三种方法。

（1）无规则机械原纤

薄膜经机械原纤化得到一种网格大小不定的网状结构，或得到长度和宽度都不规则的单纤维。这种方法是将聚合物薄膜扁条在施加一定压力的两块橡胶板之间进行拉伸，并使它在垂直于扁条拉伸方向作横向相对滑动，使这些扁条被搓裂成许多线条，再将这些线条通过一个旋转的圆筒形刷子的作用，使其进一步裂纤，并彼此平行排列。

同样，将一根经拉伸取向的薄膜扁条，加捻到 1000 捻/m，也可裂纤成粗纤维，用来制造绳子和捆扎线。在这种情况下，薄膜能自发发生原纤化作用，且选择的拉伸条件要使扁条横向强度最低，以利于合股扁条的生产。但上述方法得到的原纤化膜裂纤维，在结构上是不均匀的，也未见其作为真正的纺织纤维来应用。

（2）可调节机械原纤化

可调节机械原纤化是将薄膜用机械方法进行原纤化，形成具有均匀网格的网状结构，或者形成具有均匀尺寸的纤维。近年来，工业生产的膜裂纤维大部分采用可调节机械原纤化方法。按成裂纤条件的方法不同，分为切削法（齿辊、针辊、钢丝辊等），异型模口挤出法，辊筒压纹法（固相冷压纹法、熔融压纹法）等。

（3）化学机械原纤化

在原有聚合物中加入一些助剂，以促进取向薄膜的原纤化。或者将取向薄膜进行化学处理，以加强其原纤化作用。这种方法大多依赖于用某种方法在薄膜中引入间断点。薄膜经取向后，这些间断点起着弱点或应力集中点的作用，从而使进一步的机械原纤化变得容易进行。在薄膜中引入的间断点，可以是真空泡或气泡、可溶性盐、不相容的聚合物以及膨胀剂等。

在薄膜中引入空穴的最有效方法，是用常见的方法挤出泡沫薄膜，当泡沫薄膜取向时，薄膜中的气泡被拉长，每一个气泡都形成了一个裂纤核心。

不论用哪种方法引入间断点，都需要进行进一步的机械处理，以扩展裂纤作用，并形成一种真正纤维状的产品。这种方法特别适用于用机械方法难以裂纤或不能裂纤的，且由泡沫薄膜可得到很细的纤维的薄膜。虽然这种化学与机械原纤化方法所得到的膜裂纤维也是典型的无规则的，但由于这种裂纤过程比较缓和，故纤维的均匀性较好。

## 12.3　聚丙烯纤维短程纺

短程纺丝是一种后发展起来的工艺路线，它较常规纺丝的工艺流程短，纺丝工序与拉伸工序直接相连，喷丝头孔数增加，纺丝速度降低。其他纤维品种也在研究短程纺，但以聚丙烯纤维为最早。短程纺丝具有占地小，产量高，成本低，宜于迅速开发等优点。近年各国相继研制推销设备，展出样机，促进新产品的开发。

近年短程纺有了很大的发展，在技术与设备上都有所突破。如机器高度由三层压缩到一层，长度由 100m 缩短到近 50m。从切片输入到纤维打包全部连续化。如德国 AUTOMATIK MACHINERY 公司生产聚丙烯短纤维设备的产量为 450～2400kg/h，纤度为 1.5～200dtex。据称该设备以生产聚丙烯为主，也可用于涤纶、锦纶生产。例如，意大利 MECCANICHE MODERNE 公司开发了一种新的低纤度纤维设备，其特点是占地面积小，不需高层建筑，纺丝装置也只要一层 7m 高的单层建筑。纺丝与卷绕在同一层。熔体采用高压泵输送。由于喷丝孔分配在大圆形喷丝板的最外层，所以纺出的丝束像吹塑圆形薄膜，不需要纺丝甬道，冷却气体由内部向外吹，以便迅速冷却。其技术特点是慢速多孔，以保证产量，操作方便，成本较低，质量稳定，适用于生产装饰布或工业布用丝，可生产单丝纤度为 1～150dtex 的短纤维。该装置可用于 PVC、PET、PA、PP 等切片的熔融纺丝。短程纺锦纶单丝强力 3.52～4.4cN/dtex，伸长率 30%～60%。每块板孔数有 2 万、3.5 万、7 万三种规格。每块板产量 60～180kg/h（纤度为 1～17dtex）。一条生产线最大可配备 8 个位，则每小时能生产 1.5t 纤维（17dtex，纺速 100m/min）。

短程纺设备可采用色母粒同常规切片共混生产有色纤维。挤出机与箱体和管道都大为缩短。这既可缩小层高，又可减少输送熔体的阻力。所有的传动都采用微机控制以达到全自动，使产量与质量达到设计要求。

（1）工艺流程。短程纺虽然各家设备不同，但工艺流程基本相似。

切片喂入→添加剂注入→切片共混→螺杆挤出熔融→熔体过滤→熔体分配→纺丝→环形内冷却→上油卷绕→拉伸→张力调节→卷曲→热定型→张力消除→切断→打包。

（2）技术与设备特点。短程纺与普通纺比较，其特点为多孔低速，采用环形喷丝板，应用内冷却成型，产量大、流程短。技术特点为应用流变学原理设计，环形开孔喷丝板的熔体分配合理，从而使纺出丝的纤度均匀。

短程纺丝系统与传统布局不同，如螺杆挤出机与纺丝卷绕机同在一平面（图 12-1），熔体出螺杆挤出机后，送入位于高处的箱体与喷丝头，每个环形喷丝板用圆形箱体保温。环形喷丝板外圆直径 500mm，由两个熔体分配管送入。每管供应喷丝板所需熔体的一半，出喷丝板后形成半圆，远看似不透明的薄膜。经一对牵伸辊拉伸，其速度为 100m/min，并可变速。成型质量与内圆环吹风的风压、风温有关，在生产过程中此丝束"环"的内外风压差是可调的。对生产不同纤度的丝束"环"密度不同，穿透的风压也不同，这是冷却成型的关键。所以调整好风温、风速、风压才能保证丝束质量。丝束的总纤度要满足后续工序卷曲的需要，即每厘米宽的丝束控制总纤度为 33000～99000dtex。环形喷丝板的设计比矩形喷丝板优点更多，无熔体死角，各处压力均匀，受热也均匀。从流变学观点来分析，丝条的形变速率好趋于相等，其中内环形冷却也符合流变学原理，对丝的质量起到一定的保证作用。

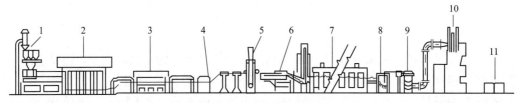

**图 12-1**　丙纶短程纺流程

1—色母粒与切片混入料斗；2—纺丝机；3—五辊牵伸机；4—导丝机；5—张力调整架；
6—卷曲机；7—烘干定型机；8—J 型槽；9—切断机；10—打包机；11—成品

## 12.4　聚丙烯膨体长丝的生产工艺

膨体长丝的缩略代号为 BCF。所用设备是将几道工序联系在一起，并组装在一台主机上。这样可大幅度缩短占地面积，使各工序的功能在一台机器上完成。这是近几年来 BCF 发展的趋势。

膨体长丝生产流程：切片输送→螺杆挤出→纺丝→拉伸→变形→卷绕。

此工艺为连续一步法制取弹力丝，见图 12-2。

聚丙烯纤维 BCF 是将聚丙烯纤维未拉伸丝（UDY）经拉伸，变形或再经网络加工而成 BCF 长丝。该丝是三维卷曲的长丝。具有蓬松性、弹性，并有很好的手感，给人以丰满柔和的感觉。该长丝可根据不同用途制成一定纤度。如：1500～3500dtex 用于地毯，1100～2600dtex 用于家具布，550～770dtex 用于装饰布。

BCF 长丝生产的传统工艺是不连续的。前后工序的衔接需大量经筒子进行往返运输和倒筒。不仅占地面积大，噪声大，断头损耗也大，而且费工时，费动力，因而成本较高。现代采用高技术生产 BCF，对上述缺点进行革新，不仅使各工序连续，而且在一台机组上将各工序完成，并采用计算机控制，提高自动化程度，减少噪声，且能提高成品质量。

聚丙烯短纤维的短程纺是将传统的各工序的间歇生产形成连续加工；而 BCF 则是将

传统的长丝变形丝的间歇生产也形成连续加工，并组装在一台主机上。由于组装后各单元操作运行必须连续而同步；各单元的空间必须紧凑，张力必须控制在一定范围内，所以必须采用计算机来提高自动化程度。

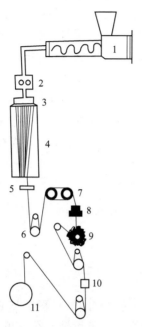

**图 12-2**　膨体长丝生产流程
1—螺杆挤出机；2—计量泵；3—纺丝组件；
4—纺丝仓；5—上油盘；6—第一牵伸辊；
7—第二牵伸辊；8—空气变形箱；9—冷却鼓；
10—网络器；11—高速卷绕机

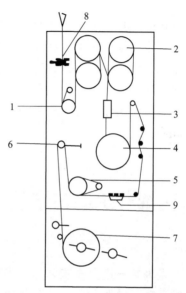

**图 12-3**　BCF 地毯丝生产的典型联合机
1—喂入辊；2—热拉伸辊；3—喷气变形箱；4—筛鼓；
5—较低速度输送辊；6—张力和卷绕速度调节器；
7—卷绕装置；8—切丝器；9—空气喷嘴

图 12-3 所示为生产 BCF 地毯丝的典型联合机示意图。纺出的丝束经过喂入辊 1 引向热拉伸辊 2 拉伸 3.5～5 倍，然后进入喷气变形箱 3。向箱内吹入过热蒸汽或热空气，在热和湍流介质的作用下，纤维发生变形，形成卷缩和蓬松的变形丝。由喷气变形箱 3 排出的丝束落在回转的筛鼓 4 上，在回转中蜷缩的丝束被强制冷却定型。BCF 经过空气喷嘴形成网络丝，最后经张力和卷绕速度调节器 6 进行卷绕。当丝束一旦断头时，切丝器 8 自动启动，切断丝束，把丝吸入废丝室。

各种类型 BCF 设备的主要流程是相同的，但对各单元间的组合方式各有特点。这些特点从宏观来看，可分为两大类型。其一为串联式，占地面积小，因此采用高层建筑。其方法是将挤出纺丝同拉伸、变形、卷绕各单元以上下方式串联而组合。从工艺合理性上分析，此法生头操作方便，配色管路比较简单，便于维修。意大利 Filteco 公司的设备就属于串联型。其二为并联式，其特点是占地面积大，采用单层建筑。其方法是将挤出纺丝机同拉伸、变形、卷绕各单元在同一平面并联组合。从工艺上分析，此法生头太长，操作不方便，配色管路比较复杂，维修也不方便。如德国 BARMAG 公司的设备就属于并联式。考虑聚丙烯纤维染色困难，用于聚丙烯纤维的 BCF 机构大多配有纺前染色机构，即采用定量小螺杆或蝶式加料器。为了使产品具有多种颜色，采用三原色可调比例的色母粒进料，使花色品种增多。因此，大多配有三台螺杆挤出机为一个机组，既可以生产单色丝也可以生产复色丝。

为了使颜色混合均匀，大部分公司都配套装置定量共混系统。目前分两种，其一为颗粒混合式。在切片进入螺杆挤出机之前，将色母粒注入进料口（有小螺杆式与蝶阀式），可以应用切片也可用小颗粒或粉状，可按质量计或按体积计。各种型号的可调范围不同，调节比为 1:10～1:12。这种共混方式不仅用于色母粒，也可用于各种共混改性添加剂。其二为熔体混合式。采用注入螺杆在大螺杆一区或二区注入色母粒。色母粒预先按比例混合三色，或一色共混。再经静态混合器提高其均匀性，有的再加装过滤器，以提高纺丝质量和延长喷丝板更换周期。有的直接将色母粒在小螺杆中熔融，再注入大螺杆中相混。

BCF 产品通常有聚酰胺和聚丙烯两大类。作为地毯制品最重要的特性是覆盖性、蓬松性、回弹性、柔滑的手感、光润的外观等。为了达到上述要求，一般采用 BCF 制作簇绒地毯。地毯用聚酰胺 BCF 的总纤度为 556～4444dtex；地毯用的聚丙烯 BCF 总纤度则为 1500～3500dtex。

# 12.5  聚丙烯非织造布熔喷成型

区别于传统聚丙烯纤维生产工艺的新工艺很多，如前面介绍的短程纺和 BCF 的生产工艺，在开发纤维品种、增加产量，以及节省能源方面都作出了贡献。在这里，简单介绍熔喷法制非织造布的工艺。熔喷成型是利用高速热空气流（310～374℃）以超声速和熔体接触，将聚合物熔体制成超细纤维的纺丝方法。其生产过程是先将聚丙烯切片加到螺杆挤出机中，使其熔融，并加热至成纤所需温度。挤出机的前端装有一个特殊的熔体流出模头，如图 12-4 所示。树脂从该模头的孔中喷射出来时与高速气流相接触，将聚丙烯拉得很细的纤维。这些纤维被吸到一个具有大量冷空气的喷嘴中冷却，一般在离模头顶端约 25cm 处固化，随后收集在前方移动着的筛网上。当纤维落到筛网上时，自动交络起来，发生黏接，形成非织造布。喷出的气流大部分沿筛网表面散失。这种方法形成的纤维网的质量可达 5～1000g/m²。可以用改变收集网运动速度的方法来调节纤维网的质量。熔喷成型是生产超细纤维的重要方法之一，也可以聚酯、聚酰胺等为原料，使用熔喷法做非织造布。

熔喷法技术在 20 世纪 50 年代开始研究，直到 70 年代才由美国埃克森（Exxon）公司实现工业化。原料有 PP 和 PET。其产品主要用于过滤材料、外科手术口罩、手巾及其他用布、电池隔膜、香烟过滤嘴、人造裘皮底衬及复合品、高级衣料、鞋、手套料、滑雪服、登山服、男女冬装、内衣等。其产品规格为 3～1000g/m²，纤维直径 1～25m。工艺流程见图 12-4 所示。

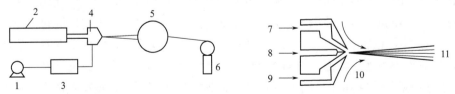

**图12-4**  熔喷法工艺流程图及模头结构
1—风机；2—挤压机；3—空气加热；4—模头；5—取引网；
6—卷取；7—空气；8—熔融塑料；9—空气；10—冷空气；11—细纤维

## 12.6　聚丙烯纺黏成布法

纺黏成布法亦称纺丝直接成布法，实际上是一种长丝成布的方法。它是利用熔融纺丝等方法将聚合物切片经熔融纺丝、冷却、拉伸而形成的连续长丝进行铺网，然后经黏合、后整理等工序制成产品。其工艺路线见图 12-5，其工艺过程包括如下步骤。

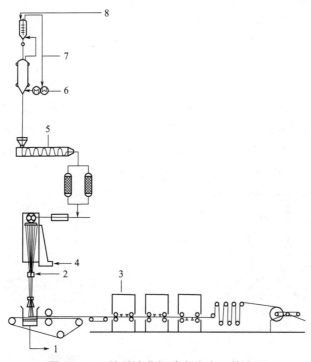

**图 12-5**　纺黏法非织造布生产工艺流程

1—抽取空气；2—操作空气；3—针刺；4—冷却空气；5—纺丝和成网；6—干燥空气；7—调节和干燥；8—聚酯切片

切片输送→贮料→混合→熔融挤压→纺丝→拉伸→铺网→加固→卷取

采用的原料切片主要有聚丙烯 PP、聚乙烯 PE、聚酯 PET、聚酰胺 PA 以及纤维树脂弹性体双组分聚合物等，其中 PP、PET 的用量最大。

自 20 世纪 60 年代初，美国杜邦公司开始研制、并生产纺黏法非织造布，由于该法工艺流程短，劳动效率高，原料耗损少，产品性能好，所以发展很快。

纺黏法工艺技术主要有杜邦法、德国鲁奇公司的 Dacan 法、Reifenheuser 公司的 Reicofil 法和 Freudenberg 的 Lutravil 法等。上述几种工艺虽各有不同，但其原理是一致的。

（1）纺丝成型

纺丝工艺与化纤的纺丝工艺基本相同，仅在设备的个别部件有所改动，以适应纺丝成网的要求。喷丝板有圆形，也有矩形，后者可以是整块的，或由几块合成的，可根据纤网的宽度要求配置。

（2）拉伸

拉伸法包括机械拉伸和气流拉伸，后者相对更常用。机械拉伸过程中长丝离开喷丝板后经几组牵伸辊持续拉伸，由于辊速自上而下不断增加，从而使长丝得到拉伸变细，杜邦和英国帝国化学工业公司采用此法。

气流拉伸是利用经净化的高压高速空气流将刚喷出的丝条经气流拉伸装置拉伸取向。有喷嘴式和狭缝式两种，前者是丝条通过喷嘴时受到高速气流的夹持，丝速成倍增加，以使丝条获得所需的拉伸倍数。法国隆玻利公司和杜邦生产聚酯喷丝成布采用此法。由于该法甬道直径小，故气流速度很高，容易出现甬道阻塞，致使高速气流冲至成网帘带上，引起纤维网紊乱，喷嘴噪声大。而狭缝式可消除这些缺点，日本旭化成、东洋纺和美国Kimborly Clark 公司采用此法。在拉伸阶段必须有分丝措施，以防纤维互相缠结黏连。分丝方式有强制带电法、摩擦带电法、气流分丝法和机械法。

（3）铺丝成网

熔纺成型的长丝束经拉伸、冷却后借助摆丝器连续均匀地铺置成网，分为气流成网和机械成网两种形式。前者是借助拉伸气流在出口处形成的某种运动，使长丝按一定规律铺到凝网帘上；后者是利用导辊或拉伸分丝管的左右往复运动，将丝束规则地铺到凝网帘上（图12-6），成网的关键是对长丝束进行控制，摆丝器运动的轨迹和速度，以及成网机网帘运动的轨迹和速度决定着纤网的厚度、孔的大小和分布。

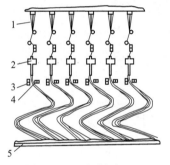

图 12-6　机械成网

1—丝束；2—喷嘴；3—偏心轮；4—偏心轮；5—成网帘

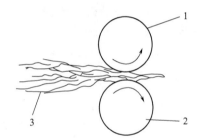

图 12-7　热轧黏合法

1—刻花辊；2—光辊；3—纤网

（4）加固

铺丝成网后，根据产品要求选择不同的方法进行加固，有热黏合法、针刺法和化学黏合法等。近年来开始采用组合技术进行加固，用两种工艺进行复合加工，如热风穿透法和超声波法复合、或热轧黏合法和针刺法复合等。

热轧黏合法是借助具有轧辊的热轧机，在一定的压力和温度下使纤维网局部熔融黏合、达到加固的目的（如图12-7所示）。

纺黏法非织造布从产品性能和特点上看有着广阔的应用领域，在用即弃产品方面，主要是作卫生和医疗材料，如尿布面料、手术衣帽、病员服、医院床单、药膏基布等；其次是作信封、无菌包装及家用包装材料等；在耐用型产品方面，主要应用于土工材料、工业防护服、过滤和绝缘材料、农业用布及家具用布等。美、德、日等国家应用纺黏法非织造布的数量约占非织造布的 70%～80%，使用寿命达 10 年以上。另外，纺黏法非织造布也广泛用于汽车地毯基布、防水材料、过滤材料等产业方面。

# 第13章 聚丙烯腈纤维

聚丙烯腈（TAN）纤维是指由聚丙烯腈或丙烯腈含量占 85%以上和其他第二、第三单体的共聚物纺制而成的纤维。共聚物中的丙烯腈含量占 35%～85%、而第二单体含量占 15%～65%的共聚物制成的纤维，则称为改性聚丙烯腈纤维。我国聚丙烯腈纤维的商品名称为腈纶。

早在 20 世纪 30 年代初期，美国 Du Pont 公司和德国 Hoechst 化学公司就已着手聚丙烯腈纤维的生产试验，并于 1942 年同时取得以二甲基甲酰胺（DMF）为聚丙烯腈溶剂的专利。随后又发现其他有机与无机溶剂，如二甲基乙酰胺（DMA），二甲基亚砜（DMSO），硫氰酸钠（NaCNS）的浓溶液，氯化锌溶液和硝酸等。随后又花了十余年时间，直至 1950 年，聚丙烯腈纤维才正式生产。

最早的聚丙烯腈纤维由纯 PAN 制成，因染色困难，且弹性较差，故仅作为工业用纤维。后来开发出丙烯腈与烯基化合物组成的二元或三元共聚物，改善了聚合体的可纺性和纤维的染色性，其后又成功研制出丙烯氨氧化法制丙烯腈的新方法，才使聚丙烯腈纤维迅速发展。

聚丙烯腈纤维具有羊毛的特征：蓬松性和保暖性好，手感柔软，防霉，防蛀。并有非常优越的耐光性和耐辐射性。

近年来，为了适应某些特殊用途的需要，通过化学和物理改性的方法，赋予了聚丙烯腈纤维某些特殊的性能或功能，制备出多种新的改性纤维，例如具有永久性立体卷曲的复合纤维和具有多孔结构的高吸水纤维，穿着舒适，适宜做运动衫；还有阻燃纤维、抗静电纤维、高收缩纤维、染色性和耐热性良好的纤维。作为生产碳纤维的原丝时，聚丙烯腈纤维的共聚组分多为二元共聚，且第二组分含量小。经不同预氧化，炭化和石墨化工艺处理，该原丝可分别制成耐高温的预氧化纤维，耐 1000℃的碳纤维，以及耐 3000℃的石墨纤维。聚丙烯腈中空纤维可作为血液净化器的材料。

## 13.1 聚丙烯腈纺丝原液的制备

经一步法制得的纺丝原液含有未反应的单体、气泡和少量的机械杂质，必须加以去除。为保证纺丝原液的质量均一性，还必须进行混合，故纺丝原液的制备包括脱单体（高转化率聚合工艺可在脱泡时把少量未聚合的单体脱除，而不需单独的脱单体工序）、混合、脱泡、调温和过滤等工艺，才能得到符合纺丝工艺要求的纺丝原液。

由水相沉淀聚合所得的聚丙烯腈是细小的固体颗粒，必须将其溶解在有机或无机溶剂中，并经混合、脱泡和过滤等工序处理。

本部分内容主要介绍一步法制备纺丝原液。

图 13-1 为 NaSCN 一步法原液准备流程图。由聚合工段送来的原液经管道混合器而进入原液混合槽，使原液充分混合后用齿轮泵送往真空脱泡塔，脱除原液中混入的气泡，脱泡后的浆液冷却后送入多级混合器，在此加入消光剂、荧光增白剂和硫氰酸钠，然后经热交换器进行调温，再经过滤除杂，以稳定的压力送往纺丝机。

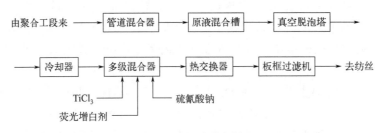

**图 13-1**    原液准备流程

（1）聚合浆液中单体的脱除

高转化率（转化率大于 95%）的聚合产物不需脱除单体，而中、低转化率的工艺路线，都必须将聚合浆液进行脱单体，而且必须迅速地除去单体，否则还会继续缓慢地发生聚合，使浆液黏度上升。未脱除单体的聚合液在室温下放置 4 昼夜，黏度可上升一倍左右。经脱单体后，在同样条件下黏度变化极小。此外，未经脱单体的聚合液直接进入脱泡塔后，在脱泡塔内会逸出大量挥发性单体，从而影响脱泡效果。若将含有大量单体的聚合浆液直接送去纺丝，会在原液从喷丝孔流出时气化逸出，既恶化劳动条件，又严重影响纤维的品质。聚合浆液经脱除单体后，单体残留量必须小于 0.3%。

（2）纺丝原液的混合及脱泡

聚合反应是连续进行的，即使严格控制工艺条件，在不同时间内所得原液的各种性能也难免产生某些波动，为尽量减少差异，使原液性能稳定，必须进行混合。经脱单体后的原液与循环混合的浆液在管道混合器内进行充分混合，然后送入原液混合槽。混合槽容积很大，它实际上也是一个原液贮存桶，一旦聚合或纺丝工序发生临时性故障，可有缓冲的余地。混合贮槽内用挡板隔成许多区，原液在槽内（借助泵）循环，充分进行混合，随后送往真空脱泡塔。

浆液在输送过程中或在力学作用下会混入空气泡，较大的气泡通过喷丝孔会造成纺丝中断，产生毛丝或者形成浆块阻塞喷丝孔，较小的气泡会通过喷丝孔，而残留在纤维中，造成气泡丝，在拉伸时易断裂或影响成品丝的强力，所以纺丝前必须把原液中的气泡脱除。

（3）浆液的调温和过滤

脱泡后的浆液需经热交换器调至一定温度，目的是稳定和降低纺丝浆液的黏度，以有利于过滤和纺丝。过滤主要是除去混合浆液中的各种机械杂质，以保证纺丝的顺利进行。

# 13.2　聚丙烯腈纤维的湿法成型及后加工

聚丙烯腈在加热下既不软化又不熔融。在 280～300℃下分解，故一般不能进行熔融纺丝。而采用溶液纺丝法（干法或湿法）。凝固浴通常为制备原液所用溶剂的水溶液，也有采用制备原液时所用有机溶剂的煤油溶液为凝固浴的。

## 13.2.1　聚丙烯腈纤维的湿法纺丝成型

（1）硫氰酸钠溶液工艺流程

以 NaSCN 为溶剂时一般都采用丙烯腈在 NaSCN 溶液中聚合，并直接用聚合液进行纺丝。该法的主要优点是工艺过程简单，聚合速度较快，故聚合时间较短。NaSCN 不易挥发，故溶剂的消耗定额较低。

图 13-2 为 NaSCN 法聚丙烯腈纺丝后加工流程。纺丝原液（PAN 含量 12%～14%，NaSCN 含量 44%）经计量泵计量后，再经喷丝头 （$\phi=0.06$mm；20000～60000 孔）而进入凝固浴。凝固浴为 9%～14% 的 NaSCN 水溶液，浴温 10℃左右，纺丝速度 5～10m/min。出凝固浴的丝束引入预热浴进行预热处理，预热浴为 3%～4% 的 NaSCN 水溶液，浴温为 60～65℃，纤维在预热浴中被拉伸至 1.5 倍。经预热浴处理后的丝束引入水洗槽进行水洗，水洗槽中的热水温度为 50～65℃。水洗后丝束在拉伸浴槽中进行拉伸，拉伸浴的水温为 95～98℃，两次拉伸总拉伸倍数要求为 8～10 倍。随后经第一上油浴上油，在干燥机中进行干燥致密化。接着丝束经卷曲机，再进入汽蒸锅进行蒸汽热定型，蒸汽压为 1.5×10² kPa（表压），定型时间 10min 左右。接着丝束进行第二次上油，再经干燥机进行干燥，最后经切断（或牵切加工）、开包后出厂。

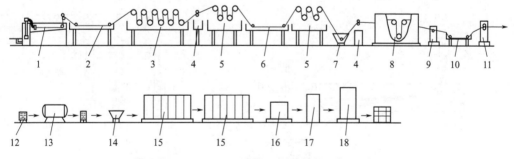

**图 13-2**　NaSCN 法聚丙烯腈纺丝后加工流程
1—凝固浴；2—预热浴；3—水洗槽；4—压辊；5—拉伸机；6—拉伸浴槽；7—第一上油浴；
8—干燥机；9—张力架；10—卷曲加热箱；11—卷曲机；12—装丝箱；13—汽蒸锅；
14—第二上油浴；15—干燥机；16—切断机；17—吹风机；18—打包机

不同的溶剂采用的纺丝及后加工工艺流程有所不同，但基本过程是相似的，其他方面不再复述。

（2）湿法成型的凝固历程

纺丝原液由喷丝头喷出而进入凝固浴后，原液细流的表层首先与凝固浴接触而很快凝固成一薄层（皮层），凝固浴中的凝固剂（水）不断通过这一皮层扩散至细流内部，而细流中的溶剂也通过皮层扩散至凝固浴中。

由于双扩散的不断进行，使皮层不断增厚，当细流中间部分溶剂浓度降低到某一临界浓度以下时，原为均相的丙烯腈共聚物溶液发生相分离，聚丙烯腈从溶液中沉淀析出，构成初生纤维的芯层。

（3）纺丝机及其主要附件

① 纺丝机。

聚丙烯腈纤维湿法纺丝机类型甚多，对应于不同的溶剂，常采用不同型式的纺丝机。

目前我国聚丙烯腈纤维生产所用纺丝机主要为斜底水平式纺丝机（如图 13-3 所示），它是一种单面式纺丝机，凝固浴从装有喷丝头的一端（前端）进入浴槽，与丝条并行流向浴槽的另一端（后端），这时浴液的浓度逐渐升高，转浓的浴液沉向槽底。如果是平底，就会在靠近后端的下部造成死角，使浴液浓度差异增大。斜底槽消除了死角，迫使较浓的浴液不停留地向前流动。

第一导辊可以放置在凝固浴上方，也可以把第一导辊的下辊部分浸没于凝固浴中，以省去在浴槽内设置导丝辊，借以减少对刚凝固丝条的摩擦，有利于改善丝条的品质。

每台纺丝机备有两组传动线：一组传动计量泵，另一组传动第一导辊及拉伸辊。正常生产时，按预先设定的速度进行运转。

聚丙烯纤维湿法纺丝也可采用立管式纺丝机，其示意图见图 13-4 所示。

② 计量泵。作用是在单位时间内均匀地以等量纺丝原液供应喷丝头，使纺成的纤维均匀且有一定的纤度。纺丝速度固定不变时，丝条的纤度随原液供量而改变，为了保证丝条有稳定的纤度，泵供量必须均一，因此计量泵应具有很高的精密度。

聚丙烯纤维纺丝计量泵与聚酯纤维、聚酰胺纤维、聚丙烯纤维所用的计量泵类型基本相同，普遍采用齿轮泵。工作原理也基本相同。由于聚丙烯纤维湿法纺丝大多用于生产短纤维，所以计量泵为大容量计量泵，容量高达 100mL/r 或更高。

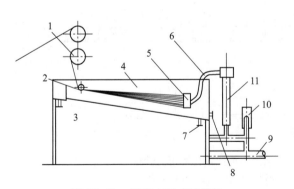

**图 13-3    斜底水平式纺丝机**
1—第一导辊；2—导丝辊；3—凝固浴出口；4—凝固浴槽；
5—喷丝头；6—鹅颈管；7—液体放空管；8—凝固浴进口；
9—进浆管；10—计量泵；11—烛型过滤器

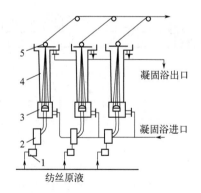

**图 13-4    立管式纺丝机**
1—纺丝泵；2—过滤器；3—喷丝头；
4—凝固浴；5—导丝辊

为了减小齿轮泵供液量的脉冲度，可采用增加齿数（如 21 个齿增加到 28 个齿）、改变进出口形式、增加齿轮数等方法来实现。聚丙烯腈纤维生产常用三个齿轮，五块泵板组成的大容量计量泵。

此外，由于溶剂路线的不同，要求有不同的耐化学腐蚀性，如 NaSCN 腐蚀性强，要求采用含钼或含钛不锈钢。

③ 喷丝头。精确计量的纺丝原液经喷线头毛细孔压出，形成一股股原液细流进入凝固浴，凝固成型为一定纤度的纤维。喷丝头的形状多数为圆形，但也有矩形或瓦楞形的。纺制短纤维时一般都用几万孔以至几十万孔的喷丝头。

制作喷丝头的材料应具有足够高的机械强度，能长期使用不变形；应不与纺丝原液或凝固浴发生化学作用，不发生腐蚀；并应有良好的机械加工性能，钻孔要光洁，不允许有伤痕或毛刺。目前一般采用 70%金和 30%铂金的合金，也可用钽和铌制成。

## 13.2.2　聚丙烯腈纤维的湿法纺丝后加工

刚从凝固浴出来的丝条虽已凝固，但还不够充分，实际上它还是一种含有多量溶剂的冻胶，必须经过一系列的后加工（或称为后处理），才能成为有实用价值的纤维。

聚丙烯腈纤维的后加工包括拉伸、水洗、致密化、卷曲、热定型、上油、干燥、打包等工序。湿法成型的聚丙烯腈纤维的后加工路线甚多，但总的来讲实现的作用和目的是相同的，可大致从如下几个方面来说明。

（1）拉伸

刚从凝固浴中导出的丝条，其中聚合物大分子链处于卷曲和不规则的排列状态，这种纤维尚无实用价值，必须在一定条件下进行一定倍数的拉伸以及一系列后处理，才具备所需的性能。

如果初生纤维不经预热浴处理就直接进行蒸汽拉伸或沸水拉伸，则所得纤维泛白失透。经预热浴处理后初生纤维结构起了变化，更有利于进行以后的高倍拉伸。与纺丝原液相比，初生纤维的溶剂化程度虽然已显著降低，但其中高聚物含量仍较低。聚丙烯腈大分子链上存在许多强极性的氰基，它们与水分子相缔合，使分子间作用力大为削弱，再则成型中通常采用喷头负拉伸，故初生纤维中大分子的取向度很低。总之，初生纤维还是一种高度溶胀的冻胶体，其强度很低，不适应于直接经受高倍的拉伸。

在把这种冻胶体的初生纤维进行高倍拉伸之前，通过预热浴处理以降低其溶胀度，加强纤维结构单元之间的作用力，从而为进一步经受高倍拉伸创造了条件。

（2）水洗

由凝固浴或拉伸浴出来的丝束含有一定量的溶剂。如果不把这部分溶剂去除，不仅使纤维手感粗硬，且色泽灰暗，加工中纤维发黏，不易梳分，干燥和热定型时纤维容易发黄，特别是在以后的染色过程中更会产生不良影响。如纤维中含 NaSCN 超过 0.1%，会使染料沉淀，染得的纤维有斑点。为了保证纤维质量和后加工的需要，要求水洗后纤维上残余溶剂含量极少（例如含 NaSCN 或 DMSO 不超过 0.1%）。

水洗工序所用的水必须是脱盐水，用水量首先要保证水洗后纤维中的溶剂质量分数小于 0.1%，但它同时又受到凝固浴浓度的限制，因为水洗后的水将被补充入凝固浴中，用于稀释由纺丝原液带入凝固浴的大量溶剂。

纤维的水洗往往被放在拉伸前，因为拉伸前的丝束运行速度较低，在同一洗涤设备上可增加水洗的时间，使水洗过程更充分；而且先水洗后拉伸，更有利于大分子的取向和减少拉伸后纤维的解取向。

随着水洗温度的提高，纤维溶胀加剧，有利于丝条中溶剂分子向水中扩散，同时也有利于水分子向丝束渗透以达到洗净的目的。但随着水温的提高，热量的消耗也随之增大，尤其是采用有机溶剂时，温度高则溶剂挥发损失大，而且恶化周围环境。目前水温一般都控制在 50℃ 左右。

（3）上油

经水洗后，纤维上已不含有影响其外观或性能的杂质，但这种纤维如直接作为成品，往往由于摩擦系数太大，而使手感发涩，静电现象严重，切断时纤维容易附着在沟轮上，在纺织厂加工时，易产生塞、绕、黏等现象，给成条工序带来困难，如发生花卷变长和破边，成纱的均匀性和强力变差，车间飞花多，以致严重影响成纱质量和劳动条件，使纺织加工难以进行。

影响纤维纺织加工性能的因素除纺织加工的工艺和设备外，主要是纤维本身以及油剂的性能。从纤维本身讲，纤维的长度、卷曲形态、卷曲稳定性、表皮形态、弹性等主要是通过抱合力而影响可纺性，纤维的含湿量或吸湿性则主要是通过抗静电性而影响可纺性。从油剂方面讲，主要通过润滑和抗静电作用而影响可纺性。

聚丙烯腈纤维在水洗和致密化两工序之间的上油主要是为了避免在致密化过程中因纤维与机械的摩擦起电而使纤维过度蓬松和紊乱引起绕鼓。

上油的方式可采用浸渍法，也可采用辊子定量给油。前者比后者上油更均匀。

（4）干燥致密化

在成型过程中得到的初生纤维经过拉伸以后，超分子结构已基本形成。但由于成型时间非常短促，而大分子运动的松弛时间比较长，所以纤维的聚集态结构中存在着一定程度的内应力和缺陷。必须经致密化及热定型，以消除内应力和纤维内存在的缺陷，从而固定卷曲度，并提高尺寸稳定性，同时提高纤维纺织加工的可纺性及力学性能。对于湿法纺丝的聚丙烯腈纤维来说，干燥致密化和热定型除有上述作用外，还可以消除在纺丝凝固过程中由于溶剂及沉淀剂相互扩散所引起的结构不均匀，以及由此而发生的为数众多、大小不等的空洞及裂隙结构，即所谓消除失透现象，进一步提高纤维的染色均匀性。因此聚丙烯腈纤维后处理过程中的干燥致密化和热定型与拉伸一样，都极其重要。

干燥致密化后的纤维和初级溶胀纤维性能的比较见表 13-1。

**表13-1    干燥致密化后的纤维和初级溶胀纤维性能的比较**

| 纤维性能 | 初级熔胀纤维 | 干燥致密化后的纤维 | |
|---|---|---|---|
| | | 干态纤维 | 再湿润纤维 |
| 纤维轴向和径向尺寸的稳定性 | 在松弛态干燥时径向和轴向大幅度收缩 | 较稳定 | 较稳定 |
| 结实程度 | 嫩，横向和轴向都易变形 | 较结实 | 较结实 |
| 手感 | 软，有胶冻状滑腻 | 不滑腻 | 不滑腻，不软 |
| 强度 | 约为干强 10% 左右 | 一定的强度 | 为干强的 80%～100% |
| 含水量 | 40%～120% | 1.0%~2.5% | 经离心机甩水后，含水量为 5% 左右 |
| 染色性 | 直接染料易于上染，但着色不均匀 | 直接染料极难上染 | 直接染料极难上染 |

如果在低温下把初级溶胀聚丙烯腈纤维风干，结果纤维失透，也就是说纤维虽已脱溶胀而未致密化，由此推论，纤维致密化需要一定的温度。如果把经拉伸水洗过的初级溶胀纤维在 80～100℃ 热水中处理，此时温度虽高，但纤维仍未致密化，由此可知，纤维致密化不仅需要一定温度，而且必须伴随一个脱溶胀的过程，即水分从微孔内逐步移出的过程。

在适当温度下进行干燥，由于水分逐渐蒸发并从微孔移出，在微孔中产生一定的负压，即有毛细管压力。又在适当温度下，大分子链段能比较自由地运动而引起热收缩，使微孔半径相应地发生收缩，微纤之间的距离越来越近，导致分子间作用力急剧上升，最后达到微孔的融合。

这一机理可以从下列事实中得到证明：①初级溶胀纤维经深冷升华干燥后，得到保留有大量微孔的干纤维，再进行一般的干燥处理（100～170℃），结果纤维还是失透，不能致密化；若初级溶胀纤维在深冷升华干燥后再以水浸润，再进行干燥致密化处理，则又可得到透明致密化的纤维；②初级溶胀纤维先经汽蒸后，再进行一般的干燥工艺处理（100～170℃），结果纤维还是失透，因汽蒸后纤维结构较固定，按一般干燥致密化工艺是不易使微孔融合的；③微纤网络粗细不同的初级溶胀纤维干燥致密化的难易程度不同。

总之，要使初级溶胀纤维正常进行致密化，需有如下的条件：①要有适当的温度，使大分子链段能比较自由地运动；②要有在适当温度下脱除水分时所产生的毛细管压力，才能使空洞压缩并融合。

室温干燥的纤维虽有毛细管压力，但温度低，不能使大分子自由运动，则不能使微孔融合。如直接进行汽蒸，虽然有高温，但无水分的消除，也不能达到致密化。

此外，还必须注意到致密化和脱溶胀以及干燥是几个不同的概念。初级溶胀纤维在干燥过程中刚达到微孔融合时，一般其微纤尚未溶剂化，纤维的含水率可达百分之几，甚至几十，这是一种已经致密化而尚未完全脱溶胀的纤维；而低温风干纤维则是脱溶胀而未致密化的纤维。致密化纤维再润湿后，仍保持着致密化的结构，所以致密化和干燥也是不同的概念。初级溶胀纤维的致密化和脱溶胀是不可逆的，而已致密化纤维的湿润和干燥则基本是可逆的。

（5）热定型

干燥致密化后，纤维的服用性能还较差，需要通过热定型以进一步改善纤维的超分子结构。热定型的目的同其他品种纤维生产过程中是一样的，都是为了提高纤维的形状稳定性，进一步改善纤维的力学性能（特别是钩强、钩伸）以及改善纤维的染色性能和纺织加工性能。

作为热定型中的传热介质主要有热板、空气、水浴、饱和蒸汽或过热蒸汽浴等五种。一般来讲，在一定温度下饱和蒸汽定型对纤维发挥溶胀增塑作用，使 $T_g$ 降低，大分子链段活动增强，有助于达到定型效果。

除此之外，定型温度、定型时间、定型时纤维所受的张力等因素，对定型纤维性能指标都有所影响，因为与聚酯纤维、聚酰胺纤维、聚丙烯纤维定型因素有相同的道理，这里略去。

（6）卷曲

为了增加聚丙烯腈纤维自身以及与棉、毛混纺的抱合力，改善其纺织加工性能，同时也改善纤维的柔软性、弹性和保暖性，必须将纤维进行卷曲加工。

卷曲度取决于纤维的不同用途。一般供棉纺用的聚丙烯腈短纤维要求较高的卷曲数（4～5.5 个/cm），供精梳毛纺的聚丙烯腈短纤维及制膨体毛条的聚丙烯腈纤维束丝则要求中等卷曲数（3.5～5 个/cm）。

聚丙烯腈纤维的卷曲方法也是有化学卷曲和机械卷曲两种。此部分内容见涤纶短纤维生产中的卷曲部分见 10.1.5 节。

（7）切断

同其他短纤维生产的切断方法和目的相同，聚丙烯腈纤维切断的目的也是为了使产品能很好地与棉或羊毛混纺。切断方法最常用的是机械切断方法中的沟轮式和压切式二种。

# 13.3 聚丙烯腈纤维的干法纺丝及后加工

## 13.3.1 聚丙烯腈纤维的干法纺丝成型

聚丙烯腈纤维的干法纺丝发展比较迅速；其产量约占聚丙烯腈纤维总产量的 25%～30%。虽然聚丙烯腈纤维及其共聚物可溶于多种溶剂，但直到目前为止聚丙烯腈纤维的干法纺丝只使用二甲基甲酰胺为溶剂。

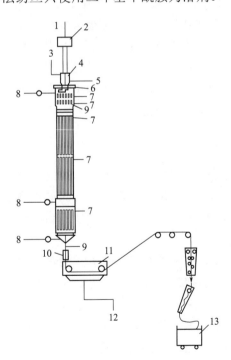

**图 13-5** 干法纺丝工艺流程

1—原液；2—计量泵；3—水蒸气；
4—原液加热器；5—冷凝；6—喷丝板；
7—电加热；8—气态 DMF（溶剂）；9—骤冷水；
10—溢流盒；11—拉伸槽；12—回收；13—丝束桶

（1）干法成型的工艺流程

如图 13-5 所示，制备好的纺丝溶液经计量泵压送至原液加热器进行加热，然后经喷丝头喷入具有加热夹套的纺丝甬道中。甬道内部温度控制在 165～180℃。一般使预热到 230～260℃的热空气以一定速度通过甬道进行控制。原液细流中的溶剂（DMF）在甬道中因受热而蒸发，并被流动的热空气带走，带走的溶剂在溶剂回收车间进行冷凝回收。

所得丝条经骤冷水冷却后，在拉伸槽进行拉伸；然后经输送带导入盛丝桶，进而送至后处理工序。

若纺长丝则将出纺丝机的丝条经二导盘进行拉伸，拉伸倍数为 2～4 倍，经拉伸后的丝条以100～300r/min 的卷绕速度进行卷取。

（2）纺丝原液的凝固和纤维的截面形状

纺丝原液被压出喷丝孔而进入纺丝甬道后，由于与甬道中热空气的热交换，使原液细流温度上升，当细流表面温度达到溶剂沸点时，便开始蒸发，细流内部的溶剂则不断扩散至表面而蒸发。

由于溶剂的蒸发，使原液细流中的高聚物浓度增加，而溶剂含量则不断降低，当达到凝固临界浓度时，原液细流便固化为丝条。

原液细流的凝固速度主要取决于溶剂的蒸发和扩散速度，因此凡与溶剂的蒸发和扩散有关的因素都能影响原液细流的凝固。提高纺丝甬道的温度，降低甬道中溶剂蒸汽浓度，增加热空气循环量以及提高纤维的细度，都能加速原液细流的凝固。

干纺聚丙烯腈纤维的横截面形状与溶剂从原液细流中扩散出来的速度及溶剂的蒸发速度密切相关。原液细流中溶剂的蒸发仅是在细流表面上发生的现象，因此溶剂从丝条内部向表面扩散的速度对蒸发速度有很大影响。如以 $E$ 表示表面的蒸发速率，$V$ 表示溶剂从丝条内部向外扩散到表面的速率，则 $E/V$ 值的大小对于纤维的横截面以及纤维的力学性能有很大的影响。

如果 $E \leqslant V$，即溶剂的扩散速率大于其蒸发速率，则纤维的干燥由内部逐渐扩展到表面，由此所得的纤维结构是均匀的，纤维截面呈圆形，表面相当光滑，力学性能良好。如果 $E > V$，即表面的溶剂蒸发速率大于溶剂从原液细流中向外扩散的速率，则表面的高聚物很快凝固而形成皮层，皮层的厚度和硬度又随 $E/V$ 值的增大而增加，当丝条的皮层一旦形成并硬化后，若丝条的芯层尚处于液体状态，则随着时间的推移，芯层原液中的溶剂逐步扩散到表面蒸发，容积相应缩小，其时皮层便发生凹陷，使原来呈圆形的截面变为扁平形的截面。$E/V$ 值越高，纤维截面偏离圆形的程度就越大。

必须指出，缓慢的蒸发并不是对各种情况都是合适的。例如对于纺制异形纤维，不仅需采用非圆形截面的喷丝孔，而且要创造条件提高 $E/V$ 值，才能使所得纤维具有特殊形状的横截面。如果不使纺丝原液细流的皮层快速形成，则从异形喷丝孔压出原液所形成的丝条，将在表面张力的作用下使纤维截面的异形度降低；反之，如果使丝条的皮层快速凝固成型，则可获得与喷丝孔形状相一致的截面形状。其实芯层中的溶剂因扩散和蒸发而发生体积收缩，可能使丝条扭曲，但不会改变纤维原已形成的基本截面形状。

（3）干法成型的工艺参数

① 聚合物分子量。为加速纺丝原液的凝固，避免初生纤维相互黏结，减少纺丝过程中溶剂的蒸发量，故干法纺丝的原液均采用较高的浓度，如聚丙烯腈纤维干法纺丝常用原液浓度为 25%～30%（质量），为此应适当降低聚合物的分子量，否则由于原液的黏度太高，不但增加过滤和脱泡的困难，还会降低原液的可纺性。例如聚丙烯腈纤维湿法纺丝所用聚合物分子量一般为 50000～80000，干法纺丝所用的通常为 35000～40000，一般不超过 50000。当然分子量过低，也是不合适的，它会使纤维的某些力学性能指标变差。

② 溶剂纯度。PAN 的干法纺丝只用 DMF 作溶剂，对溶剂的纯度要求较高，一般需符合表 13-2 规定的质量指标。

表13-2　用于干法纺丝的二甲基甲酰胺质量指标

| 参数 | 指标 |
| --- | --- |
| 沸点/℃ | 153(101.2kPa) |
| 蒸发热/(kJ/kg) | 571.24 |
| 含水率 | <0.3% |
| 胺(折成二甲胺) | <0.01% |
| 铁 | <0.05% |
| pH | 6.5～9.0[20%(质量)水溶液，25℃] |

③ 原液浓度。提高原液中聚合体的浓度，可以减少纺丝时溶剂的蒸发量及溶剂的单耗，降低甬道中热空气的循环量，并能提高纺丝速度；提高纺丝原液的浓度，还对所得纤维的力学性能有良好影响，如使纤维的横截面变圆，光泽较好，断裂强度增加，但延伸度有所下降。

在一定温度下，原液黏度主要决定于原液的组成和聚合物的分子量。聚丙烯腈纤维干法纺丝时，原液黏度一般以控制在 $600 \sim 800s$（落球法）的范围内为好，因为在一定范围内，初生纤维的可拉伸性随黏度的增加而增加，但是达到某一最大值后，又随黏度进一步增加而降低。

④ 喷丝头的孔数和孔径。在纺丝条件相同的情况下，如果喷丝头孔径不变，只增加喷丝头的孔数或保持孔数不变，而增大孔径，即可增加单个喷丝头的产量。因此随着喷丝头孔数或孔径的增大，未拉伸纤维的总纤度增加；丝束中 DMF 的残存量增大，有时甚至使单纤维间互相黏连。所以喷丝头的孔数和孔径不能随意增加，如需增加孔数，必须相应地改变其他纺丝条件。

在保持吐液量和纺丝速度不变的情况下。减小孔径而增加孔数，丝束的总纤度不变而降低单丝的纤度，这等于相应增加单位丝条体积的蒸发表面积，因此，有利于 DMF 的蒸发。使纤维的截面结构较均匀，形状更接近于圆形，纤维的力学性能也较好。但是，孔径过小时，喷丝孔容易堵塞或产生毛丝，对纺丝工艺的要求较高。

⑤ 吐液量。实际表明由于吐液量的增大，而卷绕速度又固定不变，因此喷丝头拉伸比减小，使纤度增大。如果随着吐液量的增加，相应的卷绕速度也随着增加到最大值，则可以发现随着吐液量的增加，喷丝头拉伸比也增大，当拉伸比越过最大值后，随着吐液量的上升，拉伸比反而随之下降。丙烯腈共聚物各组分不同或原液组成不同，可获得不同的结果，但吐液量-拉伸比关系曲线都有极大值出现。极大值的出现是不难理解的，当纺丝原液从喷绘头挤出至原液细流完全固化，在这一区间中有一个最合适的拉伸区，此时纺丝线处于可塑状态。当吐液量较小时，因纺丝线的蒸发表面较大，使 DMF 的蒸发速度过慢，纺丝线的黏流区过长，反而使喷丝头拉伸比下降。

此外，随着吐液量的增加，未拉伸纤维的 DMF 残存量也增加，甚至不能成型。未拉伸纤维的沸水收缩率也随吐液量的增加而上升。

⑥ 纺丝甬道的长度。在成型时间和成型温度不变的情况下，提高甬道的长度，纺丝速度也可随之提高。在纺丝速度不变的情况下，纺丝甬道越长，则成型时间越长，这就允许适当降低成型温度或增加甬道中溶剂蒸汽的浓度。使所得纤维的结构更趋均匀，力学性能更好。

增加甬道的长度，虽有如上所述的优点，但必须相应加大厂房的高度，并给纺丝操作带来一定困难，所以聚丙烯腈纤维干法纺丝机用道长度一般以 $4 \sim 5m$ 为宜，内径约为 $150 \sim 300mm$。

⑦ 甬道中溶剂蒸气的浓度。甬道中溶剂蒸气浓度对于纤维成型条件及溶剂回收的难易具有重要意义。在其他条件不变的情况下，甬道中溶剂浓度越低，丝条中溶剂的蒸发速率越快，成型的均匀性就越差，纤维横截面形状偏离圆形就越远，所得纤维的力学性能也较差。

在纺丝速度和纤维纤度一定时，甬道中的溶剂蒸气浓度可用送入的热空气量来控制。

甬道中保持的溶剂浓度越低，则送入的空气量应越大，蒸气及动力的消耗也相应地增多，另外也给溶剂回收增加困难。

此外，从生产安全角度考虑，甬道中二甲基甲酰胺与空气相混合达到某种比例时，有引起爆炸的危险，爆炸的上极限为 $200\sim250g/m^3$，下极限为 $50\sim55g/m^3$，因此，甬道中混合气体中溶剂的浓度以控制在 $35\sim45g/m^3$ 为好。

⑧ 通入甬道热空气的温度和纺丝温度。通入甬道热空气的温度与多种因素有关，特别是与纺丝原液中高聚物的浓度、溶剂的沸点、初生纤维的纤度、混合气体中溶剂的浓度以及通入纺丝甬道夹层的热载体的温度等有关。

适当降低甬道内热空气的温度有利于成型均匀，使所得纤维结构也较均匀，横截面形状趋于圆形，纤维的力学性能提高。但若温度过低，而使丝条中溶剂含量较高时，将会造成丝条相互黏结。温度过高，会因溶剂蒸发过快而造成气泡丝，从而影响纤维的物理-力学性能和外观质量外，PAN 是热敏性聚合物，温度过高时因热分解而使纤维变黄。同时，纺丝温度过高，会使操作条件恶化，并且消耗较多的热能，使成本上升。在一般情况下，甬道热空气温度以 $230\sim260℃$ 为宜。

纺丝温度应包括喷丝头出口处纺丝原液的温度，通入甬道热空气的温度以及甬道夹套的温度。有实践表明：随着纺丝温度的下降，纤维的断裂强度和热水收缩率有所上升。延伸度和喷头最大拉伸倍数与纺丝温度关系曲线上有极大值，即开始时随温度的下降延伸度和拉伸倍数有所增加，至最大值后则随温度的下降而下降。未拉伸纤维中 DMF 的残存量则明显地随纺丝温度的下降而上升。

⑨ 纺丝速度。干法纺丝的速度取决于原液细流在纺丝甬道中溶剂的蒸发速度和原液细流中需要释出的溶剂量。随着甬道中温度的提高以及混合气体中溶剂浓度的降低，溶剂的蒸发速度加快，纺丝速度可增高。适当提高原液浓度，减少需要释出的溶剂量，也可提高纺丝速度。但是在提高纺丝速度的同时，必须保证纤维能充分而均匀地成型，特别应使纤维在较长的时间内，保持适当的可塑状态，以便进行拉伸。

纺丝速度一般取 $100\sim300m/min$，如适当增加纺丝甬道的长度或降低单纤维的细度，尚可使纺丝速度进一步提高。

⑩ 纤维的截面形状。随着纺丝条件的变化，纤维的截面形状也有所改变。一般干法成型纤维的截面呈近似圆形或哑铃形。纺丝速度越剧烈（DMF 的蒸发速度越快），则纤维的截面越偏离圆形。

⑪ 丝斑。由于纺丝条件过于缓和，纺丝线的固化速度过慢，纤维间容易相互黏连、结块，一般称为丝斑。丝斑的多少与纺丝条件的剧烈程度有关。一般随送风量增大和风温的提高，以及原液浓度的上升，丝斑减少；增加纺丝速度和增大喷丝头拉伸比则使丝斑增多。

⑫ 喷丝头拉伸。干纺的聚丙烯腈纤维与其他热塑性纤维一样，只有在塑性状态下经拉伸后，才具备所需的纺织性能。在干纺过程中，喷丝头拉伸倍数通常比湿纺时高，但比熔纺时小。

由于纤维中残存的溶剂对大分子有增塑作用，纤维中溶剂残存量越高，拉伸温度就应越低。离开纺丝甬道的纤维中溶剂含量为 2.5%～5.5%（质量）。为了提高拉伸的有效性，需经洗涤除去一部分溶剂，再进行后拉伸。后拉伸可在热空气、蒸汽、热水中或热板上进行。拉伸倍数一般为 10～15 倍。

## 13.3.2　聚丙烯腈纤维的干法纺丝后加工

干法成型的聚丙烯腈纤维，因成型条件较缓和，纤维结构较致密，故丝束的后处理工艺较湿法简单。干法成型短纤维的后加工流程如下：

集束→拉伸→水洗→上油→干燥→拉伸→卷曲→热定型→切断→输送、开松→打包。

各干纺厂所用的后处理流程基本相似，只是拉伸次数、拉伸和水洗的顺序因品种不同而略有差异。

干纺聚丙烯腈纤维的水洗-拉伸，上油和卷曲流程如图 13-6 所示。切断、干燥（或干燥、切断）上油和打包示意于图 13-7。

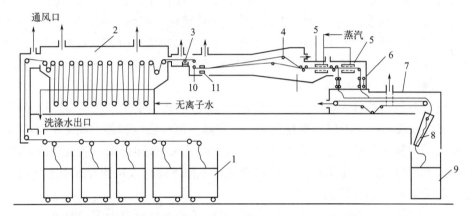

**图 13-6**　干纺聚丙烯腈纤维的水洗-拉伸、上油和卷曲流程示意

1—丝束桶；2—水洗-拉伸机；3—给油机；4—集束导辊；5—蒸汽箱；6—卷曲机；7—冷却输送带；
8—输送带；9—卷曲丝束桶；10—导辊；11—丝束检测器

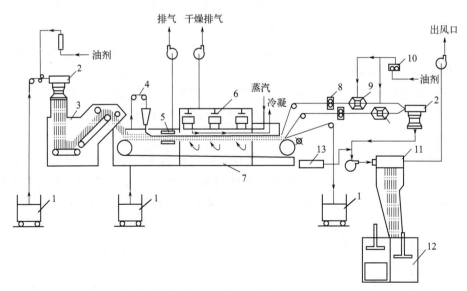

**图 13-7**　短纤状和丝束状干纺聚丙烯腈纤维的干燥上油打包流程

1—丝束桶；2—切断机；3—短纤维输送箱；4—丝束平铺辊；5—汽蒸室；6—风扇；7—加热区；
8—张力辊；9—喷油泵；10—计量泵；11—集捕器；12—短纤打包机；13—输送带

　　由纺丝车间送来的丝束经集束，并经导丝系统把丝束分隔开，拉正，然后送入水洗-拉伸机，每台水洗-拉伸机可处理两条各 52000tex 用于湿卷曲的丝束。丝束在水洗-拉伸机中既洗去纤维中的溶剂，又进行拉伸。水洗-拉伸温度一般控制在 90～98℃。根据纤维品种的不同，拉伸倍数为 2.2～6 倍，一般采用 4.5 倍。纤度细的纤维拉伸 6 倍，而一些特殊产品的拉伸比仅为 2.2 倍左右，甚至更低。

　　最适宜的拉伸温度与丝条中的溶剂含量有关。如未拉伸纤维溶剂含量 3%时，最适宜的拉伸温度在 140℃以上；溶剂含量为 5%时，合适的拉伸温度为 120～140℃；溶剂含量为 8%时，拉伸温度为 120℃；而当溶剂含量在 20%时，则可在室温下进行拉伸。拉伸温度还与拉伸介质有关，拉伸介质的传热效果较佳者，其拉伸温度可较低。

　　经水洗拉伸后的纤维必须上油，以减少在纤维卷曲和丝束输送过程时的摩擦损伤，并增加纤维在卷曲和整理时的抱合力。改变上油辊的转速和油剂的温度，可调节丝束的上油率。

　　丝束上油后经丝束检测器检查，如果有丝束被缠在水洗-拉伸机的槽子里，检测器会自动断开后处理系统的开关，而使后处理工序停机。

　　卷曲前的丝束温度必须控制在卷曲温度附近（65℃），而离开拉伸机的丝束温度约为95℃。因此，丝束经检测器后，引入丝束罩，使丝束冷却至 65℃。

　　离开丝束罩的丝束经蒸汽箱而进入卷曲机。丝束在蒸汽箱内与蒸汽接触而提高塑性。丝束经牵引辊进到卷曲箱的卷曲头，从一对罗拉中间通过而进入卷曲箱，然后由两个辅助罗拉排出。丝束在卷曲箱被挤压、折叠和横向弯曲，丝束的折叠波纹由罗拉的间隙和几何形状所确定。卷曲后的丝束进入丝束桶，再送往干燥机。

　　纤维的干燥可分为短纤状和丝束状干燥两种。短纤状干燥是丝束经上油、切断后再进入干燥机，干燥后由输送带直接进入打包机打包。丝束状干燥则使丝束直接进入干燥机，干燥后的丝束可送往牵切纺加工，也可经上油、切断后进行打包。

# 第14章 合成纤维生产工艺计算

在合成纤维生产中，为了控制半成品和成品的质量规格，调节各生产工序的物料平衡，必须进行工艺计算。这些，仅对纺丝及后加工工序进行有关使用方面的计算。在计算中，以丝条纤度（dtex）的定义为基础，进行列式计算。

## 14.1 纺丝卷绕工序的工艺计算

（1）计量泵泵供量和转数的计算

在纺丝生产中，首先要确定泵供量，泵供量的计算主要依据成品纤维的纤度规格、卷绕速度和拉伸倍数等。转数的计算，则根据泵供量、泵的容积和熔体密度求得。

① 短纤维纺丝泵供量和转数的计算

已知熔体密度 $1.20g/cm^3$，泵容积 $10cm^3/r$，纺丝板规格 $\phi0.30mm\times50$ 孔，卷绕速率为 $600m/min$，后拉伸倍数 4.5 倍，成品纤维纤度 3.3dtex；假定泵效率 0.99，拉伸打滑系数 0.90，纤维回缩系数 0.90。

a. 泵供量的计算

根据分特的定义：1 分特（dtex）是 10000m 长纤维的质量克数。如 10000m 长纤维重 1.67g，则该丝条的纤度为 1.67dtex。由这些可得：

$$纤维纤度(dtex) = \frac{10000\times纤维质量(g)}{纤维长度(m)} = \frac{10000M}{L} \tag{14-1}$$

则纤维质量可依下列分式算出，即：

$$纤维质量 = \frac{纤维纤度(dtex)\times纤维长度(m)}{10000} \tag{14-2}$$

$$泵供量 = \frac{卷绕丝纤度(dtex)\times卷绕丝速率(m/min)\times系数}{10000}$$

$$= \frac{3.3dtex\times4.5\times500\times600m/min\times0.90\times0.90}{10000} = 360.9(g/min) \tag{14-3}$$

b. 泵转数的计算

$$泵转数 = \frac{泵供量(g/min)}{泵容积(cm^3/r) \times 熔体密度(g/cm^3) \times 泵效率} \tag{14-4}$$

$$= \frac{360.9g/min}{10cm^3/r \times 1.20g/cm^3 \times 0.99} = 30.4(r/min)$$

② 高速纺丝泵供量和转数的计算

已知熔体密度1.20g/cm³,泵容积3cm³/r,纺丝速度3200m/min,POY纤度为260dtex/36根,泵效率0.99。

$$泵供量G = \frac{POY纤度(dtex) \times 纺丝速度(m/min)}{10000} \tag{14-5}$$

$$= \frac{260 \times 3200}{10000} = 83.2(g/min)$$

高速纺丝泵转速计算同短纤维。

③ 常规长丝纺丝泵供量的计算

已知卷绕速率1000m/min,拉伸倍数3.9倍,成品纤度120dtex,假定拉伸打滑系数0.98,泵效率0.99。

$$泵供量G = \frac{卷绕丝纤度(dtex) \times 卷绕速率(m/min) \times 打滑系数}{10000} \tag{14-6}$$

$$= \frac{120 \times 3.9 \times 1000 \times 0.98}{10000} = 45.9(g/min)$$

长丝纺丝泵转数的计算同短纤维纺丝。

(2)卷绕速度和喷丝头拉伸倍数的计算

在生产中,有时是先确定泵供量,然后根据泵供量和纤维的规格再计算卷绕速率。

① 短纤维卷绕速率的计算

已知泵供量为350.0g/min,拉伸4.8倍,其余与上述计算泵供量的条件相同。则卷绕速率的计算可依短纤维泵供量的计算公式导出:

$$卷绕速率v = \frac{10000 \times 泵供量G(g/min)}{卷绕丝纤度(dtex) \times 打滑系数} \tag{14-7}$$

$$= \frac{10000 \times 350.0}{3.3 \times 4.8 \times 0.90 \times 0.90 \times 500} = 5455.8(m/min)$$

② 短纤维喷丝头拉伸倍数的计算

喷丝头拉伸倍数的计算,首先要求得喷丝速率,然后与上述卷绕速率之比即得。

$$喷丝速率v_0 = \frac{泵供量(g/min)/熔体密度(g/cm^3)}{喷丝孔面积(cm^3) \times 喷丝孔数} \tag{14-8}$$

$$= \frac{350.0/1.20}{\frac{\pi}{4} \times 0.03^2 \times 500} = 825.2cm/min = 8.3(m/min)$$

$$喷丝头拉伸倍数 = \frac{卷绕丝速率v(m/min)}{喷丝速度v_0(m/min)} \tag{14-9}$$

$$= \frac{5455.8}{8.3} = 657.3(倍)$$

长丝卷绕速度和喷丝头拉伸倍数的计算同短纤维纺丝。

（3）纺丝卷重的计算

在纺丝过程中，为了防止各工艺参数计算和测定的误差，常采用控制卷重的方法来稳定成品纤维纤度。

① 短纤维卷重的计算

假定卷绕丝上油水率为3%，卷重取25m长，其余条件同前述短纤维泵供量计算。则卷重计算如下：

$$卷重 = \frac{卷绕丝纤度(dtex) \times 卷重所取长度(m)}{10000} \qquad (14\text{-}10)$$

$$= \frac{3.3 \times 4.5 \times 0.90 \times 0.90 \times 500 \times (1+3\%)}{10000} \times 25 = 15.5(g)$$

假如卷绕丝为干重，则含油水率可不计。

② 高速纺丝卷重的计算

假定上油水率3%，卷重取50m长，其余条件同前述高速纺丝泵供量计算。

$$卷重 = \frac{260(dtex) \times (1+3\%) \times 50(m)}{10000} = 1.34(g) \qquad (14\text{-}11)$$

（4）落桶（筒）时间的计算

① 短纤维落桶时间的计算

已知卷绕机12纺丝位，泵供量360g/min，受丝桶丝重100kg。

$$落桶时间 = \frac{受丝桶丝质量(g)}{泵供量(g/min) \times 纺丝位数} = \frac{100 \times 1000}{360 \times 12} = 23.1(min) \qquad (14\text{-}12)$$

② 高速纺丝落筒时间的计算

已知丝筒子重12.5kg，泵供量83.2g/min。

$$落筒时间 = \frac{丝筒子质量(g)}{泵供量(g/min)} = \frac{12.5 \times 1000}{83.2} = 150.2(min) \qquad (14\text{-}13)$$

# 14.2　后加工工序的工艺计算

短纤维后加工的工艺计算以 VD405 纺丝机和 LVD801 后加工联合机为例，第一、二、三辊（后加工共有三道拉伸，每道拉伸机都有 7 个辊，三道拉伸按序完成）速率分别为26.7、100 和120m/min，拉伸总纤度为130×10⁴dtex。其余条件与上述短纤维纺丝泵供量和转数的计算相同。

（1）短纤维丝束集束桶数的计算

$$集束桶数 = \frac{拉伸集束丝束总纤度(dtex)}{成品纤度(dtex) \times 喷丝孔数 \times 纺丝位数} \qquad （14-14）$$

$$= \frac{1300000}{3.3 \times 500 \times 24} = 33(桶)$$

（2）短纤维每批集束桶拉伸时间的计算

$$拉伸时间 = \frac{卷绕速率(m/min) \times 落桶时间(min)}{第一辊速率(m/min)} \qquad （14-15）$$

$$= \frac{900 \times 15}{26.7} = 505.6(min)$$

（3）短纤维拉伸倍数的计算

拉伸倍数利用各道拉伸辊速率逐渐递增而实现的，因此拉伸倍数可由各道拉伸辊速率之比求得，短纤维理论拉伸倍数计算如下：

$$第一次拉伸倍数 = \frac{第二道七辊速度(m/min)}{第一道七辊速度(m/min)} = \frac{100}{26.7} = 3.75(倍) \qquad （14-16）$$

$$第二次拉伸倍数 = \frac{第三道七辊速度(m/min)}{第二道七辊速度(m/min)} = \frac{120}{100} = 1.20(倍) \qquad （14-17）$$

$$总拉伸倍数 = \frac{第三道七辊速度(m/min)}{第一道七辊速度(m/min)} = \frac{120}{26.7} = 4.50(倍) \qquad （14-18）$$

或

$$总拉伸倍数 = 第一次拉伸倍数 \times 第二次拉伸倍数 = 3.75 \times 1.20 = 4.50(倍) \qquad （14-19）$$

实际拉伸倍数计算如下：

$$实际拉伸倍数 = \frac{同一丝束长度卷绕丝的干重(g)}{同一丝束长度拉伸丝的干重(g)} = \frac{7.125}{1.759} = 4.05(倍) \qquad （14-20）$$

或

$$实际拉伸倍数 = \frac{卷绕丝纤度(dtex)}{拉伸丝纤度(dtex)} = \frac{12.15}{3.0} = 4.05(倍) \qquad （14-21）$$

长丝拉伸倍数的计算与短纤维相同。

（4）后加工机台产量的计算

① 短纤维拉伸机产量的计算

$$拉伸机产量 = \frac{\frac{丝束总纤度(dtex)}{10000}(g/m) \times 机台速率(m/min) \times 60 \times 24 \times k}{1000} \qquad （14-22）$$

$$= \frac{\frac{1300000}{10000} \times 120 \times 60 \times 24 \times 0.90}{1000} = 20217.6(kg/d)$$

式中，$k$ 为机台开车有效时间系数（一般为 0.90 左右）。

② 预取向丝拉伸变形机产量的计算

假定拉伸变形丝纤度为 167dtex，拉伸变形速度为 550m/min，拉伸变形机有 216 锭位。

$$机台产量 = \frac{\dfrac{丝束总纤度(dtex)}{10000}(g/m) \times 机台速率(m/min) \times 60 \times 24 \times k}{1000}$$

$$= \frac{\dfrac{167}{10000}(g/m) \times 550(m/min) \times 216 \times 60 \times 24 \times 0.90}{1000} = 2571.2(kg/d) \qquad （14-23）$$

# 参考文献

[1] 李锦春，邹国享．高分子材料成型工艺学［M］．北京：科学出版社，2022．
[2] 贺英．高分子合成与材料成型加工工艺［M］．北京：科学出版社，2022．
[3] 王贵恒．高分子材料成型加工原理［M］．北京：化学工业出版社，2022．
[4] 史玉升，李远才，杨劲松．高分子材料成型工艺［M］．北京：化学工业出版社，2010．
[5] 甘争艳，陈晓峰．高分子材料成型工艺［M］．北京：化学工业出版社，2016．
[6] 左继成，谷亚新．高分子材料成型加工基本原理及工艺［M］．北京：北京理工大学出版社，2017．
[7] 黄锐，曾邦禄．塑料成型工艺学［M］．2版.北京：中国轻工业出版社，1996．
[8] 杨鸣波．聚合物成型加工基础［M］．北京：化学工业出版社，2010．
[9] 杨鸣波，唐志玉．中国材料工程大典［M］．6卷．北京：化学工业出版社，2006．
[10] 拉普辛．热塑性塑料注塑原理［M］．林师沛，译．北京：中国轻工业出版社，1983．
[11] [美] 纳斯．聚氯乙烯大全［M］．2卷．黄锐，等译．北京：化学工业出版社，1985．
[12] [美] 纳斯．聚氯乙烯大全［M］．3卷．韩宝仁，等译．北京：化学工业出版社，1987．
[13] 萨维特尼克．聚氯乙烯糊［M］．陈立瑛，译．北京：中国轻工业出版社，1975．
[14] 林师沛．塑料加工流变学［M］．成都：四川成都科技大学出版社，1989．
[15] 李树，贾毅．塑料吹塑成型与实例［M］．北京：化学工业出版社，2006．
[16] 周持兴，俞炜．聚合物加工理论［M］．北京：科学出版社，2004．
[17] 申开智．塑料成型模具［M］．2版．北京：中国轻工业出版社，2002．
[18] 杨东洁．塑料制品成型工艺［M］．北京：中国纺织出版社，2007．
[19] 董纪震，罗鸿烈，王庆瑞．合成纤维生产工艺学(上册)［M］．2版．北京：纺织工业出版社，1991．
[20] 马建标．功能高分子材料［M］．北京：化学工业出版社，2000．
[21] 黄锐．塑料热成型和二次加工［M］．北京：化学工业出版社，2005．
[22] 周祥兴，任显诚．塑料包装材料成型及应用技术［M］．北京：化学工业出版社，2004．
[23] 刘敏江．塑料加工技术大全［M］．北京：中国轻工业出版社，2001．
[24] 栾华．塑料二次加工［M］．北京：中国轻工业出版社，1999．
[25] 李泽青．塑料热成型［M］．北京：化学工业出版社，2005．
[26] 吴崇周．塑料加工原理及应用［M］．北京：化学工业出版社，2008．
[27] 师范大学环境材料开发研究所．环境友好材料［M］．北京：科学出版社，2010．
[28] 周达飞，唐颂超．高分子材料成型加工［M］．北京：中国轻工业出版社，2000．
[29] 沈新元．高分子材料加工原理［M］．2版，北京：中国纺织出版社，2009．
[30] 王贵恒．高分子材料成型加工原理［M］．化学工业出版社，2010．
[31] 张留成，瞿雄伟，丁会利．高分子材料基础［M］．北京：化学工业出版社，2002．
[32] [美] 米德尔曼．聚合物加工基础［M］．赵得禄，等译．北京：科学出版社，1984．
[33] 黄锐．塑料工程手册（上下册）［M］．北京：机械工业出版社，2000．
[34] [美] 塔莫尔，克莱因．塑化挤出工程原理［M］.夏廷文，等译．北京：中国轻工业出版社，1984．
[35] 何曼君，陈维，董西侠．高分子物理［M］．上海：复旦大学出版社，1990．

[36]  [德] 埃伦思坦. 聚合物材料-结构、性能、应用 [M]. 张萍, 赵树高, 译. 北京: 化学工业
      出版社, 2007.

[37]  冯端, 师昌绪, 刘治国. 材料科学导论 [M]. 北京: 化学工业出版社, 2002.

[38]  马光辉, 苏志国. 新型高分子材料 [M]. 北京: 化学工业出版社, 2003.

[39]  陈耀庭. 橡胶加工工艺 [M]. 北京: 化学工业出版社, 1982.

[40]  国家自然科学基金委员会. 高分子材料科学 [M]. 北京: 科学出版社, 1994.

[41]  潘才元. 功能高分子 [M]. 北京: 科学出版社, 2006.

[42]  沈新元, 吴向东, 李燕立. 高分子材料加工原理 [M]. 北京: 中国纺织出版社, 2000.

[43]  [以色列] 塔莫尔, [美] 高戈斯. 聚合物加工原理 [M]. 耿孝正, 阎琦, 许澎华, 译. 北京:
      化学工业出版社, 1990.